베이킹은 과학이다
제빵편

KAGAKU DE WAKARU PAN NO "NAZE?"
by Yoshiharu Kajihara (TSUJI Institute of Patisserie) and Makiko Kimura,
supervised by TSUJI Institute of Patisserie
© Tsuji Culinary Research Co., Ltd., Makiko Kimura, 2022.
All rights reserved.
No part of this book may be reproduced in any form
without the written permission of the publisher.
Originally published in Japan in 2022 by SHIBATA PUBLISHING CO., LTD., Tokyo

This Korean edition is published by arrangement with
SHIBATA PUBLISHING CO., LTD., Tokyo in care of Tuttle-Mori Agency, Inc., Tokyo
through Danny Hong Agency, Seoul.

이 책의 한국어판 저작권은 대니홍 에이전시를 통한 저작권사와의 독점 계약으로 (주)터닝포인트아카데미에 있습니다.
저작권법에 의해 한국 내에서 보호를 받는 저작물이므로 무단전재와 복제를 금합니다.

촬영: 엘리펀트 타카
디자인·일러스트: 야마모토 요(山本 陽, 엠티 크리에이티브)
교정: 반자이 기미에(萬歳公重)
편집: 사토 준코(佐藤順子), 이노우에 미키(井上美希)

제빵의 과학적인 궁금증을 해결해주는 Q&A 233

베이킹은 과학이다 제빵편

2022년 9월 26일 **초판 1쇄 발행**
2024년 8월 10일 **초판 4쇄 발행**
지은이 가지하라 요시하루, 기무라 마키코
옮긴이 조민정
감수 츠지제과전문학교, 임태언, 백종현
펴낸이 정상석
책임편집 엄진영
표지디자인 김희연, 이지선
본문 디자인 김희연
펴낸 곳 터닝포인트(www.diytp.com)
등록번호 제2005-000285호
주소 (12284) 경기도 남양주시 경춘로 490 힐스테이트 지금디포레 8056호(다산동 6192-1)
대표 전화 (031)567-7646
팩스 (031)565-7646
ISBN 979-11-6134-121-7(13590)
정가 26,000원
내용 및 집필 문의 diamat@naver.com

제빵의 과학적인 궁금증을 해결해주는 **Q&A 233**

베이킹은 과학이다
제빵편

가지하라 요시하루, 기무라 마키코 **지음** | 조민정 **옮김**

츠지제과전문학교, 임태언, 백종현 **감수**

터닝
포인트

머리말

지금으로부터 십여 년 전, 가정에서 직접 빵을 구우려는 독자들을 위한 책을 쓸 기회가 있었습니다. 초보자를 대상으로 한 책이었는데, '아무리 해도 빵이 잘 나오지 않는다', '빵을 만드는 도중에 자꾸 실패한다', '왜 실패했는지 원인을 모르겠다' 등의 고민에 응답하기 위해 레시피와 함께 만드는 과정에서 생기기 쉬운 궁금증에 대한 답을 조금이나마 도움이 될 수 있는 Q&A로 구성했었습니다.

이 책은 거기서 한 걸음 더 나아가 제빵이 완전히 처음은 아닌 독자들에서부터 프로 제빵사를 꿈꾸는 입문자들까지 대상으로 한 제빵 과학 입문서입니다.
『베이킹은 과학이다 - 제빵편』이라는 제목을 보고, 여러분은 어떤 생각이 드셨나요? "과학? 왠지 어려울 것 같은데.", "빵을 만드는데 과학이 필요하나?", "빵과 과학의 관계? 그런 건 지금까지 생각해보지도 않았어……." 이런 목소리들이 들려오는 것만 같네요.

"빵은 과학으로 이루어져 있어요!"라고까지는 말하지 않겠지만 제빵과 관련된 것은 대부분 과학으로 설명할 수 있습니다. 바로 이 책은 제빵의 과학을 독자들에게 최대한 알기 쉽게 전달함으로써, 제빵에 관한 이해도를 높이고 실제로 제빵에 잘 활용하는 것을 최대 목표로 삼았습니다.

'알기 쉽게'라고 했지만, 여러분이 지금까지 듣지도 보지도 못한 단어와 도표 등이 나올지도 모릅니다. 그래서 공저자인 기무라 마키코 씨께서 조리 과학의 관점에서 다양한 각도로 제빵 메커니즘에서부터 재료의 특징까지 과학적이면서도 이해하기 쉬운 전달 방법을 열심히 고민하여 설명해주셨습니다.

이 책은 총 7장으로 이루어진 Q&A로 구성되어 있습니다. 빵을 만들다가 궁금증이 생기면 부디 이 책을 펼쳐봐 주세요. 아무 데나 펼쳐서 읽거나 일부만 읽어도 상관없습니다. 가장 처음에 나오는 「Chapter 1 빵, 그것이 더 알고 싶다」부터 차례대로 읽어도 좋고, 마지막 장 「Chapter 7 테스트 베이킹」이나 다른 장 중에 궁금한 Q&A를 먼저 읽어도 좋습니다. 눈에 보이지 않는 빵 속에서 무슨 일이 일어나는지 알게 되면 제빵의 깊이와 매력을 한층 더 잘 느낄 수 있게 될 것입니다. 그리고 과학을 공부하고 나서 만드는 빵은 지금까지와 다른 새로운 느낌으로 다가오지 않을까요?

다만 이론에 따라 과학적으로 빵을 만든다고 해서 반드시 빵이 맛있어지는 것은 아닙니다. 무엇보다도 중요한 것은 먹는 사람이 '맛있다!' 라고 느끼는 빵을 만드는 것이며, 이를 최종 목표로 삼아야 한다는 점을 잊어서는 안 됩니다. 이것이 제빵의 어려움이면서도 흥미로운 부분이랍니다. 여러분은 시행착오를 거쳐 계속 만들면서 얻는 경험을 무엇보다 소중히 여기고, 거기에 제빵 과학의 지식을 더해 맛있는 빵을 만들기를 진심으로 소망합니다.

이 책이 조금이나마 여러분의 제빵에 도움이 된다면 좋겠습니다.

마지막으로, 원래 사진만으로는 전달하기 어려운 빵과 반죽 상태를 이해하기 쉽고 근사하게 표현해주신 사진작가 엘리펀트 타카 씨, 이 책을 집필할 기회를 주신 출판사 시바타쇼텐(柴田書店)과 편집부의 사토 준코 씨, 이노우에 미키 씨에게 이 자리를 빌려 진심으로 감사드린다는 말씀을 전합니다. 그리고 특히, 테스트 베이킹 장에서 사전 검증에서부터 촬영 때 다양한 반죽 관리를 도맡아준 츠지제과전문학교(辻製菓専門学校) 제빵 스태프. 그들의 협력 없이는 촬영이 정말 쉽지 않았을 것입니다. 또 모든 원고 교정과 사진 정리에 힘써주신 츠지 시즈오(辻静雄) 요리교육 연구소의 곤도 노리코 씨에게도 깊이 감사드립니다.

2022년 1월에
가지하라 요시하루

목차

Chapter 1
- - - - - - - - -
빵, 그것이 '더' 알고 싶다
빵의
깨알 지식

Chapter 2

빵을 만들기에 앞서

Chapter 3

제빵의 기본 재료

밀가루

Chapter 4
제빵의
부재료

Chapter 5
- - - - - - - - -

빵의
제법

Chapter 6

빵의
공정

Chapter 7

- - - - - - - - -

테스트 베이킹

빵의 공정
사이언스 차트

- - - - - - - - - - - - -

「빵은 왜 부푸는가?」

그 대답이 될, 반죽 속에서 일어나는 화학적이고 생물적 변화의 대부분은 우리 눈에 보이지 않습니다. 그렇기에 빵을 만들면서 지금 반죽 속의 밀가루와 기타 재료 성분, 이스트, 유산균 등의 세균이 어떻게 작용해서 반죽이 어떤 상태인지 머릿속으로 이미지를 그리는 것이야말로 제빵에 도움이 됩니다. 하나의 공정에서 몇 개의 변화가 동시에 일어나고 서로에게 영향을 줍니다. 그러한 변화를 상상하면서 빵을 만들 수 있도록 간단하게 그림으로 소개해 보겠습니다.

| 1 | 믹싱 | 긴장 |

▼

| 2 | 발효(1차 발효) | 이완 |

| 펀치 | 긴장 |

▼

| 3 | 분할 |

▼

| 4 | 둥글리기 | 긴장 |

▼

| 5 | 벤치 타임 | 이완 |

▼

| 6 | 성형 | 긴장 |

▼

| 7 | 최종 발효(2차 발효) | 이완 |

▼

| 8 | 굽기 |

1 | 믹싱 긴장

작업 공정과 상태

믹싱 시작
반죽이 끈적거리고, 거의 뭉쳐지지 않았다.

믹싱 종료
탄력이 강해지고 윤기가 나며 매끄러워졌다.

종료 후 반죽의 상태
반죽의 일부를 떼서 늘리면 뭉친 곳이 없고 얇게 늘어나는 상태

Science
Chart

Start

구조의 변화

글루텐 형성

글루텐은 점성과 탄력이 있고 그물 구조다.

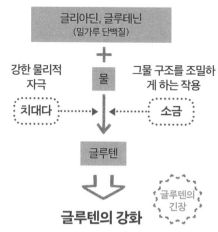

글루텐의 강화

치댈수록(강한 물리적 자극을 줄수록) 글루텐의 그물이 조밀해지고 강도가 커진다.

글루텐 막이 생긴다

글루텐은 반죽 속에서 퍼지면서 점점 층을 이루고 전분과 다른 성분(당단백질, 인지질 등)을 감싸면서 얇은 막을 형성한다.

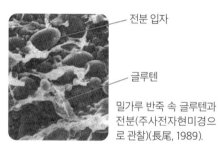

전분 입자

글루텐

밀가루 반죽 속 글루텐과 전분(주사전자현미경으로 관찰)(長尾, 1989).

내부에서 일어나는 변화

이스트의 활성화

이스트(빵효모)가 반죽 속에서 분산되어 물을 흡수하고 활성화하기 시작한다.

당 분해

밀가루와 설탕에는 여러 당이 결합한 상태의 당질(당류)이 들어 있다. 밀가루, 이스트, 설탕이 물과 결합하면 밀가루와 이스트의 효소가 활성화해서 이러한 당질을 단계적으로 분해해 이스트의 알코올 발효에 쓸 수 있는 상태가 된다.

◎ 아밀라아제에 의한 분해

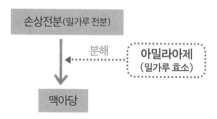

◎ 인베르타아제에 의한 분해

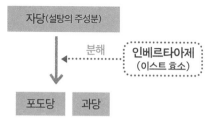

2 | 발효(1차 발효) 이완

작업 공정과 상태

발효 시작

발효기(25~30℃)에서 발효시킨다.

발효 종료

충분히 부풀려서 발효에 의한 냄새와
풍미가 나온다.

구조의 변화

반죽 속에서 탄산가스 발생

반죽 속에 이스트(빵효모)가 만든 탄산가스 기
포가 무수히 생긴다.

반죽이 탄산가스 때문에 부푼다

탄산가스 기포의 부피가 커지면서 반죽이 밀려
전체적으로 부푼다.

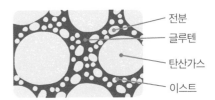

- 전분
- 글루텐
- 탄산가스
- 이스트

글루텐이 연화 쪽으로 기운다

글루텐의
이완

반죽이 부풀면서 글루텐이 밀려나고 그것이 자
극이 되어 글루텐의 점성과 탄력이 조금씩 강
해진다. 또 동시에 상반된 반응으로, 발효의 부
산물(알코올과 유기산)에 의해 글루텐의 연화
가 일어난다.

글루텐의 강화

반죽이 부풀면서 밀려
난다(약한 물리적 자
극이 가해지다).

알코올과 유산 등 발효
로 생긴 유기산이 작용
한다.

글루텐의 연화

잘 늘어나는 반죽으로

반죽에 신장성(잘 늘어나는 성질)이 생겨서 유연하게 늘어나게 되고 반죽이 크게 부푼다.

내부에서 일어나는 변화

유기산의 발생

유산 발효와 초산 발효로 유산과 초산 등 유기산이 생긴다. 이것들이 반죽의 글루텐을 연화(軟化, 단단한 것을 부드럽고 무르게 하는 것)시키고 향과 풍미의 근원이 된다.

◎ 유산 발효

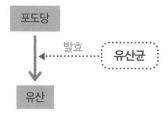

◎ 초산 발효

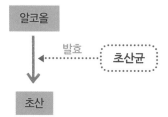

이스트에 의한 탄산가스 발생

이스트의 균 표면에 있는 투과 효소에 의해 당류가 이스트균 체내에 들어간다. 들어간 당류는 균 체내에서 알코올 발효에 쓰이고, 탄산가스와 알코올이 발생한다. 탄산가스는 반죽을 부풀리고, 알코올은 글루텐을 연화시키거나 향과 풍미의 근원이 된다.

◎ 이스트균 체내에서의 알코올 발효

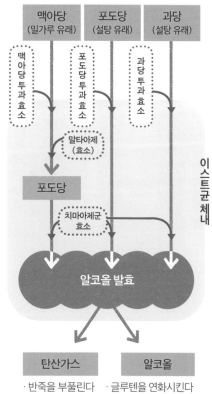

펀치 긴장

작업 공정과 상태

펀치 전

발효로 부풀기가 절정에 도달한 상태

⬇

펀치

손으로 누르거나 접어서 반죽 속
탄산가스와 알코올 등을 뺀다.

⬇

펀치 후

발효기에 다시 넣고 발효시킨다.

구조의 변화

기포가 촘촘해진다

탄산가스의 큰 기포가 쪼개져 촘촘하게 분산된
다. 그리하여 완성된 빵의 크럼 결이 촘촘해진다.

글루텐의
긴장

글루텐의 강화

펀치(강한 물리적 자극)로 글루텐의 그물이 조밀
해지고 강도가 커진다.

반죽의 점성과 탄력이 강해진다

반죽의 점탄성(점성과 탄력)이 강해지고 항장력
(잡아당기는 힘의 세기)이 커진다. 그래서 발효
가 느슨했던(이완된) 반죽이 수축되어 더 많은
탄산가스를 붙잡을 수 있게 된다.

내부에서 일어나는 변화

이스트의 활성화

이스트(빵효모)가 다시 알코올 발효를 활발하게
하면서 탄산가스를 만든다.

펀치 전

발효가 절정에 있는 펀치 전은 이스트가 만든 알
코올 농도가 올라가서 활성이 약한 상태

펀치

발효 중에 발생한 알코올은 반죽에서 빠져나가
고 산소가 들어온다.

펀치 후

이스트가 활성화한다.

3 | 분할

작업 공정과 상태

분할

만들고 싶은 빵의 무게로 반죽을 나눈다.

분할 후

절단면이 눌려
끈적한 상태

구조의 변화

절단면의 글루텐이 흐트러지다

절단면의 글루텐은 잘리면서 그물 구조가
흐트러진 상태이다.

4 | 둥글리기 <small>긴장</small>

작업 공정과 상태

둥글리기 시작

절단면을 반죽 안쪽으로 넣고 표면이
매끄러워지게 둥글린다.

둥글리기 종료

반죽의 표면이 탱탱해지도록 둥글린다.

종료 후 반죽의 상태

표면이 매끄럽고 탄력이 있는 상태

구조의 변화

글루텐의
긴장

글루텐의 강화

반죽의 표면이 탱탱해지게 둥글려(강한 물리
적 자극을 가한다), 특히 표면의 글루텐 그물
구조가 조밀해지고 강도가 늘어난다.

반죽의 점성과 탄력이 강해진다

반죽의 점탄성(점성과 탄력)이 강해지고, 항장
력(잡아당기는 힘의 세기)이 커져 반죽이 수축
한다.

5 | 벤치 타임 〔이완〕

작업 공정과 상태

벤치 타임 시작

반죽을 10~30분 정도 휴지시킨다

벤치 타임 종료

반죽이 한층 크게 부풀어 느슨해지고, 둥글었던 형태가 조금 편평해진다.

구조의 변화

글루텐의 이완

글루텐의 연화와 재배열

알코올, 유산 등 유기산이 글루텐을 연화시킨다. 또 글루텐의 그물 구조 중 억지로 잡아당겼던 부분의 배열이 자연스럽게 다시 자리 잡는다.

유연하게 늘어나는 반죽으로

반죽에 신장성(잘 늘어나는 성질)이 커지면서 성형하기 쉬운 반죽이 된다.

내부에서 일어나는 변화

유기산 발생

유산 발효와 초산 발효로 유산과 초산 등 유기산이 생긴다. 이것들이 글루텐을 연화시키고 향과 풍미의 근원이 된다. 하지만 발효와 최종 발효(2차 발효) 때만큼은 생기지 않는다.

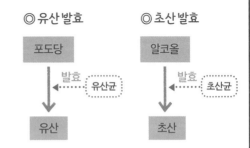

이스트에 의한 탄산가스 발생

이스트균 체내에 알코올 발효가 조금씩 진행되어 탄산가스와 알코올이 소량 생긴다.

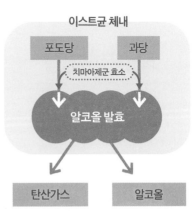

6 | 성형 (긴장)

작업 공정과 상태

성형

늘리거나 접거나 감으면서 완성 형태를 잡는다.

성형 종료

완성형이 된다. 반죽 표면이 탱탱해지게 성형한다.

구조의 변화

글루텐의 긴장

글루텐의 강화

반죽 표면이 탱탱해지게 성형함(강한 물리적 자극을 가하다)으로써 특히 표면의 글루텐 그물 구조가 조밀해지고 강도가 커진다.

반죽의 점성과 탄력이 강해진다

반죽 표면의 점탄성(점성과 탄력)이 강해지고 항장력(잡아당기는 힘의 세기)이 커진다. 그리하여 최종 발효(2차 발효)에서 반죽이 처지지 않고 부푼 형태를 유지할 수 있다.

7 | 최종 발효(2차 발효) (이완)

작업 공정과 상태

최종 발효(2차 발효) 시작

발효기(30~38℃)에서 발효시킨다.

최종 발효(2차 발효) 종료

완성의 7~8할 정도까지 부푼다. 발효로 향과 풍미가 나온다.

구조의 변화

반죽이 탄산가스 때문에 부푼다

반죽 속에 이스트(빵효모)가 만든 탄산가스 기포가 늘어나 그 부피가 커지면서 기포 주변의 반죽이 밀려 전체적으로 부푼다.

글루텐의 이완

글루텐이 연화 쪽으로 기울다

발효의 부산물(알코올, 유기산)에 의해 글루텐의 연화가 일어난다.

글루텐의 강화

반죽이 부풀어 밀려 늘어난다(약한 물리적 자극을 가한다)

알코올과 유산 등의 발효로 생긴 유기산이 작용한다.

글루텐의 연화

유연하게 잘 늘어나는 반죽으로

반죽에 신장성(잘 늘어나는 성질)이 생겨서, 구울 때 오븐 스프링(oven spring, **p.43 참고**)이 잘 되는 반죽이 된다.

내부에서 일어나는 변화

유기산의 발생

유산 발효와 초산 발효로 유산과 초산 등 유기산이 생긴다. 이것들은 반죽의 글루텐을 연화시키고 향과 풍미의 근원이 된다.

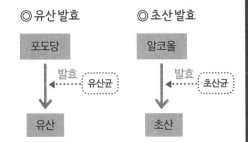

이스트에 의한 탄산가스 발생

이스트의 활동에 최적의 온도와 가까워져 알코올 발효가 활발하게 일어나고 탄산가스와 알코올이 많이 생긴다.

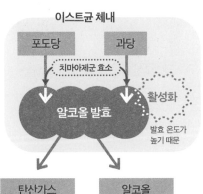

8 | 굽기

작업 공정과 상태

굽기 전

오븐(180~240℃)에서 굽는다.

굽기 후

다 구우면 더 부풀고 구움색이 나오며
고소한 냄새가 난다.

구조의 변화

크럼 형성

이스트(빵효모)에 의한 알코올 발효, 열에 의
한 탄산가스·알코올·물의 기화와 팽창으로 반
죽이 크게 부푼다. 그 후 글루텐이 열에 의해 굳
고 전분이 호화(α화)해서 크럼이 완성된다. 반
죽 내부는 100℃에 조금 못 미칠 때 온도 상승
을 멈춘다.

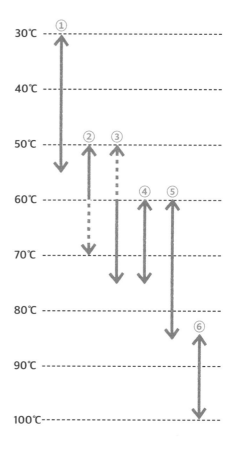

① **30~55℃**

탄산가스가 다량 발생

이스트의 알코올 발효로 탄산가스 발생량이 많아지고, 기포 주변 반죽이 밀리면서 팽창한다. 절정은 40℃

② **50~70℃**

반죽의 액화

손상전분의 분해, 글루텐의 연화로 반죽이 액화해서 오븐 스프링이 일어나기 쉬워진다.

③ **50~75℃**

열에 의한 반죽 팽창

반죽 속 탄산가스의 열팽창, 물에 녹아 있던 탄산가스와 알코올의 기화와 그에 따른 물의 기화로 반죽이 팽창한다.

④ **60~75℃**

글루텐의 열변성

글루텐은 60℃부터 굳기 시작해서 75℃ 때 완전히 굳는다(=단백질의 변성). 이 온도 이후부터 팽창이 느려진다.

⑤ **60~85℃**

전분의 호화

전분은 60℃부터 흡수를 시작해 85℃ 때 부드러워지고 점성이 있는 상태가 된다.

⑥ **85~100℃**

크럼 완성

호화한 전분에서 수분이 증발하고 단백질의 변성과의 상호작용으로 스펀지 같은 크럼이 된다.

크러스트 형성

열에 의해 표면이 마르고 크러스트가 형성된 후, 크러스트에 색깔이 나온다. 또 고소한 냄새가 나는 두 종류의 반응(아미노카르보닐 <메일라드> 반응, 캐러멜화 반응)이 일어난다.

◎ 아미노카르보닐 반응(메일라드 반응)

◎ 캐러멜화 반응

| 단당류, 올리고당 |
| 약 180℃ 고온 가열 |
| 갈색 물질 (구움색) | 캐러멜 같은 향 (고소한 냄새) |

내부에서 일어나는 변화

이스트에 의한 탄산가스 발생

이스트(빵효모)가 가장 활성화하는 온도에 도 달해서 알코올 발효가 활발하게 일어나고 탄산 가스와 알코올 발생량이 최대가 된다.

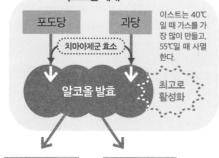

이스트균 체내

포도당   과당

치마아제균 효소

알코올 발효

이스트는 40℃ 일 때 가스를 가 장 많이 만들고, 55℃일 때 사멸 한다.

최고로 활성화

탄산가스   알코올

· 반죽을 부풀린다   · 글루텐을 연화시킨다
              · 향과 풍미의 바탕이 된다

고온 가열로 반죽이 부푼다

고온 가열로 반죽 속 탄산가스, 알코올, 물의 부 피가 커지면서 반죽 전체가 팽창한다.

◎ **반죽을 부풀리는 요소**
· 탄산가스의 열팽창, 물에 녹아 있던 탄산가스의 기화
· 알코올의 기화
· 물의 기화

Chapter 1

빵, 그것이 '더' 알고 싶다

빵의 깨알 지식

빵의 크러스트(crust)와 크럼(crumb)은 어느 부분을 가리키나요?

 크러스트는 구움색이 드러난 표면 부분, 크럼은 빵 속에 기공이 생긴 부드러운 부분을 가리킵니다.

크러스트는 빵의 겉껍질 부분인데, 식빵으로 예를 들면 노릇노릇한 테두리가 크러스트에 해당합니다. 그리고 크럼은 빵의 속살로 하얗고 부드러운 부분입니다.

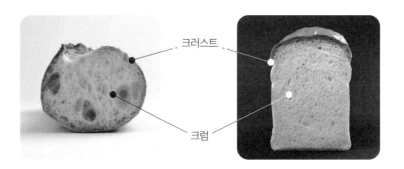

크러스트

크럼

 린(lean)과 리치(rich), 하드(hard)와 소프트(soft)라는 표현이 있는데 각각 어떤 빵을 말하나요?
= 빵의 타입(린, 리치, 하드, 소프트)

 주로 기본 재료만 넣고 만들면 린, 부재료가 많이 들어가면 리치라고 하며, 하드와 소프트는 크러스트의 딱딱한 정도에 따라 결정됩니다.

린은 '간소한, 지방이 없는'이라는 뜻으로, 기본 재료(밀가루, 이스트, 소금, 물)만 넣거나 그와 비슷하게 배합해 반죽한 빵을 말합니다. 반면 리치는 '풍부한, 깊이 있는'이라는 의미로 기본 재료에 부재료(설탕, 유지, 달걀, 유제품 등)를 많이 배합한 빵입니다.

하드는 크러스트가 딱딱한 빵입니다. 린 배합의 빵이 많고, 하드 계열이라고 부르기도 합니다. 반대로 소프트는 크러스트와 크럼 모두 부드러운 빵입니다. 리치 배합의 빵이 많으며, 소프트 계열이라고도 부릅니다.

이를테면 프랑스빵은 린 배합에 하드한 빵을 대표하며, 브리오슈는 리치 배합에 소프트한 빵을 대표한다고 할 수 있습니다.

빵을 자를 때 칼날이 톱니 모양인 빵칼을 쓰면 더 잘 썰리나요?
=빵을 써는 칼

 잘 썰리는 칼이면 종류는 상관없습니다.

크러스트가 딱딱한 하드 계열 빵은 칼날이 톱니 모양인 칼이 크러스트를 썰기에 더 편하다고 하지만, 크럼 부분을 썰 때는 꼭 톱니 모양일 필요는 없습니다. 잘 썰리는 칼이라면 굳이 톱니 모양 칼날이 아니라 어떤 종류라도 괜찮습니다.

그리고 보통 빵을 자를 때는 칼을 크게 움직이게 되는데, 부드러운 빵은 오히려 칼을 조금씩 움직이는 게 더 잘 썰립니다. 빵의 종류와 딱딱한 정도에 따라 힘 조절을 잘해가며 칼을 쓰는 것이 좋습니다.

 인류 최초의 빵은 어떤 모양이었나요?
=발효빵의 시초

 지금처럼 폭신한 빵이 아니라, 납작하고 딱딱했다고 합니다.

인류 최초의 빵은 납작하고 딱딱한 빵이었다고 합니다. 그러다가 우연히 시간이 지나면서 반죽이 부풀었는데 한번 구워보았더니 그전까지 먹었던 딱딱한 빵과 달리, 부드럽고 맛있고 소화도 잘되는 빵이 나온 것입니다. 사람들은 우연히 부풀어 오른 빵을 안정적으로 만들어내는 방법을 연구했습니다. 그것이 바로 '빵효모'를 넣어 빵을 굽는 방법이었고, 현재 우리가 아는 제빵으로 이어지게 되었습니다.

처음에는 어쩌다 우연히 부풀어 오른 빵 반죽이지만, 그 바탕에는 이스트(빵효모)라는 이름으로 자연계에 존재하는 미생물이 있습니다. 세계 어디서든 폭신폭신한 빵을 만들 때 반드시 있어야 하는 재료가 바로 이스트입니다.

지금도 세계 각지의 빵 중에는 이스트 없이 만드는 종류도 있긴 하지만, 이런 빵들은 밀이 아닌 다른 곡물이나 글루텐이 별로 없는 밀가루로 만들고, 옛날부터 먹었던 납작한 형태의 빵이 많습니다.

참고 ⇒ Q57, 58

34

Q 05 일본 (한국)에는 빵이 언제 전해졌나요?
= 발효빵의 전래

A 1,500년대, 남만 무역이 그 계기였다고 합니다.

다양한 설이 있지만, 1500년대 무렵 포르투갈인이 일본에 표류하면서 남만 무역이
시작된 것을 계기로 일본에 발효빵이 전해졌다고 합니다.

포르투갈인 무역상과 기독교 선교단 등에 의해 서양의 빵 문화가 일본에 전해지
면서 포르투갈어인 빵(pão)이 일본어로 자리 잡게 되었습니다. 에도 시대(江戸時代,
1603~1867) 후기에는 나가사키에 이미 빵집이 있었고, 당시 체류 중이던 네덜란드인들
이 빵을 사 먹었다는 사실이 당시 네덜란드 통사(통역사)가 남긴 문서에 실려 있습니다.
우리나라는 1890년대 외국 선교사들에 의해 전해졌다고 합니다.

Q 06 프랑스빵에는 어떤 종류가 있나요?
= 프랑스빵의 종류

A 다양한 크기의 빵이 있고, 각각 형태를 나타내는 이름이 붙어 있습니다.

일반적으로는 전부 뭉뚱그려 프랑스빵이라고 하는데, 사실은 종류가 많습니다. 프랑
스에서는 우리에게 친숙한 바게트, 바타르와 같이 대부분의 빵에 고유한 이름을 붙여
서 팔고 있습니다. 이 빵들은 같은 반죽 배합이라도 형태와 크기에 따라 이름이 다릅
니다.

이름	의미	형태
파리지앵 (parisien)	파리에서 나고 자란 사람, 파리의	바게트보다 반죽 양이 많고 두툼하다
바게트 (baguette)	막대기, 지팡이	프랑스에서 제일 대중적인 빵
바타르 (bâtard)	중간의	바게트보다 두껍고 길이가 짧다
피셀 (ficelle)	끈	바게트보다 가늘고 길이가 짧다
에피 (épi)	(밀의)이삭	(밀의)이삭 모양을 본떴다
불 (boule)	공	둥근 모양이며 크기는 다양하다
샹피뇽 (champignon)	버섯	버섯 모양을 본떴다

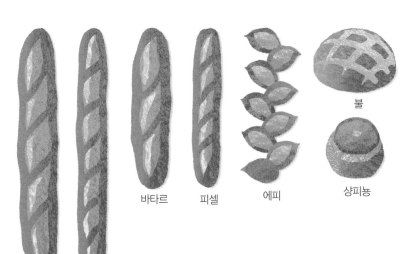

파리지앵　　바게트　　바타르　　피셀　　에피　　불　　샹피뇽

빵 중에는 흰 빵도 있는데, 어떻게 하면 흰 빵을 구울 수 있나요?
=구움색을 내지 않고 굽는 방법

 온도를 낮춰서 구우면 됩니다.

굽는 온도를 낮게(140℃ 이하) 설정해서, 메일라드 반응(Maillard reaction)과 캐러멜화 반응(Caramelization)이 일어나 크러스트에 색이 나오는 것을 막으면 흰 빵을 만들 수 있습니다.

예컨대 찐빵이 하얀 이유는 아미노카르보닐 반응(aminocarbonyl reaction)(메일라드 반응)이 일어나지 않는 100℃ 이하의 온도에서 쪘기 때문입니다. 빵 같은 경우에는 오븐 온도가 140℃ 정도까지는 구움색이 나오지 않습니다. 다만 일반적으로 빵을 구울 때보다 온도가 낮은 만큼 굽는 시간이 길어지기 때문에, 반죽의 수분 증발량이 많아져서 빵이 딱딱해질 수 있습니다.

그리고 반죽 배합에도 주의가 필요합니다. 구움색이 나오기 쉬운 재료(설탕, 유제품 등)의 사용량을 최소한으로 하는 것도 한 가지 방법입니다.

참고 ⇒ **Q98, 132**

 브리오슈에는 어떤 종류가 있나요?
=브리오슈의 종류

 모양에 따라 이름이 다르고, 반죽의 배합이 같더라도 식감에 차이가 있습니다.

프랑스의 노르망디 지방에서 탄생했다는 브리오슈. 달걀과 버터를 듬뿍 넣고 반죽해서 만드는 리치한 빵으로, 형태에 따라 다양한 이름이 있습니다.

브리오슈 낭테르

브리오슈 아 테트

브리오슈 무슬린

이름	특징
브리오슈 아 테트 (brioche a tete) (머리 달린 브리오슈)	눈사람처럼 생긴 브리오슈. 몸통 부분은 부드럽고 촉촉하며, 머리 부분은 잘 구워져서 고소하고 바삭하다.
브리오슈 낭테르 (brioche nanterre) (낭테르 지방의 브리오슈)	파리 근교의 도시인 낭테르의 이름이 붙은 브리오슈. 낭테르 틀(위쪽이 넓고 높이는 낮은 파운드 틀)에 넣고 굽는, 산형 식빵과 비슷하게 생긴 빵. 크림은 촉촉하고 부드러운데, 윗면은 충분히 구워져서 고소하고 바삭하다.
브리오슈 무슬린 (brioche mousseline) (모슬린 원단처럼 부드러운 브리오슈)	무슬린 틀(위쪽이 살짝 넓은 원통형 틀)에 넣고 만드는 길쭉한 원기둥 모양의 빵. 크림에 세로로 길쭉한 기공이 있으며, 씹었을 때 느낌이 좋다. 윗면은 충분히 구워져서 고소하고 바삭바삭하다.

빵, 데니시 위에 올린 과일은 표면에 반짝반짝 광이 나는데, 뭘 바른 건가요?
=잼, 나파주(nappage), 퐁당(fondant)

잼과 나파주는 투명하고, 퐁당은 하얀색을 띱니다.

투명한 것은 잼, 나파주(광택용 제과 재료)입니다. 주로 빵에 광택을 내고, 마르는 것을 방지하기 위해 바릅니다.

하얀 것은 퐁당이라고 하는데, 시럽을 끓인 후 잘 휘저어가며 식혀서 다시 굳혀 쓰는 제과 재료입니다.

나파주(nappage)

나파주는 프랑스어로 「덮다」라는 의미입니다. 살구, 라즈베리 등의 과일을 원료로 한 것, 당류와 겔화제 등으로 만든 것이 있고, 물을 넣고 끓여서 쓰는 종류와 아무것도 하지 않고 그냥 그대로 사용하는 종류가 있습니다.

잼

잼은 나파주에 비해 비싸며, 제품의 광택과 건조 방지라는 의미로도 사용하지만 그보다 더 큰 목적은 맛에 악센트를 주는 데 있습니다. 어떤 과일이라도 상관없지만, 보통은 살구잼을 많이 씁니다. 불에 끓여서 유동성이 생겼을 때 솔로 새빨리 발라주면 됩니다. 잼의 굳기(점성도)에 따라서는 끓일 때 물을 적당히 넣어 조절해줍니다.

퐁당(fondant)

퐁당은 잼, 나파주와 달리 건조 방지 목적은 없고, 단맛을 첨가하고 더 맛있어 보이게 하는 효과를 주기 위해 씁니다. 원래 유동성이 있어 그대로 사용하는 제품도 있지만, 고형 타입은 시럽을 넣고 중탕해서 사람 피부 정도의 온도로 데워 유동성이 어느 정도 생기면 사용합니다.

나파주(끓이는 타입), 잼

잼과 나파주는 필요할 경우 물을 첨가해 굳기를 조절하고, 식기 전에 재빨리 솔로 표면에 바릅니다

퐁당(끓이는 타입)

고형 퐁당은 시럽을 넣고 중탕으로 데운 후 사용합니다

 속이 꽉 찬 단팥빵과 카레빵을 만들고 싶은데 어떻게 해야 하나요?
= 빵의 빈 곳을 줄이는 방법

 필링(filling, 속에 넣는 재료)의 수분을 최대한 줄입니다.

단팥빵 속에 빈 곳이 생기는 이유는 구우면서 팥소의 수분이 증발하고 팥소의 위쪽 반죽이 들어 올려지면서 반죽과 팥소 사이에 공간이 생기기 때문입니다. 단팥빵뿐 아니라 속에 재료를 넣는 식인 단과자빵과 카레빵 등은 필링의 수분이 많을수록 속에 빈 곳이 잘 생깁니다.

이를 방지하려면 필링의 수분을 최대한 줄이는 수밖에 없습니다. 참고로 다루기 쉽다는 면에서도 필링은 비교적 수분이 적은 것, 뿔뿔이 흩어지지 않고 잘 뭉쳐지는 것이 적합합니다.

한편 단팥빵은 반죽으로 팥소를 감싼 다음 위에서 눌러 편평하게 만드는데, 이때 가운데를 손가락으로 꾹 누르면('배꼽' 만들기) 속에 빈 곳이 잘 생기지 않습니다.

카레빵을 튀기다가 터져서 카레가 새고 말았습니다. 어떻게 하면 이를 방지할 수 있나요?
=튀김빵을 만들 때 주의할 점

 반죽의 이음매를 꼼꼼히 잘 여며 주세요.

카레빵 등 필링을 넣은 빵을 튀길 때 도중에 필링이 새면서 기름이 튀어 위험한 순간이 종종 있습니다. 반죽이 부풀어 오르는 과정에서 이음매가 벌어졌기 때문입니다.

이를 방지하려면 속 재료를 다 넣은 후 이음매를 꼼꼼히 꼬집어 잘 여미는 것이 중요합니다. 필링 재료인 카레가 빵 반죽 가장자리에 묻으면 이음매가 잘 여며지지 않으니 주의해야 합니다. 또 이음매 부분의 반죽을 꼬집고 눌러가며 꼼꼼하게 붙입니다.

필링을 너무 무리하게 많이 집어넣으면 반죽의 일부가 얇아지거나 구멍이 뚫릴 수 있고, 튀길 때 그 부분에서 필링이 새기도 합니다.

 튀김용 빵가루로 쓰기에 알맞은 빵이 따로 있나요?
=빵가루로 쓰기에 알맞은 빵

 단맛이 나는 빵으로 빵가루를 만들면 튀김색이 진해지고 타기 쉽습니다.

빵으로 빵가루를 만들 때 당분이 많은 빵은 색이 입혀지기 쉬우니 피하는 편이 좋습니다. 빵가루로는 프랑스빵이나 배합이 심플한 식빵 등이 알맞습니다.

시중에 파는 빵가루에는 생빵가루(습식)와 건조빵가루(건식)가 있으며 입자의 크기도 다양합니다. 생빵가루는 원료인 빵을 그대로 가루 낸 것으로, 건조빵가루보다 수분량이 많고 튀기면 아삭아삭하면서 소프트한 식감이 나옵니다.

건조빵가루는 가루 낸 빵가루를 말려서 수분량을 줄인 것으로(수분 14% 이하), 튀기면 바사삭한 식감이 됩니다. 입자가 굵은 빵가루를 묻히면 바삭바삭 거친 식감, 입자가 고운 빵가루를 묻히면 그보다 부드러운 식감이 됩니다.

이탈리아 빵 로제타 (rosetta)는 어떻게 만드나요?
Q 13
=로제타 만드는 방법

 **접기형 반죽을 한 다음 전용 틀로 누르면 안이 동굴처럼 텅 빈 특성 있는 빵
A 으로 구울 수 있습니다.**

로제타는 '작은 장미'라는 의미의 이탈리아 빵으로, 이름처럼 장미 모양이고 가운데
가 빈 것도 특징입니다.

제법이 독특한데, 단백질 함량이 적은 밀가루를 써서 믹싱을 약하게 한 다음 글루텐
의 연결이 파괴되기 직전까지(렛다운 단계) 롤러로 늘리고 접는 작업을 반복하면서 반
죽을 만듭니다. 그리고 발효 후 밀대로 늘리고 육각형 틀에 찍어낸 다음 전용 누름틀
로 눌러 성형 후 최종 발효(2차 발효)합니다. 이 제법으로 만들면 **p.42 「포켓을 만들려면」**
⑤ 후반에 설명이 나와 있듯, 커다란 기공끼리 붙는 현상이 일어나 로제타 특유의 가
운데가 텅 빈 빵이 완성됩니다.

로제타

로제타 전용 누름틀과 육각형 틀

 피타빵 (pita bread, pitta bread)은 어떻게 속이 텅 비게 만들 수 있나요?
Q 14
=피타빵의 포켓

 **글루텐의 연결이 약한 반죽을 얇게 늘려서 구우면 속이 텅 빈 빵을 만들 수
A 있어요.**

피타빵은 주로 중동 지역에서 먹는 얇게 구운 빵의 일종으로, 수천 년의 역사를 자랑
한다고 합니다. 안이 텅 비었다고 해서 영어로는 포켓 브레드(pocket bread)라고도 합
니다. 주로 밀가루, 물, 이스트(빵효모), 소금, 액상 유지로 만듭니다.

가볍게 반죽해 발효시킨 후 둥글고 얇게 늘린 다음 오븐에 넣고 짧은 시간 안에 굽습니다. 그러면 풍선처럼 크게 부풀어 오르면서 안이 텅 빈 빵이 됩니다.

손으로 찢어 페이스트 같은 소스류를 위에 올려 먹거나 반으로 갈라 포켓 부분에 채소, 고기, 콩 등의 속 재료를 넣어 샌드위치처럼 먹습니다.

포켓을 만들려면

① 가볍게 치대서 약간만 단단한 반죽을 만든다

글루텐의 연결이 약해지면 이스트가 만드는 탄산가스를 감싸는 막이 약해집니다.

② 발효 시간을 짧게 한다

글루텐의 연결이 강화되지 않도록 발효 시간은 짧게 합니다. 하지만 이스트로 탄산가스를 만들어야 하므로 발효 과정은 반드시 거쳐야 합니다.

③ 밀대로 얇게 늘려 성형한다

얇게 늘리면 구울 때 빵의 표면(윗면과 아랫면)이 빨리 단단해지고 중심 온도가 순식간에 높이 올라가면서 빵 속이 텅 비게 됩니다.

④ 최종 발효 (2차 발효)를 하지 않거나 해도 빨리 끝낸다

최종 발효(2차 발효)를 오래 하면 글루텐의 연결이 강해져서 포켓이 생기기 어렵습니다.

⑤ 오븐에서 고온으로 굽는다

반죽이 얇은 만큼 구우면 속까지 열이 빨리 전해져서, 기포 속 기체가 즉시 팽창하기 시작하고 수분이 증발합니다. 거기서 더 높은 온도로 구우면 반죽 표면이 빨리 단단해지고, 기체가 팽창해 내부 압력이 높아지면 압력 차이 때문에 큰 기포가 작은 기포를 흡수해 덩치를 더 키웁니다. 거기서 더 가열하면 큰 기포끼리 붙고 최종적으로 빵에 커다란 포켓이 생기는 것입니다.

 식빵에는 산형 식빵과 사각형 식빵 (풀먼 식빵)이 있는데 어떤 차이가 있나요?
=산형 식빵과 사각형 식빵의 차이

 산형 식빵은 폭신하게 부풀어 올라 씹는 느낌이 좋고 사각형 식빵 (풀먼 식빵)은 촉촉하고 쫄깃한 식감이 특징입니다.

식빵에는 틀에 뚜껑을 닫지 않고 굽는 산형 식빵과 뚜껑을 덮고 굽는 사각형 식빵이 있습니다. 같은 반죽을 같은 무게로 분할해 똑같이 성형해도 최종 발효(2차 발효)의 정도와 구울 때 뚜껑의 유무에 따라 특징이 다른 빵이 나옵니다.

빵은 발효할 때뿐 아니라 구울 때도 부풉니다(오븐 스프링, oven spring - 반죽온도가 50~60도 사이일 때 탄산가스의 작용으로 반죽 전체가 팽창하기 시작하는 현상 - '제빵의 과학-터닝포인트 출간' 발췌). 산형 식빵은 최종 발효(2차 발효) 때 틀이 꽉 차도록 충분히 부풀어 오르게 한 후에 구우면, 눌러주는 뚜껑이 없기 때문에 반죽이 위아래로 팽창합니다. 그래서 크럼의 기공이 길쭉해져서, 먹으면 폭신폭신하고 부드럽습니다.

한편 사각형 식빵은 최종 발효(2차 발효) 때 틀의 80% 정도까지만 부풀어 오르면 뚜껑을 덮고 굽습니다. 그래서 구울 때 크럼의 기공이 위로 충분히 늘어나지 못하고 동그란 모양이 됩니다(→**Q210, 215**). 또 뚜껑을 덮고 구우면 수분이 적게 증발해서 산형 식빵보다 수분이 많은 빵이 나옵니다. 그래서 촉촉하고 약간 쫄깃하게 됩니다.

이러한 특징은 빵을 토스트로 만들면 더 확연히 드러납니다. 산형 식빵은 바삭하고 씹는 느낌이 좋으며 가벼운 식감이고, 사각형 식빵은 구운 면이 바삭하면서도 속은 촉촉하고 부드럽습니다.

팽 드 캉파뉴 (Pain de campagne)는 표면에 가루가 뿌려져 있는데 왜 그런가요?
=캉파뉴의 덧가루

원래는 발효 상자에 반죽이 달라붙지 않게 하려고 사용하는 가루입니다.

팽 드 캉파뉴는 반죽이 물러서 성형 후에 그대로 두면 축 처져 형태를 유지하지 못하기 때문에 발효 때 발효 바구니를 사용합니다(→**Q180**). 그때 무른 반죽이 발효 바구니에 달라붙는 것을 방지하기 위해서 가루를 뿌리는데 구울 때 반죽 표면에 이 가루가 붙으면서 완성품에도 그대로 남습니다.

팽 드 캉파뉴를 구울 때 대부분은 반죽 표면에 칼집(쿠프)을 넣는데, 남은 가루 때문에 쿠프가 선명하게 드러나면서 완성품이 더 볼품 있어 보입니다.

 크루아상 반죽과 파이 반죽은 둘 다 층이 생기는데, 어떤 차이점이 있나요?
=접기형 반죽의 발효 여부

 접기형 반죽은 발효 여부에 따라 전혀 다른 식감이 나옵니다.

크루아상과 파이는 둘 다 반죽에 버터 등의 유지를 끼워 넣어 만들기 때문에 유지층과 반죽층이 번갈아 가며 겹쳐진 상태까지는 똑같지만, 발효 여부가 큰 차이점입니다. 크루아상은 발효한 반죽이어서 발효 반죽의 특징인 폭신폭신 부풀어 오른 층으로 완성됩니다. 반면 파이 반죽은 발효하지 않기 때문에 바삭바삭하고 얇은 층이 나옵니다. 이 점은 실제로 크루아상 반죽과 파이 반죽을 비교해보면 잘 알 수 있습니다. 원래 크루아상과 파이 반죽은 접는 횟수가 다르지만, 여기서는 층 상태의 이해를 돕기 위해 둘 다 3절 접기를 3회 한 것으로 비교해보았습니다. 한편 크루아상은 접기 전 반죽 단계(발효)와 굽기 전 단계(최종 발효(2차 발효)) 때 발효를 적당히 해둡니다.

외관　　　　　　　　　단면

크루아상(왼쪽)은 반죽이 폭신하게 부풀어 있다. 파이 반죽(오른쪽)은 얇고 빳빳한 반죽이 한 층 한 층 선명하게 겹쳐진 모습을 확인할 수 있다

Chapter 2

빵을
만들기에
앞서

제빵 공정의 흐름

제빵의 흐름을 간단히 훑어보면 다음과 같습니다. 대부분의 빵이 이런 흐름을 거치지만 더 복잡한 공정이 필요한 종류도 있어서 정말 다양한 빵을 만들 수 있습니다.

1. 믹싱	재료를 「섞고 치대서」 반죽을 만든다

▼

2. 발효(1차 발효)	반죽을 「부풀린다(발효시킨다)」
펀치	반죽을 눌러 「가스를 뺀다」 ※하지 않는 것도 있다

▼

3. 분할	반죽을 목적에 맞는 무게(크기)로 「나눈다」

▼

4. 둥글리기	반죽을 「둥글게 다듬는다」

▼

5. 벤치 타임	둥글린 반죽을 「휴지시킨다」

▼

6. 성형	목적에 맞게 「형태를 잡는다」

▼

7. 최종 발효(2차 발효)	형태를 만든 반죽을 「부풀린다(발효시킨다)」

▼

8. 굽기	부풀린 반죽을 「굽는다」

제빵 도구

빵을 만들 때 쓰는 도구는 가정용에서부터 전문가용까지 다양합니다. 전문가용은 대형 기기가 많기 때문에 가정에서 제빵을 즐기기에는 적합하지 않습니다.

이 책에서는 이제 막 제빵을 시작하는 초보자들이 최소한으로 갖춰두면 편리한 것들을 중심으로 소개합니다.

오븐은 필수!

가정에서 빵을 만들 때 꼭 있어야 하는 도구는 오븐입니다. 반죽이 '빵'이라는 음식이 되려면 반죽을 굽는 공정을 빼놓을 수 없기 때문입니다. 반죽과 발효에 쓰는 도구는 하기에 따라 꼭 있을 필요는 없는 것들도 있지만, 오븐만은 반드시 있어야 합니다. 물론 토스터나 프라이팬 등으로 굽는 빵도 있지만, 그래서는 다양한 빵을 폭넓게 만들기는 어렵습니다.

가정용 오븐

참고로 가정용 오븐은 발효 기능이 있는 제품도 많은데, 있으면 편리한 기능이긴 하지만 없어도 빵을 만드는 데 지장은 없습니다.

사전 준비 때 필요한 도구

사전 준비 때 필요한 도구로 우선 재료를 계량하는 저울이 있습니다. 제빵 재료 중에서 사용량이 가장 많은 것은 밀가루, 적은 것은 소금과 이스트(빵효모)입니다. 많든 적든 계량은 필수이므로 최대 계량이 1~2kg이고 0.1g 단위여서 미량의 재료도 계량할 수 있는 디지털 저울을 추천합니다(→**Q170**).

저울(디지털 타입)

물론 재료를 계량하거나 반죽을 발효시킬 때 쓰는 볼과 용기도 있어야 하고, 재료를 섞을 때 쓰는 거품기와 주걱 등도 준비해야 합니다.

다음으로 필요한 것은 물과 반죽 온도를 잴 수 있는 온도계입니다. 빵을 성공적으로 잘 만들기 위해서는 수온과 발효기 내부 온도를 조절하고 반죽 온도를 측정하여 기록해두는 것이 중요합니다.

볼

발효 용기

거품기, 주걱

온도계

반죽, 처음에는 손으로

손 반죽은 자기 손이 곧 도구인 만큼 다른 특별한 도구가 필요하지 않습니다. 다만 손으로 반죽하기 힘든 빵도 있으니 제빵에 어느 정도 익숙해져서 다양한 빵에 도전하고 싶다면 반죽기를 마련하는 것도 추천합니다. 버티컬 믹서나 제빵기(믹싱이 끝나면 반죽을 꺼낼 수 있는 타입)를 추천하지만 반죽의 양이 많지 않다면 푸드 프로세서(빵 반죽에 대응 가능한 타입) 등을 써도 괜찮습니다. 용도에 맞게 부속품을 장착할 수 있는 제품들도 있습니다.

버티컬 믹서

발효는 온도와 습도가 중요

가정용 발효기
(일본 니더 주식회사)

뚜껑 있는 식기 건조대

발효 기능이 있는 오븐이나 소형 발효기(접이식 등)가 있으면 편하지만, 이런 전용 도구가 없더라도 주위에서 쉽게 구할 수 있는 것으로 얼마든지 반죽을 발효시킬 수 있습니다.

발효는 적절한 온도와 습도가 중요합니다. 이 두 가지를 어떻게 하면 잘 유지할 수 있을지 본인만의 방법을 찾아 보기 바랍니다. 이를테면 뚜껑 있는 식기 건조대에 뜨거운 물을 얕게 붓고 시도해본다거나 뜨거운 물을 넣은 용기를 스티로폼 박스나 수납장 등에 넣어보는 등 발효기 대용품을 만들어서 써보는 것도 좋습니다(→Q195). 만약 실내 온도가 발효에 적합하다면 그대로 발효시킬 수 있습니다. 다만, 어떤 방법을 쓰든 반죽이 마르지 않게 주의하고, 온도계로 온도 관리를 해야 합니다.

분할할 때 필요한 도구

발효한 반죽은 스크레이퍼 또는 카드를 써서 분할하는 것이 기본입니다. 또 분할한 반죽을 계량
하려면 저울이 필요합니다.

분할한 반죽은 벤치 타임 시 다른 곳으로 옮겨야 할 경우 판
(플라스틱이나 아크릴 재질도 가능) 위에 올립니다. 오븐 팬이나
식힘망(→p.50) 등으로 대체 가능합니다.

판에 반죽을 올릴 때는 달라붙지 않게 미리 덧가루를 뿌리
거나 천(캔버스 천, 보풀이 덜 일어나는 마 또는 면 등)을 깝니다.

스크레이퍼, 카드   판, 천

성형할 때 필요한 도구

빵을 성형할 때 필요한 도구는 만드는 빵에 따라 다릅니다. 주요 도구를 살펴보면 우선 버터롤
과 식빵을 성형할 때 절대 빼놓을 수 없는 것은 밀대입니다. 반죽 속 탄산가스를 꼼꼼히 빼야 하
기 때문입니다.

그리고 식빵 등 틀을 사용해 굽는 빵은 각각에 맞는 형태의 틀이 필요합니다.

칼집(쿠프, coupe)을 넣을 때는 가위나 칼을 씁니다. 성형한 빵은 물론 예외도 있지만, 기본적으로
는 오븐 팬에 올려 최종 발효(2차 발효)합니다.

밀대   식빵 틀   가위, 칼

굽기 전 작업할 때 필요한 도구

완성된 빵의 표면에 줄이 생겼거나 홈이 파여 있는 경우가 있는데, 이는 오븐에 넣기 직전 반죽
표면에 칼, 커터칼 등으로 쿠프를 넣어 만듭니다. 프랑스빵 등 하드 계열 빵에서 많이 볼 수 있습
니다. 쿠프를 넣으면 보기에도 예쁜 데다 빵도 더 잘 부풀어 오릅니다(→Q225~227).

또 오븐에 넣기 전에 반죽에 물을 뿌리거나 달걀물을 바르기도 합니다. 이렇게 반죽 표면을 촉촉하게 해두면 구울 때 더 천천히 굳어 갑니다. 그 결과 반죽이 부푸는 데 드는 시간이 길어져서 빵에 볼륨을 줄 수 있습니다(→**Q220**).

이 작업을 하려면 분무기나 솔이 있어야 합니다.

칼, 커터칼　　　　　분무기　　　　　솔

다 구운 빵은 식힘망 위에

갓 구운 빵은 그 속에 들어 있는 수분이 수증기가 되어 방출됩니다. 그래서 작업대 등에 바로 올리면 눅눅해질 수 있으니, 식을 때까지 식힘망 위에 올려둡니다.

식힘망

제빵 재료

맛있는 빵을 만들기 위해 다양한 재료가 쓰이고 있습니다. 기본 재료는 아래와 같이 네 가지입니다. 이를 제빵에 필요한 「4가지 기본 재료」라고 합니다.

정확하게는 「밀가루」가 아니라 「곡물가루」가 맞지만, 세계적으로 봐도 제빵 재료로 가장 많이 쓰이는 곡물이 「밀」이므로 이 책에서는 「밀을 가루 낸 것」, 즉 「밀가루」라고 표기하였습니다. 물론 밀이 아닌 다른 곡물로 만들 수 있는 빵도 많습니다.

기본 재료 이외에도 빵에 다양한 개성을 줄 수 있는 재료를 「부재료」라고 합니다. 부재료에는 많은 종류가 있는데, 이 책에서는 흔히 쓰는 아래의 네 가지로 압축했고 이를 「4가지 부재료」라고 표시하였습니다.

부재료의 주된 역할은 「빵에 감칠맛, 풍미 주기」, 「볼륨 키우기」, 「빛깔 살리기」, 「영양가 높이기」 등이 있습니다.

4가지 기본 재료	4가지 부재료
밀가루	설탕
이스트(빵효모)	유지
소금	달걀
물	유제품

Chapter 3

제빵의
기본
재료

밀가루

- - - - - - - -

 밀 이외에 맥류에는 어떤 것들이 있나요?
=맥류

 보리, 호밀, 귀리 등이 주요 맥류입니다.

맥류는 볏과에 속하는 식물인 밀, 보리, 호밀, 귀리 등을 총칭한 것입니다.

그중에서 제빵에 가장 중요한 맥류는 밀인데, 전 세계 많은 빵의 원료로 쓰이고 있습니다. 식량으로서 밀의 역사는 깊은데, 빵이 탄생하기 이전부터 익히거나 굽는 등 인간의 주식으로 활용했습니다. 지금도 옥수수, 쌀과 함께 세계에서 가장 널리 재배하고 있는 곡물 중 하나입니다.

밀은 낮은 온도에서는 잘 자라지 않아서, 북유럽을 중심으로 한 한랭 지역에서는 호밀이 중요한 위치를 점하며 많은 경우 호밀을 섞거나 아예 호밀만 써서 빵을 만듭니다. 호밀이 많이 들어간 빵은 밀로 만든 빵에 비해 검은빛을 띠어서 흑빵이라고 부르기도 하며, 독특한 향과 시큼한 맛이 특징입니다.

한편 보리도 밀과 마찬가지로 역사가 오래되었는데, 옛날에는 주식으로 삼기도 했었지만 지금은 그대로 먹기보다는 맥주, 맥아 음료, 보리차의 원료로 쓰이고 있습니다.

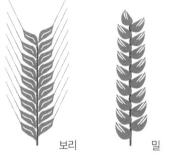  

보리   밀   호밀   귀리

밀은 언제 어디에서 일본(한국)에 전해졌나요?
=밀의 전래 루트와 보급

야요이 시대(기원전 3세기 ~ 기원후 3세기)에 중국과 한반도를 통해 들어왔습니다.

밀의 역사는 몹시 오래되었는데, 고고학과 유전학 등의 연구에 따르면 중앙아시아에서 중동 지역에 걸쳐 처음 재배했다고 합니다. 그곳에서 어떻게 전 세계로 퍼져나갔는지는 여러 가지 설이 있는데, 기원전 1만 년 무렵에는 이미 자생했던 밀을 세계 각지에서 먹었다고 전해집니다.

농경 문화의 발원지는 「비옥한 초승달 지대」(현재 이라크, 시리아, 레바논 등지)라고 부르는 지역인데, 티그리스강과 유프라테스강 사이의 메소포타미아를 중심으로 초승달 모양처럼 펼쳐져 있는 곳입니다. 이 지역에서 기원전 8,000년 무렵에 밀을 재배했다고 합니다.

기원전 6,000~5,000년 무렵에는 밀이 메소포타미아 지역에서 이집트를 포함한 지중해 연안으로 전파되었습니다. 기원전 4,000년 경에는 유럽을 북상하여 튀르키예(터키), 다뉴브강 유역, 라인 계곡까지 퍼졌고, 기원전 3,000~2,000년 무렵에는 그 밖의 유럽 전역과 이란 고지대까지 전파되었다고 합니다.

그리고 기원전 2,000년 무렵에는 중국과 인도에 전해졌고, 그 후 중국과 한반도를 거쳐 일본에 전해지면서 쌀과 함께 재배하기 시작했다고 알려져 있습니다. 우리나라는 경주의 반월성지, 부여의 백제 군량창고 등에서 밀이 발견되었습니다.

반면 미국, 캐나다, 호주의 밀 재배 역사는 의외로 짧은데, 17~18세기에 걸쳐 유럽에서 전파되었습니다.

Q 20

빵을 만드는 밀가루는 밀알의 어느 부분을 간 것인가요?
=밀알의 구조와 성분

A

밀의 배유 부분을 간 것입니다.

수확한 밀을 탈곡해서 껍질을 제거한 밀알은 달걀 모양 또는 타원형이고 위에서 아래까지 깊은 홈이 파여 있습니다. 그리고 「껍질」에 싸인 내부는 대부분 「배유」가 차지하고 있습니다. 아래쪽에는 전체의 2%밖에 없는 「배아」가 있습니다.

밀가루는 배유를 가루로 만든 것입니다. 배유는 당질(주로 전분)과 단백질이 주성분인데, 밀알의 중심과 껍질 부근은 그 성분 비율과 성질이 서로 다릅니다. 껍질에는 회분(미네랄→**Q.29**)이 많아서, 배유도 껍질과 가까울수록 회분이 많으며 중심부로 갈수록 회분이 적습니다. 한편 배아에는 발아에 필요한 비타민, 미네랄, 지질 등의 영양분이 풍부해서 영양 효과를 기대하고 건강식품에 활용하거나 빵에 배합하기도 합니다.

밀가루에는 껍질과 배아를 제거하지 않고 밀알을 통째로 가루 낸 「전립분」도 있습니다(→**Q44**).

밀알의 단면도

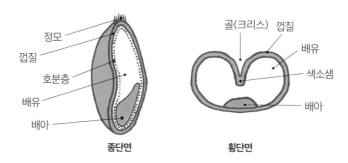

밀알의 구성

배유	밀알의 약 83% 이 부분이 밀가루가 된다. 주성분은 당질(주로 전분), 단백질
껍질	밀알의 약 15% 미네랄, 섬유질이 많고 제분 공정 때 배유 부분과 분리되면서 「밀기울」이 된다. 주로 사료와 비료로 쓰이고, 일부는 식품의 원료가 된다. 호분층은 배유의 일부인데 제분할 때 껍질과 함께 제거된다.

배아	밀알의 약 2% 당질, 단백질, 지질, 각종 비타민, 미네랄을 두루 함유하고 있다. 제분 공정 때 분리된 다. 배아를 로스팅한 것은 빵에 배합하거나 건강식품 등에 활용된다.

밀알의 성분

품종과 육성 조건 등에 따라 달라지긴 하지만, 일반적인 성분치를 소개합니다.

밀알의 주요 성분치

(가식부 - 식품중 식용에 알맞는 부분, 100g당 g)

	탄수화물	단백질	회분	수분
연질밀(수입)	75.2	10.1	1.4	10.0
경질밀(수입)	69.4	13.0	1.6	13.0
일반밀(일본산)	72.1	10.8	1.6	12.5

(『일본 식품 표준 성분표 2020년판(8차 개정)』 문부과학성 과학 기술·학술 심의회에서 발췌)

우리나라의 경우

	탄수화물	단백질
연질밀	74	10.5
경질밀	70	13.8

(농업진흥청 <농업기술길잡이044>에서 발췌)

쌀은 쌀알 그대로 먹는데 왜 밀은 가루로 먹게 되었나요?
= 밀을 가루로 먹게 된 이유

쌀처럼 껍질을 깔끔하게 깎아낼 수 없어서 가루로 만들었습니다.

쌀은 겉겨를 벗기면 현미가 됩니다. 현미를 감싸고 있는 얇은 껍질(과피와 종피)은 손
톱으로 긁으면 쉽게 떨어질 만큼 벗기기 쉬운 반면 배유는 딱딱하다는 특징이 있어서
쌀알끼리 비벼 쌀겨층(과피와 종피, 그리고 그 아래에 있는 호분층)을 깎는 방법으로 정미합
니다.

한편 이삭을 제거한 밀알은 세로로 깊은 골이 있고, 껍질이 홈 안으로 들어가 있습니다(→**Q20**). 그래서 바깥쪽을 깎아 껍질을 제거한다고 해도 깔끔하게 다 벗겨내기는 어렵습니다.

그래서 쌀처럼 껍질만 제거해(정미) 그대로 먹는 방법이 아니라 곱게 가루 낸 다음 껍질을 제거하고 먹는 방식이 퍼지게 되었습니다.

제빵성이 향상되는 제분 방법

옛날에는 밀을 맷돌에 갈아 가루 내고 체로 걸러서 껍질을 어느 정도 제거하는 방법으로 밀가루를 만들었습니다. 그런데 맷돌에 갈면 껍질도 가루가 되어 체에 다 걸러지지 않기 때문에 아무래도 밀가루에 껍질이 많이 섞여 버립니다. 그런 밀가루는 제빵성이 떨어집니다.

제분법이 발달한 지금은 껍질이 섞이지 않은 새하얀 밀가루를 만들기 위해 다음과 같은 방법으로 제분합니다.

우선 밀알을 물에 잠시 담가둡니다. 그러면 밀알의 중심부는 가루 내기 쉽게 부드러워지고 껍질과 가까운 부분은 단단해집니다. 그래서 밀알을 분리할 때 껍질과 껍질에 가까운 부분이 쩍 벌어지며 한데 섞이기 어렵게 됩니다. 이를 조질(調質)이라고 부릅니다.

이 밀알을 롤러로 조쇄(粗碎, 제분공정에서 여러 단계를 거쳐 파쇄시키는 작업)한 다음 체로 거르고 바람으로 껍질을 제거하는데, 이때 껍질이 많은 가루에서부터 중심부가 많은 가루까지 여러 종류로 나눌 수 있습니다. 조쇄→체에 거르기→바람을 통해 껍질 제거하기와 같은 공정을 여러 번 반복하면 껍질이 많은 가루에서부터 껍질이 적고 순도 높은 가루까지 다양한 가루를 만들 수 있습니다.

이렇게 수십 종류에 이르는 가루로 나누고 나면 이것들을 블렌딩(blending)해서 용도에 맞는 제품으로 만듭니다.

중심부와 가까운 가루를 모아 제품으로 만든 밀가루는 회분(미네랄)이 적어서 색깔이 하얗고, 껍질에 가까운 부분이 많이 함유된 밀가루일수록 회분이 많아 갈색을 띕니다.

1. 조질　밀에 물을 소량 넣고 재워 두어서 조쇄가 쉬워지게 한다

| **2. 조쇄** | 롤러로 밀알을 파쇄하고(굵직하게 나누기), 분쇄(가루 상태로 갈기)한다 |

▼

| **3. 체에 거르기·껍질 제거** | 가루 낸 밀을 체(구멍 크기가 다양한 체에 거르기)로 거른 다음 바람을 통해 껍질을 제거한다 |

▼

| **4. 분쇄·껍질 제거** | 체에 거른 밀을 롤러로 분쇄하고 다시 체에 걸러 껍질을 최대한 제거한다. 이 과정을 여러 번 반복한다. |

 밀은 봄밀과 가을밀로 나눠진다던데, 무슨 차이점이 있나요?
=봄밀과 가을밀

 파종 시기와 재배 시기, 수확량 등이 다릅니다.

봄에 씨앗을 뿌리고 가을에 수확하는 품종을 봄밀, 가을에 씨앗을 뿌리고 겨울을 지나 이듬해 여름에 수확하는 품종을 가을밀이라고 합니다. 봄 파종용 밀, 가을 파종용 밀이라고도 합니다.

전 세계에서 재배하는 밀은 대부분 가을밀입니다. 가을밀은 봄밀보다 육성 기간이 길어 더 많이 수확할 수 있기 때문입니다. 봄밀의 수확량은 가을밀의 2/3 정도에서 그친다고 합니다.

하지만 봄밀은 비록 수확량은 가을밀보다 적지만, 제빵성이 뛰어나 빵이 더 잘 부풀어 오릅니다. 봄밀에 함유된 단백질(특히 글리아딘)이 점성과 탄력이 강해서 빵에 적합한 성질과 상태의 글루텐(→Q34)을 만들기 쉽기 때문입니다. 하지만 근래에 들어서는 품종 개량과 연구 등이 진행되면서 제빵성이 뛰어난 가을밀도 나와 둘 다 제빵에 잘 쓰이고 있습니다.

일본처럼 봄밀과 가을밀을 다 재배하는 나라도 있지만, 제빵용 밀의 주요 수입국인 캐나다와 미국 북부는 기후가 한랭하고 겨울철 추위가 혹독해서 봄밀만 재배합니다. 그밖에 유럽이나 중국 북부, 러시아의 일부 등에도 봄밀 재배가 불가능한 지역이 있습니다.

우리나라는 주로 가을밀을 재배하지만, 최근에는 봄밀을 재배하는 농가도 늘어나고 있다고 합니다.

밀알의 색깔 차이는 왜 생기나요?
=밀알의 색깔에 따른 분류

 품종이 달라서입니다.

밀은 껍질의 색깔로도 분류할 수 있는데, 껍질이 붉은색이나 갈색이면 「적밀(붉은 밀)」, 연노란색이나 하얀색이면 「백밀(흰 밀)」이라고 합니다. 껍질의 색깔은 품종에 따라 결정되는데, 일반적으로 경질밀(→**Q25**)은 적밀이 많고 연질밀(→**Q25**)은 백밀이 많은 경향이 있습니다.

하지만 같은 품종의 적밀이라도 산지나 생육 조건에 따라 신갈색에서 노란빛이 감도는 연갈색까지 다양한 색이 나올 수 있습니다. 미국에서는 색이 진한 것을 「다크」, 색이 연한 것을 「옐로」라고 부릅니다. 다크는 옐로보다 단백질의 양이 많아 글루텐이 잘 형성된다는 특징이 있습니다.

 수입 밀은 이름을 보면 산지와 성질을 알 수 있다?

외국에서 수입하는 원료 밀의 이름에는 산지와 성질이 담겨 있습니다(다음에 나오는 표 참고).

모든 밀의 이름을 이런 식으로 짓는 것은 아니고 시중에서 판매되는 밀가루는 대부분 원료 밀의 이름이 명기되어 있지 않은 편이지만, 제과제빵 재료 전문점 등에서 판매하는 밀가루 중에는 원료 밀의 이름이 표기된 것도 있어 상품을 고르는 지표가 되어줍니다.

밀의 이름에 들어가는 경우가 많은 산지와 성질

산지	아메리카(또는 아메리칸), 캐나다(또는 캐네디언) 등
색깔	레드(적밀), 화이트(백밀), 앰버(백밀 중에서도 단백질 함량이 많아 호박색으로 보이는 것) 등
굳기	하드(경질밀), 소프트(연질밀)
재배 기간	윈터(가을밀, 겨울밀이라고도 함), 스프링(봄밀)

밀의 이름

캐나다 웨스턴 레드 스프링
캐나다 서부 지역산, 적밀, 봄밀. 단백질 함량이 많고 제빵성이 뛰어난 밀 중 하나로 일본(한국)에서는 강력분의 원료로 쓴다

웨스턴 화이트
아메리카 서부 지역산, 백밀. 단백질 함량이 적고, 일본(한국)에서는 박력분의 원료로 쓴다

박력분과 강력분의 차이는 무엇인가요?
=단백질 함량에 따른 밀가루의 분류

기본적으로 밀가루에 들어 있는 단백질 함량에 따라 분류합니다.

박력분과 강력분은 전분과 단백질 등의 성분량이 다릅니다. 시중에 파는 밀가루의 주요 성분은 전분을 주체로 하는 탄수화물(당질과 식이섬유의 합계)이 70~78%, 수분이 14~15%, 단백질이 6.5~13%, 지질이 약 2%, 회분(미네랄)이 0.3~0.6%입니다.

기본적으로 밀가루는 단백질 함량으로 분류합니다. 밀가루에 함유된 단백질의 양이 많은 것부터 순서대로 강력분, 준강력분, 중력분, 박력분으로 나눌 수 있습니다. 각 단백질 함량은 영양 성분 표시 중 하나로 제품 포장에 기재되어 있습니다. 우리나라에서 준강력분은 주로 프랑스 밀가루인 T65, T55에 해당합니다.

사실 밀가루의 성분 중에 단백질은 그리 많은 편이 아닙니다. 그런데도 밀가루를 단백질 함량에 따라 분류하는 이유는 무엇일까요? 바로 밀가루를 물과 섞어 반죽하면 밀가루의 단백질에서 점성과 탄력을 지닌 「글루텐」이 생기는데, 이 성질이 빵, 면, 과자 등 밀가루 음식에 큰 영향을 미치기 때문입니다(→**Q34**).

밀가루의 종류와 단백질 함유량의 기준

밀가루 종류	단백질 함유량
강력분	11.5~13.0%
준강력분	10.5~12.0%
중력분	8.0~10.5%
박력분	6.5~8.5%

박력분과 강력분의 단백질량에 차이가 나는 이유는 무엇인가요?
=연질밀과 경질밀

 원료인 밀의 단백질량에서 차이가 나기 때문입니다.

밀은 입자가 단단한 정도에 따라 연질밀, 경질밀, 중간질밀로 분류할 수 있습니다. 나라마다 분류 방법은 다르지만, 보통은 이 세 가지로 나눕니다.

박력분은 연질밀, 강력분은 경질밀로 만듭니다.

연질밀의 단백질은 양이 적은 데다가 글루텐이 잘 생기지 않는 성질이 있습니다. 그래서 연질밀이 원료인 박력분은 그런 특징을 가진 밀가루가 됩니다.

반면 경질밀의 단백질은 연질밀보다 양이 많고 점성과 탄력이 강한 글루텐이 생기는 성질이 있어서, 강력분 역시 그러한 성질을 띱니다.

또, 연질밀 중에서 단백질량이 많은 것을 중간질밀이라고 하는데, 주로 중력분의 원료가 됩니다.

더 세세하게 분류해보면 경질밀 중에서도 단백질의 양이 좀 더 적고 글루텐 형성 정도가 비교적 떨어지는 성질을 띠는 것은 준경질밀로 분류하고, 주로 준강력분에 해당하는 밀가루의 원료가 됩니다.

 어떤 밀가루가 빵 만들기에 적합하나요?
=제빵에 적합한 밀가루의 종류

 단백질량이 많고 점성과 탄력이 강한 글루텐을 만들 수 있는 강력분이 적합합니다.

빵 하면 가장 먼저 떠오르는 이미지는 식빵처럼 폭신폭신하면서 결이 고운 빵 아닐까요? 빵의 결은 크럼(빵의 속살) 단면에 보이는 촘촘하고 많은 구멍이 만들어냅니다. 이를 「기포 구조」 또는 「기공」이라고 하는데, 반죽이 발효하고 구워지면서 부풀어 올라 빵이 되는 과정에서 생기는 기포의 흔적입니다.

이러한 기포는 이스트(빵효모)가 알코올 발효로 탄산가스를 만들면서 생긴 것이 대부분을 차지하고 그 밖에는 탄산가스가 생길 때 같이 생긴 알코올, 반죽하면서 섞인 공기, 반죽 속의 수분 등이 구울 때 기화하면서 남은 것입니다.

이스트가 반죽 속에서 탄산가스의 미세한 기포를 많이 만드는데 이것들이 합쳐지지 않고 팽창하는 과정에서 결이 촘촘한 기포 구조를 이루게 됩니다. 기포 주위를 글루텐이 형성된 반죽이 에워싸며 기포막이 됩니다. 발효로 기포가 팽창하면 기포막이 얇게 늘어나는데, 탄산가스로 인한 압력에 견딜 수 있는 강도(파괴되기 어려운)를 갖추면 기포가 망가지지 않고 잘 팽창할 수 있습니다.

제빵의 첫걸음은 이런 성질을 지닌 글루텐을 잘 만들어낼 수 있는 밀가루를 선택하는 데 있습니다. 그러니 박력분이나 중력분보다 단백질량이 많고 점성과 탄력이 강한 글루텐을 형성하는 강력분이 적합합니다.

스펀지케이크를 강력분이 아니라 박력분으로 만드는 이유는 무엇인가요?
=스펀지케이크에 적합한 밀가루

스펀지케이크 반죽은 거품 낸 달걀의 기포에 의해 부풀어서 강한 글루텐은 필요 없기 때문입니다.

스펀지케이크는 박력분으로 만듭니다. 만약 박력분이 아니라 강력분으로 만들면 어떻게 될까요?

다음 페이지의 사진과 같이 빵에 볼륨이 없는 것은 물론이고, 폭신하지 않고 단단하게 만들어집니다.

이는 스펀지케이크 반죽이 부풀어 오르는 메커니즘이 빵과 다르기 때문입니다.

스펀지케이크 반죽은 거품 낸 달걀의 기포 속에 있는 공기가 굽는 과정에서 열팽창하고, 또 재료 속 수분의 일부가 증발하면서 반죽을 안쪽에서 밀어 올리는 원리로 부풀어 오릅니다.

스펀지케이크의 경우에는 점성과 탄력이 약한 글루텐이 부드러운 뼈대가 되어 팽창을 적절하게 받쳐주고, 호화(α화)한 전분의 형태가 망가지지 않도록 잘 이어주어서, 먹었을 때 부드러운 탄력을 만들어내는 역할을 합니다.

반면 빵의 특징은 발효 공정에서 이스트(빵효모)가 발생시킨 탄산가스로 반죽을 부풀린다는 점입니다. 반죽에 펼쳐진 글루텐 막은 가스가 발생하면 스펀지케이크 반죽이 팽창하는 것보다 강한 압력으로 안쪽에서 밀어냅니다. 글루텐에는 점성과 탄력이 있기 때문에 글루텐 막이 찢어지지 않고 부드럽게 늘어나 가스를 유지하면서 팽창된 형태를 잡아줍니다. 그래서 빵에는 강한 글루텐이 필요한 것입니다. 요컨대 박력분의 글루텐으로는 가스를 유지해주지도, 팽창한 형태를 잡아주지도 못합니다.

강력분은 박력분보다 글루텐양이 많고, 글루텐의 점성과 탄력이 강하기 때문에 스펀지케이크 반죽에 강력분을 쓰게 되면 강한 글루텐이 팽창하려 하는 달걀 기포를 누르면서 팽창이 어려워집니다.

박력분과 강력분으로 만든 스펀지케이크 비교

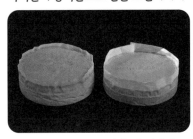

왼쪽은 박력분, 오른쪽은 강력분을 써서 만든 스펀지케이크

※배합은 밀가루(박력분 또는 강력분을 사용) 90g 그래뉴당 90g 달걀 150g 버터 30g
지름 18㎝ 원형틀을 써서, 180℃ 오븐으로 30분 구운 것을 비교

 밀가루의「등급」은 무엇을 기준으로 구분하나요?
=회분 함유량에 따른 밀가루의 분류

 회분이 가장 적은 것이 1등분이고, 많을수록 2등분, 3등분, 말분(기타)으로 분류합니다.

밀가루는 단백질의 양에 따라 강력분과 박력분으로 분류한 다음, 회분(→**Q29**) 함유량으로 더 세밀하게 나눌 수 있습니다. 회분은 밀의 중심보다는 껍질과 가까운 부분에 많이 함유되어 있습니다.

회분이 적은 중심 부분이 많이 든 밀가루일수록 등급이 높은데, 순서대로 1등분, 2등분, 3등분, 말분이라고 부릅니다. 한편 등급은 회분 함량뿐 아니라 그 밀가루의 종합적인 품질 등으로도 정해집니다.

일반적으로 판매되는 밀가루는 1등분과 2등분입니다. 등급으로 하는 분류는 주로 유통상에 쓰이는 경우가 많고「강력 1등분」(강력분 중에 1등분) 등으로 부르는데, 이 등급은 포장에 표기되어 있지 않아서 우리가 평소에 볼 일은 거의 없습니다.

3등분은 밀 전분의 원료가 되거나 어묵 등 어패류를 반죽한 제품의 점착을 높이기 위

해 쓰이거나 공장제 과자나 가공식품의 원료로 이용됩니다. 또 식용뿐 아니라 종이상
자 등의 접착에 쓰이기도 합니다.

식용할 수 없는 말분은 밀 전분을 추려내지 않고 그대로 수지와 섞어 풀로 만들어서
베니어판을 만들 때 판과 판을 접착시키는 데에 쓰이기도 합니다.

밀가루의 등급과 회분 함유율

1등분	0.3~0.4%
2등분	0.5% 전후
3등분	1.0% 전후
말분	2.0~3.0% 전후

(『밀·밀가루의 과학과 상품 지식(小麦·小麦粉と の科学と商品知識)』 일반 재단 법인 제분 진흥회(엮음)에서 발췌)

우리나라의 경우

유형 / 항목	밀가루				영양강화 밀가루
	1등급	2등급	3등급	기타	
(1) 수분(%)	15.5 이하				
(2) 회분(%)	0.6 이하	0.9 이하	1.6 이하	2.0 이하	2.0 이하

식품 의약품 안전처 식품의 기준 및 규격 제2022-41호(22.5.20)

밀가루에 함유된 회분이란 무엇인가요?
=밀가루의 회분

회분은 다시 말해서 미네랄입니다.

제과 재료 판매점에서 파는 밀가루는 포장지에 단백질 함량과 함께 회분량도 같이 표
기하는 경우가 많아졌습니다.

회분이라는 단어가 낯설지도 모르겠는데, 영양학의 관점에서 말하자면 식품에 함유
된 불연성 광물질을 가리킵니다. 식품에 고온을 가하면 단백질, 탄수화물, 지질 등은

연소해서 사라지지만 일부는 재가 되어 남습니다. 이 재가 바로 회분입니다.

회분에는 미네랄인 칼슘, 마그네슘, 나트륨, 칼륨, 철, 인 등이 들어 있으므로 회분의 양이 곧 미네랄의 양이라고 생각하면 됩니다.

회분이 많은 밀가루는 적은 밀가루보다 밀의 풍미가 강하게 느껴집니다. 또 회분이 많은 밀가루의 껍질 부근에는 효소가 많아서 제빵 때 반죽이 처지기 쉬운 등의 영향을 미칠 수 있습니다. **Q31**에서 자세히 설명하겠지만, 회분이 많은 밀가루는 완성품의 크림 색깔에도 영향을 줍니다.

밀가루에는 흰색도 있고 크림색이 감도는 것도 있는데, 이러한 색깔 차이는 왜 생기나요?
=밀가루의 색깔 차이

함유된 회분량의 차이 이외에도 원료 밀의 껍질 색깔 등이 영향을 미칩니다.

똑같이 흰색으로 보이는 밀가루일지라도 몇 가지 제품을 늘어놓고 비교해 보면 실제로는 미묘하게 색깔이 다릅니다.

이 색깔 차이를 만들어내는 요인 중 하나로 밀가루에 들어 있는 회분 함유량의 차이를 들 수 있습니다. 회분은 빵의 색깔뿐 아니라 풍미에도 영향을 미치므로, 선호하는 맛을 추구할 때는 판단 요소 중 하나로 작용합니다.

밀가루는 밀의 배유 부분을 가루로 만드는데, 배유는 껍질에 가까울수록 회분이 많고 중심부로 갈수록 회분이 적습니다. 그래서 배유의 중심과 가까운 부분을 모아 만든 밀가루는 회분의 양이 적어 흰색을 띠고, 껍질과 가까운 부분으로 만든 밀가루는 회분의 양이 많아 살짝 갈색이 감도는 흰색을 띱니다.

그런데 밀가루의 영양 성분 표시에 기재된 회분 함량의 수치로 가루의 색깔을 판단할 수 있는가 하면 그렇지는 않습니다. 밀의 종류도 색깔과 관련 있기 때문입니다.

밀은 껍질 색에 따라 적밀과 백밀로 분류할 수 있는데(→**Q23**), 사실은 껍질 안에 있는 배유의 색깔도 적밀 쪽이 더 진합니다.

일반적으로 경질밀은 적밀, 연질밀은 백밀인 경우가 많고, 주로 경질밀 만드는 강력분과 연질밀로 만드는 박력분을 비교하면 가루의 회분 함량이 같다고 할 때 박력분이 강력분보다 더 흽니다. 또 강력분 중에서도 밀이 진갈색을 띠는 다크인지 연갈색을 띠는 옐로인지에 따라서도 밀가루의 색이 다른데, 다크가 원료인 밀가루의 색깔이 약간 더 진합니다.

밀 배유의 단면

배유의 중심부는 희고 바깥쪽으로 갈수록 회분이 많이 함유되어 색이 진해진다

밀알의 색깔 비교

백밀(좌) 적밀(우)

같은 배합으로 구운 빵인데 크럼(crumb) 색에 차이가 생기는 것은 무엇 때문인가요?
=밀가루 색이 크럼에 미치는 영향

빵의 재료인 밀가루의 색깔이 영향을 미칩니다.

밀가루에 들어 있는 회분 함량과 밀알의 껍질 색깔에 따라 밀가루의 색깔이 달라지는데, 이것이 완성된 빵의 크럼(빵의 하얗고 부드러운 속살 부분) 색에도 영향을 미칩니다.

하지만 밀가루는 겉으로 보기만 해서는 색깔 판별이 어려울 때도 있습니다. 왜냐하면 밀가루의 입자가 작을수록 빛이 난반사(울퉁불퉁한 표면에 빛이 부딪혀 여러 방향으로 퍼지는 현상)되어 하얗게 보이기 때문입니다. 그래서 밀가루 자체의 빛깔을 판별하고 싶을 때는 가루를 물에 담가서 색깔을 비교하는 펙커 테스트(pecker test)라는 방법을 씁니다. 펙커 테스트를 하면 밀가루 표면에 물이 적당히 침투하여 빛이 난반사하지 못하게 되면서 밀가루 자체의 색깔을 잘 알 수 있습니다.

다만 빵을 완성했을 때 최종 색깔은 밀가루 이외의 재료 색깔도 영향을 주는 만큼, 펙커 테스트는 밀가루를 선택하는 기준 중 하나로만 삼는 것이 좋습니다.

펙커 테스트로 해보는 두 종류 밀가루의 색깔 비교

밀가루 **a**
(회분 함유량 0.41%)

밀가루 **b**
(0.60%)

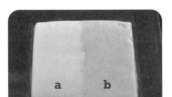

물에 담갔다가 건져 올리고
잠시 둔 것

크럼 색깔 비교

밀가루 **a**(왼쪽) 밀가루 **b** (오른쪽)

밀가루 **a**
(회분 함유량 0.41%)

밀가루 **b**
(0.60%)

위의 비교 실험에서는 회분 함유량에 따른 밀가루의 색깔 차이를 알아보기 위해 단백질 함유량은 같고 회분 함유량이 다른 밀가루를 사용했습니다.

펙커 테스트 결과, 물에 담그기 전에는 거의 분간이 가지 않았던 두 밀가루가 물에 담그고 시간이 지나니 함유량이 많은 밀가루 **b**가 밀가루 **a**보다 색깔이 어둡고 연갈색을 띠었습니다. 또 작고 검은 입자(밀 껍질과 가까운 부분)도 확인할 수 있었습니다.

이번에는 밀가루 종류만 바꾸고 같은 배합에 구운 두 빵의 단면을 비교해 보았더니, 펙커 테스트의 밀가루 색깔 차이만큼 분명하게 드러나지는 않았지만 회분량이 많은 밀가루 **b**를 사용한 빵의 크럼 색이 더 어두운 갈색을 띠었습니다.

 참고 ⇒ **p.370~371** 「테스트 베이킹 3·4 밀가루의 회분 함유량①·②」

펙커 테스트는 어떻게 할까?

펙커 테스트는 밀가루의 색깔을 판별하기 위해 밀가루를 물에 담가서 비교하는 간단한 실험입니다. 크럼 색깔을 더 하얗게 내고 싶을 때나 어떤 빛깔이 나올지 궁금하면 펙커 테스트를 통해 밀가루 본래의 색깔을 확인해 봅니다.

펙커 테스트의 순서

① 밀가루를 유리 또는 플라스틱 판 위에 적정량 올립니다. 비교하고 싶은 밀가루를 옆에 같은 양만큼 올리고 전용 주걱으로 가루를 꾹 누릅니다.

② 판째 물에 조심조심 담그고 10~20초가량 뒀다가 꺼냅니다.

③ 물에 담갔다 뺀 직후는 가루에 수분이 균등하게 미치지 못한 상태이므로 잠시 시간을 두었다가 가루 색을 확인하고 비교합니다.

 수확한 밀의 품질 차이가 밀가루에 영향을 미치나요?
=밀의 품질이 제품에 미치는 영향

 제품으로서의 밀가루는 특징이 항상 동일하게 조정되어 있습니다.

제분 회사에서 만드는 밀가루는 여러 종류의 밀을 그 제품의 특징에 맞게 블렌딩하기 때문에 그 제품에 정해져 있는 단백질의 양과 회분량 등의 성분, 글루텐과 전분의 성질과 특징 등이 해마다 크게 달라지지는 않습니다.

하지만 근래에는 특히 일본산 중 「유메치카라」, 「기타노카오리」, 「하루요코이」, 「미나미노카오리」 등 한 품종만 제분한 밀가루가 늘어나는 추세입니다.

밀은 농작물이므로 매년 품질이 완전히 똑같은 것을 수확하기도 힘들고, 수확하는 곳에 따라 품질에 차이가 납니다. 하지만 기본적으로 그 품종이 가진 특징 자체에는 큰 변화가 없기 때문에 수확한 해가 다른 가루를 썼다고 해서 빵의 부풀기와 맛이 크게 달라지는 것은 아닙니다.

다만 더 좋은 밀을 얻을 수 있게 품종을 개량하는 경우도 있으므로, 실제로 빵을 만들어보고 판단하는 수밖에 없습니다.

우리나라의 경우 주요 품종 중에서 금강밀, 조경밀, 한백밀 등이 제분율이 높고 우리밀과 찰밀은 제분율이 낮다. - 농업진흥청 〈농업기술길잡이 044〉 중에서 발췌

밀을 밀가루로 만들려면 「숙성」이 필요하다?

밀을 제분해 밀가루를 만들 때는 두 단계에 걸친 「숙성(에이징)」이 필요합니다. 첫 번째는 밀가루가 되기 전 밀알 단계일 때 숙성 그리고 두 번째는 숙성을 끝낸 밀알을 가루 내서 밀가루로 만든 다음 다시 하는 숙성입니다.

밀알의 숙성

쌀은 햅쌀이 맛있지만 밀은 수확 직후에 제분해서 바로 빵을 만들면 반죽이 끈적거리고 잘 부풀어 오르지 않습니다.

갓 수확한 밀은 세포 조직이 아직 살아 있어 세포 내에서 호흡이 활발하고, 효소류의 활성도 높아 숙성하면서 밀의 지질, 단백질, 당질 등의 성분에 작용해 변화를 일으킵니다. 또 효소에는 반죽을 연화(軟化, 단단한 것을 부드럽고 무르게 하는 것)시키는 물질(환원성 물질)도 많이 들어 있는데, 시간이 지나면 효소의 활성이 점점 가라앉으면서 환원성 물질도 줄어듭니다. 효소에는 여러 종류가 있으며, 빵을 만들 때 작용하는 효소 반응으로 숙성 중 글루텐의 바탕이 되는 단백질이 변화해서 제빵성을 높입니다. 또 아밀라아제라는 효소가 전분을 분해해 덱스트린과 맥아당이 늘어나서, 이스트(빵효모)의 발효가 원활하게 이루어지기도 합니다 (→**Q65**).

그런데 각종 효소가 밀가루 제품을 만드는 데 반드시 긍정적으로 작용하는 것만은 아

닙니다. 따라서 수확한 후 어느 정도 시간을 두는 것이 종합적으로 봤을 때 제빵성까지 포함해 2차 가공의 특성이 좋아진다고 생각하고 밀알을 숙성시킵니다.

한편 한국과 일본에서 제분하는 밀은 대부분 수입으로, 생산국에서 수확한 후 운반되기까지 수개월이 걸리기도 합니다. 그동안 산화가 진행되면서 안정적인 상태가 되는 경우가 많습니다. 그리고 한국이나 일본에서 생산된 밀은 사일로(silo, 밀알을 보관하는 창고)에 보관하면서 제분 전까지 숙성시킵니다.

밀알을 가루 낸 후의 숙성

밀알 상태로 숙성시켜도 제분한 후 며칠 동안 한 번 더 숙성시키지 않으면 글루텐 구조를 변화시키는 물질이 작용하여 빵 반죽이 풀어지기 쉽습니다.

또 밀가루를 제분할 때, 체에 다 걸러지지 못한 껍질을 빨아들여 제거하고(둔화), 공기의 흐름을 통해 밀가루를 운반하는 공정(공기 반송) 등이 있는데, 이때 밀가루 입자가 공기에 노출되면서 산화가 진행되어 상태가 안정적인 밀가루가 됩니다.

두 숙성 모두 제분 회사에서 하는 만큼, 밀가루 제품을 개인이 따로 숙성해서 쓸 필요는 없습니다. 한편 일반적으로 제분 회사에서는 제분한 가루의 유통기한을 6~12개월로 설정하고 있습니다.

 밀가루의 품질을 유지하려면 어떻게 보관하는 것이 좋나요?
=밀가루 보관 방법

 밀폐용기에 담아 저온 저습한 공간에서 보관합니다.

밀가루는 미세한 분말 상태여서 습기와 냄새를 흡수하기 쉬운 성질이 있습니다. 습기가 많으면 벌레가 생기기 쉽고 곰팡이도 조심해야 합니다.

그래서 구입하고 나면 벌레가 생기지 않도록 밀폐용기에 넣거나 봉지째 위생팩 등에 담고, 열이 미치지 않도록 저온·저습한 곳에서 보관합니다. 개봉 후 빨리 다 쓸 예정이라면 서늘하고 습도가 낮은 곳에 둬도 괜찮지만, 가능하면 냉장 또는 냉동 보관하는 것이 더 좋습니다.

무엇보다도 최대한 빨리 다 사용해야 맛있는 빵을 만들 수 있다는 사실을 꼭 기억하기 바랍니다.

밀가루에 물을 넣고 반죽하면 왜 점성이 생기나요?
34 =글루텐이 생기는 메커니즘

 밀가루에 함유된 단백질이 글루텐으로 변하기 때문입니다.

밀가루에 물을 넣고 반죽하면 점성이 생기기 시작합니다. 계속 반죽을 이어 나가면 밀어내는 탄력이 생기고 유연해져서 반죽을 잡아당겼을 때 얇게 늘어납니다. 이는 밀가루 속 단백질이 점성과 탄력이 있는(점탄성) 글루텐이라는 물질로 변해, 그 특성이 반죽의 성질과 상태에 크게 영향을 미치기 때문입니다.

그런데 이 글루텐은 과연 어떤 물질일까요?

글루텐(gluten)의 바탕은 글리아딘(gliadin)과 글루테닌(glutenin)이라는 두 종류의 단백질로, 밀가루에 물을 넣고 반죽하면 이 두 단백질이 글루텐으로 변합니다. 글루텐은 섬유가 그물처럼 이어져 있는데, 찰진 반죽일수록 그물 구조가 촘촘해집니다. 그러면 점성과 탄력이 강해져서 마치 고무처럼 늘어나는 성질이 생깁니다.

글루텐은 밀 특유의 물질이어서 쌀, 콩 등 다른 곡물은 단백질이 있어도 글루텐이 생기지 않습니다.

전분 입자   전분 입자

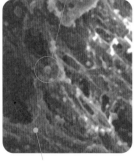 

글루텐   글루텐

왼쪽 : 밀가루 반죽 속 섬유 형태가 된 밀 글루텐(주사전자현미경으로 관찰)(長尾, 1998). 하얀 공 모양은 분리되지 않고 남은 전분이다

오른쪽 : 밀가루 반죽 속 글루텐과 전분(주사전자현미경으로 관찰)(長尾, 1989).

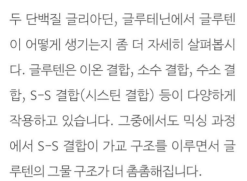

더 자세히!~ 글루텐의 구조

두 단백질 글리아딘, 글루테닌에서 글루텐이 어떻게 생기는지 좀 더 자세히 살펴봅시다. 글루텐은 이온 결합, 소수 결합, 수소 결합, S-S 결합(시스틴 결합) 등이 다양하게 작용하고 있습니다. 그중에서도 믹싱 과정에서 S-S 결합이 가교 구조를 이루면서 글루텐의 그물 구조가 더 촘촘해집니다.

글루텐의 1차 구조는 여러 종류의 아미노산이 이차원(평면)에서 규칙적으로 배열되어 있습니다. 2차 구조는 이 아미노산들이 부분적으로 결합하여 나선 구조와 병풍 구조를 이룹니다. 3차 구조는 글리아딘의 아미노산 중 하나인 시스테인이 관여하면서 나선 구조와 병풍 구조가 서로 얽혀 삼차원으로 복잡한 형태가 됩니다.

더 자세히 알아봅시다. 시스테인은 분자 속에 SH기라는 부분을 가지고 있습니다. 반죽을 믹싱해 공기 중 산소와 접촉하면 이 SH기가 대략 절반으로 감소하는데, 남은 SH기가 작용해 글루텐 속 SS기의 한쪽 S와 새롭게 SS기를 형성합니다. 이것이 가교가 되어 글루텐의 일부가 이어지면서 평면이었던 글루텐이 더 복잡하게 꼬이는 것입니다(남은 S는 SH기가 됩니다).

믹싱은 반죽을 떼었다가 다시 붙이고 치대는 과정을 반복합니다. 반죽을 떼어내 글루텐 구조가 일시적으로 무너졌다가 다시 이어붙이고 치대면 회복되는 이 일련의 과정을 반복하면서 글루텐이 강화됩니다.

왜 빵을 만들 때 밀가루의 글루텐이 필요하나요?
=제빵에서 글루텐의 역할

글루텐은 부풀어 오른 빵 반죽을 받쳐주는 뼈대가 되기 때문입니다.

제빵 공정에서 글루텐은 아래의 두 가지 중요한 역할을 합니다. 글루텐 없이는 빵을 부풀릴 수 없다고 해도 과언이 아닐 만큼 중요합니다.

반죽이 부풀어 오르는 열쇠

빵 반죽을 잘 치대면 글루텐이 반죽에 퍼지면서 점차 층을 이루고 얇은 막을 형성해, 막 안으로 전분 입자를 끌어들입니다. 이 글루텐 막은 탄력이 있으면서도 잘 늘어나 마치 고무풍선처럼 부풀어 오릅니다. 이렇게 반죽이 얇게 늘어나면서 빵이 잘 부풀어 오릅니다.

제빵 공정에서 빵이 크게 부풀어 오르는 시기가 두 번 있는데 발효 그리고 구울 때입니다. 발효 때는 이스트(빵효모)가 탄산가스(이산화탄소)를 발생시켜 기포가 생기고 반죽 전체가 부풉니다. 글루텐 막은 탄산가스 때문에 기포를 감싸며 교차하듯 퍼지고, 탄산가스가 밖으로 빠져나가지 않도록 반죽에 가둬둡니다. 탄산가스의 양이 늘어나면 글루텐 막이 점점 안쪽에서부터 압력을 받아 쭉 늘어납니다(→**p.287~288** 「**발효 -반죽 속에서는 어떤 일이 일어날까?~**」).

굽기 후반에는 발효와 굽기 전반에 생긴 기포 속 탄산가스와 알코올, 반죽할 때 들어간 공기의 기포와 반죽 속 물의 일부가 오븐의 열에 의해 기화, 팽창하면서 글루텐 막이 늘어납니다. 그리고 최종적으로 온도가 75℃ 전후가 되면 글루텐의 단백질이 굳습니다.

반죽의 뼈대를 이루다

글루텐은 열에 의해 굳으면서 빵을 받쳐주는 뼈대가 되기 때문에 탄산가스가 빠져나가도 반죽이 가라앉지 않습니다.

참고로 글루텐이 빵의 뼈대라면 밀가루 성분의 대부분을 차지하는 전분은 부풀어 오른 빵의 몸통이 되는데, 이러한 상호작용으로 빵 조직이 만들어집니다.

참고 ⇒ p.339~344 「굽기란?」

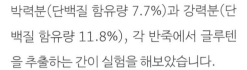

박력분과 강력분의 글루텐 양을 비교하면?

박력분(단백질 함유량 7.7%)과 강력분(단백질 함유량 11.8%), 각 반죽에서 글루텐을 추출하는 간이 실험을 해보았습니다.

① 밀가루 100g에 물 55g을 넣고 잘 치대서 반죽을 만듭니다.

② 물을 담은 볼에 반죽을 넣고 주무르면서 전분을 씻어냅니다.

※글루텐은 그물 구조로 이어져 있어서 물속에서 반죽을 주물러도 남아 있지만, 전분은 물에 씻겨 나갑니다. 하지만 물에 녹지는 않고 퍼져나갑니다. 반죽을 주무르면 물이 탁해지는 이유는 전분이 나왔기 때문입니다.

③ 여러 번 물을 갈아가며 주물러서 물이 더 이상 탁해지지 않을 때 남은 것이 글루텐입니다.

실험으로 추출한 글루텐의 양은 강력분 쪽이 더 많은데, 글루텐을 잡아당겨 보니 강력분의 글루텐이 더 탄력 있고 끊어지지 않는 결과가 나왔습니다.

또 추출한 글루텐을 오븐으로 가열해 건조시켰더니 강력분의 글루텐이 더 잘 늘어나 부풀어 올랐습니다. 이 결과를 통해, 강력분의 글루텐이 더 점성과 탄력이 강해서 반죽을 잘 부풀린다는 사실을 알 수 있습니다.

강력분 반죽과 글루텐

강력분의 반죽(왼쪽)과 같은 양의 반죽에서 추출한 글루텐(오른쪽)

습윤 글루텐의 양 비교

박력분 습윤 글루텐 29g(왼쪽)
강력분 습윤 글루텐 37g(오른쪽)

가열 건조 시킨 글루텐의 양 비교

가열 건조 시킨 박력분 글루텐 9g(왼쪽)
가열 건조 시킨 강력분 글루텐 12g(오른쪽)
※위 사진 속 습윤 글루텐을 각각 오븐(윗불 220℃, 아랫불 180℃)으로 30분 구운 것을 비교

참고 ⇒ p.366~367 「테스트 베이킹 1 밀가루의 글루텐양과 성질」

빵은 왜 식감이 폭신폭신하나요?
=전분의 호화

 밀가루에 함유된 전분이 호화하면서 폭신한 빵 조직을 만들기 때문입니다.

전분은 밀가루의 70~78%를 차지하는 주요 성분입니다. 물과 열에 의해 「호화(α화)」해서 빵의 폭신폭신한 조직을 만드는 역할을 합니다. 그런데 호화라는 현상은 과연 무엇이 어떻게 변화하면서 일어나는 걸까요?

밀 전분은 「등면분」이라는 이름으로도 판매하고 있습니다. 이 등면분을 쓴 실험을 통해, 밀가루 속 전분을 가열할 때 일어나는 변화를 관찰해봅시다. 실제 빵의 배합보나 물이 많이 들어가기는 하지만 가열하면서 전분이 점점 물을 흡수하고 호화 현상이 일어나는 이미지를 한결 떠올리기 쉬울 것입니다.

전분은 입자 상태로 밀가루에 들어 있습니다. 전분 입자 속에는 아밀로스와 아밀로펙틴이라는 두 종류의 분자가 있는데, 각각 결합해 다발을 이루고 있습니다. 이 구조는 규칙적이고 몹시 치밀해서 사이에 물이 끼어들 수 없습니다.

그래서 물에 밀 전분을 넣고 섞어도 물에 녹지 않고 퍼지기만 하는 것입니다(다음 페이지 실험 사진 **A**, **B** 및 현미경 사진 **a**).

소화의 측면에서도, 맛의 측면에서도 먹기 알맞은 상태가 되려면 전분이 물에 녹아 가열 및 호화되어야만 합니다. 호화하지 않은 전분은 소화 효소(아밀라아제)로 분해되지 않아 사람이 소화할 수 없습니다.

호화하려면 전분을 물과 함께 가열해야 합니다. 60℃를 넘으면 열에너지가 치밀한 구조의 결합을 부분적으로 끊기 때문에 구조가 느슨해지면서 물이 끼어들 수 있게 됩니다. 즉 밀가루 속 아밀로스와 아밀로펙틴 다발 사이에 물 분자가 들어가는 것입니다. 거기서 계속 가열하면 그것들이 다발을 펼친 상태로 물에 분산되어 물 분자의 유동성이 작아지고 서서히 점성이 나옵니다(실험 사진 **C** 및 현미경 사진 **b**). 온도가 올라가면 전분 입자는 물을 점점 흡수하며 팽창하고, 85℃에 도달하면 투명한 풀처럼 점성이 있는 물질로 변합니다(실험 사진 **D** 및 현미경 사진 **c**). 이러한 현상을 「호화」라고 합니다.

밀 전분의 호화 상태

비커 속 실험 — 밀 전분 10g을 물 90g에 섞어서 진행했다

가열 전	60℃ ~	85℃ ~

물에 밀 전분을 넣고 잘 섞으면 물속에 확산된다(사진 **A**). 전분은 물에 녹지 않으므로 시간이 지나면 침전한다(사진 **B**).

가열해서 60℃를 넘으면 점성이 생기기 시작한다

85℃에 도달하면 투명해지고 풀 같은 점성이 나온다. 이것이 전분의 호화다

현미경으로 본 전분의 상태 — 밀가루:물=100:70의 비율로 섞은 반죽을 가열해서, 그 반죽에서 분리한 전분 입자(주사전자현미경으로 관찰) (長尾, 1989)

가열 전	60℃ ~	85℃ ~

a
전분

생전분

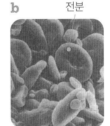

b
전분

75℃로 가열한 반죽에서 추출한 전분

c
전분

85℃로 가열한 반죽에서 추출한 전분

이 실험처럼 물을 넉넉하게 준비해 밀 전분을 넣고 가열하면 호화하기에 충분한 수분이 있어서 물을 흡수한 전분 입자가 부풀어 붕괴하고, 아밀로스와 아밀로펙틴이 물 전체에 퍼지며 점성을 만들어냅니다.

하지만 빵 반죽 속의 글루텐도 물을 필요로 하기 때문에 반죽할 때 적절한 물의 양만으로는 전분이 완전히 호화하기에 부족합니다. 그래서 수분이 부족한 상태로 호화하는데 그렇게 되면 입자가 붕괴할 만큼은 팽윤(물질이 용매를 흡수하여 부푸는 현상)하지 못해서 현미경 사진 **a~c**와 같이 입자 형태를 계속 유지합니다. 그리고 변성해서 굳은 글루텐과 함께 빵의 구조를 받쳐주는 역할을 합니다.

손상전분이란 무엇인가요?
=손상전분의 성질

 제분할 때 발생하는, 구조가 망가진 전분을 가리킵니다. 손상전분은 흡수성이 높아서 많으면 반죽이 늘어지기 쉽습니다.

손상전분이란 밀알을 롤러로 제분할 때 압력과 마찰열 때문에 전분 입자가 손상을 입어 불완전한 구조가 되어 버린 전분을 말합니다. 밀가루 전분은 대부분 손상을 입지 않은 전분(건전전분)이고, 손상전분은 전분 전체의 4% 정도에 해당합니다.

손상전분이 얼마나 들어 있느냐에 따라 밀가루로 만든 빵 반죽의 성질이 달라집니다. 긴진진분은 물을 흡수하지 않지만, 손상전분은 지밀한 구조가 무너져 있는 상태라서 상온에서도 물을 흡수합니다.

또 효소 반응이 일어나기 쉽다는 특징도 있습니다. 반죽할 때 물을 넣으면 손상전분은 아밀라아제라는 효소에 의해 맥아당으로 분해됩니다. 이스트(빵효모)는 이 맥아당을 이용해서 발효 초기부터 원활하게 알코올 발효를 일으킵니다(→**Q65**).

하지만 손상전분이 지나치게 많으면 빵 반죽의 점성과 탄력이 떨어져서 반죽이 늘어지며, 빵의 크럼이 쉽게 부스러지고 입 안에서 겉도는 등 제빵성이 떨어지게 됩니다.

 마르지 않도록 밀봉했는데도 다음 날 빵이 딱딱하게 굳어버리는 이유는 무엇인가요?
=밀 전분의 노화

 전분이 물 분자를 배출하고 노화하기 때문입니다.

빵은 마르지 않게 잘 밀봉해도 다음 날이면 굳어버리고 맙니다.

갓 구운 빵의 크럼이 부풀어 올라 있는 것은 반죽 속 밀가루 전분이 물과 함께 가열되어 「호화(a화)」(→**Q36**)했기 때문입니다.

밀가루 전분을 물과 함께 가열해서 60℃가 넘으면 열에너지가 전분의 치밀한 결합을 부분적으로 끊기 때문에 구조가 느슨해지고 그사이에 물이 들어오게 됩니다. 그래서 전분 입자 속 아밀로스와 아밀로펙틴 다발 사이에 물 분자가 들어갑니다. 가열이 계속되면 전분이 다발을 펼치고 그 안에 물 분자를 가둔 상태로 호화해, 물이 충분히 있는 상태에서는 점성이 나옵니다. 호화 현상으로 폭신한 식감을 만드는 것입니다.

이렇게 폭신폭신 부풀어 오른 빵이 시간이 지나면서 점점 딱딱하게 굳는 것은 전분이 점점 「노화(β화)」하기 때문입니다. 밥으로 비유하면, 갓 지은 밥이 다음 날 딱딱하게 굳는 현상과 같답니다.

그럼 전분의 노화에 대해 더 자세히 알아보겠습니다.

전분의 노화

호화해서 부드러워지고 점성이 생긴 전분은 시간이 지나면서 점점 굳고 점성이 사라집니다.

호화한 전분의 아밀로스와 아밀로펙틴이 생전분 때처럼 규칙적인 배열로 돌아가기 위해, 느슨한 구조 틈새에 들어왔던 물 분자를 배출하기 때문입니다. 그리고 전분 입자끼리 다시 만납니다.

다만 구운 빵이 원래 반죽으로 돌아갈 수 없듯 호화한 전분 역시 원래 생전분 구조로 완전히 돌아가는 것은 불가능하고, 아래 그림과 같이 부분적으로 치밀한 상태가 되는 데서 그칩니다. 이것이 전분의 「노화」입니다.

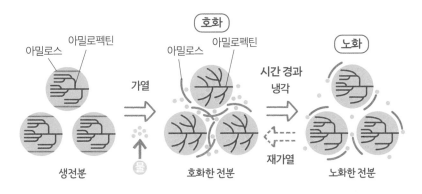

※재가열 화살표가 점선인 이유는 노화한 전분을 재가열해도 원래의 호화로 완전하게 돌아가지는 못한다는 것을 나타내기 위해(→**Q39**)

전분의 노화가 일어나는 조건

전분의 노화는 온도 0~5℃, 수분량 30~60%라는 조건에 해당할 때 특히 일어나기 쉽습니다.

빵의 수분량은 바게트의 경우 약 30%, 식빵이 약 35%로, 애초부터 노화가 일어나기 쉽습니다. 그것을 0~5℃의 냉장고 안에 보관하면 노화가 더 빨리 진행되어 굳어버립니다.

굳은 빵을 다시 구우면 폭신하게 돌아오는 이유는 무엇인가요?
=노화한 전분의 가열에 따른 변화

노화한 전분은 가열하면 호화 상태로 돌아오려고 하기 때문입니다.

빵을 구운 뒤 시간이 지나면 전분이 노화(β화)해서 딱딱하게 굳는데, 토스터 등으로 다시 구우면 갓 구웠을 때만큼은 아니더라도 어느 정도는 다시 폭신폭신하고 부드러워집니다.

Q38에서 설명했듯 빵을 구우면 전분이 아밀로스와 아밀로펙틴 다발 사이에 물 분자를 가둔 상태로 호화(α화)합니다. 그 후 시간이 지나면서 빵이 점점 굳는 이유는 전분이 노화하면서, 아밀로스와 아밀로펙틴의 느슨한 틈새에 들어 있던 물 분자가 배출되기 때문입니다.

이렇게 노화한 전분은 가열하면 다시 호화 상태로 돌아올 수 있습니다. 아밀로스와 아밀로펙틴 다발 사이가 열에 다시 느슨해지면서 그 틈으로 물 분자가 들어오기 때문입니다. 노화 전 호화 상태처럼 물 분자가 전부 돌아오는 것은 아니어서 전분이 노화하기 전의 폭신폭신한 빵과 완전히 똑같아지지는 않지만, 어느 정도는 다시 부드러워질 수 있습니다.

빵의 종류에 따라 밀가루를 바꾸는 편이 좋나요? 밀가루를 선택할 때 중요한 점을 알려 주세요.
=밀가루의 단백질 함유량

단백질 함량이 많은 밀가루는 폭신하고 소프트한 빵에 적합하고, 단백질 함량이 적은 밀가루는 하드 계열 빵에 적합합니다.

밀가루는 만들려고 하는 빵을 정한 다음에 고르는 것이 기본입니다. 어떤 맛과 식감이 나는 빵을 만들고 싶은지, 볼륨(많이 부풀리거나 살짝 억제하는 등)은 어느 정도로 하고 싶은지 등을 먼저 생각해보기 바랍니다.

밀가루는 보통 단백질의 함유량이 많은 것부터 순서대로 강력분, 준강력분, 중력분, 박력분으로 분류합니다. 단백질의 양이 많은 강력분은 볼륨을 많이 내고 싶은 식빵, 과자빵 등 소프트 계열 빵에 적합하고, 단백질의 양이 적은 준강력분이나 중력분 등은 볼륨을 줄이고 싶은 팽 드 캉파뉴나 바게트 같은 하드 계열 빵에 적합합니다.

또 크루아상이나 데니시 같은 접기형 반죽으로 만드는 빵은 주로 준강력분과 중력분을 씁니다. 그 밖에 프랑스빵 전용 밀가루(→**Q42**)를 쓰기도 합니다. 접기형 반죽은 강력분을 쓰면 반죽이 지나치게 딱딱해져서, 바삭바삭 잘 부서지는 식감을 기대하기 어렵습니다.

이처럼 만들고 싶은 빵에 맞는 단백질의 양과 성질을 가진 밀가루를 선택하는 것이 무척 중요합니다.

이를테면 산형 식빵은 강력분을 충분히 반죽해 잘 늘어나는 반죽을 만들어서 완성품이 볼륨감 있고 식감이 가볍습니다. 강력분이 아니라 박력분이나 중력분을 쓰면 형성되는 글루텐의 양이 적기 때문에 반죽이 잘 늘어나지 않고, 발효하면서 생긴 탄산가스를 유지하지 못해 볼륨이 별로 나오지 않아서, 무거운 식감의 빵이 되고 맙니다.

단백질 함유량뿐 아니라 어떤 성질의 글루텐이 생기는지도 빵의 완성에 영향을 미칩니다. 밀가루를 고를 때는 다양한 밀가루로 직접 빵을 구워 완성 상태를 확인해보며, 어떤 밀가루를 쓸지 정하는 것도 좋습니다.

강력분과 중력분과 박력분으로 만든 빵 비교

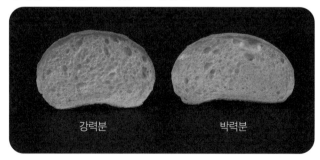

강력분(왼쪽) : 빵의 볼륨이 크고 높이가 있다. 크럼의 기공이 전체적으로 크고 위로 길쭉하다.

박력분(오른쪽) : 볼륨이 적고 처진 느낌. 크럼의 기공은 부분적으로는 크지만 전체적으로는 막힌 느낌이고 작다.

강력분   중력분

※기본 배합(→**p.365**) 중에서 밀가루 종류를 강력분, 중력분, 박력분으로 만든 것을 비교

강력분(왼쪽) : 앞쪽 설명과 동일

중력분(오른쪽) : 볼륨은 적고 약간 처진 느낌. 크럼의 기공은 전체적으로 작고 크기가 고르다.

참고 ⇒ **p.368~369** 「테스트 베이킹 2 밀가루의 단백질 함유량」

쫄깃한 빵에 적합한 밀가루, 씹히는 맛이 있고 가벼운 빵에 적합한 밀가루가 따로 있나요?
=밀가루의 특성과 식감

쫄깃한 빵에는 강력분, 씹는 맛이 좋은 빵에는 준강력분이 적합합니다

빵의 식감 차이를 만드는 가장 큰 요소는 밀가루 속 단백질의 양과 성질에 있습니다 (→**Q26, 40**). 쫄깃한 빵을 만들고 싶다면 단백질 함량이 많은 강력분이 좋습니다. 반대로 씹을 때 느낌이 좋은 빵은 강력분보다 단백질 함량이 약간 작은 준강력분이 적합합니다. 우리나라에서는 주로 프랑스 밀가루인 T65, T55가 준강력분에 해당합니다.

그런데 실제로 빵을 만들어보면 밀가루 자체의 성질뿐 아니라 다른 재료와의 조합과 제법, 반죽 정도 등에 따라서도 맛과 식감이 달라지므로 종합적으로 생각할 필요가 있습니다.

예컨대 쫄깃한 식감으로 만들고 싶다면 단백질 함량이 많은 강력분에 액상 유지를 배합하고 스트레이트법(펀치 있음, →**Q147**)으로 만들고, 씹는 느낌이 좋게 만들고 싶다면 준강력분에 쇼트닝을 배합하고 스트레이트법(펀치 없음)으로 만드는 방법을 생각해볼 수 있습니다(→**Q111, 114, 115**).

프랑스빵 전용 밀가루는 어떤 특징이 있나요?
=프랑스빵 전용 밀가루

 강력분보다 단백질 함량이 적어서, 프랑스빵을 만들기에 적합합니다.

프랑스빵 전용 밀가루란 일본 제분 회사가 프랑스빵을 더 맛있게 만들기 위해 연구·개발한 밀가루입니다. 원료 밀의 종류, 도정 방법과 블렌딩 등을 잘 연구해서, 씹는 맛이 좋고 입 안에서 살살 녹으며 맛있는 프랑스빵을 만들 수 있도록 했습니다.

프랑스빵을 만들 때 단백질 함유량이 많은 강력분을 쓰면 크럼이 세로로 지나치게 늘어나 맛이 담백하게 느껴지고 크러스트의 식감이 나빠질 수 있습니다.

프랑스빵 전용 밀가루의 단백질 함유량은 준강력분과 같은 수준인 제품이 많은데, 그중에는 함유량이 강력분과 같거나 박력분 정도인 것도 있습니다. 각 제분 회사에서 다양한 프랑스빵 전용 밀가루를 출시하고 있으니, 어떤 밀가루를 골라야 원하는 프랑스빵을 만들 수 있을지 잘 고민해서 적합한 밀가루를 선택하는 것이 중요합니다.

 반죽할 때 덧가루로 강력분을 쓰는 이유는 무엇인가요?
=밀가루의 입자

 강력분은 잘 덩어리지지 않고 균일하게 분산되기 때문입니다.

덧가루란 작업할 때 반죽이 작업대에 들러붙지 않도록 미리 작업대와 반죽에 뿌려두는 밀가루를 말합니다.

덧가루로 강력분을 쓰는 이유는 빵 재료가 강력분이어서가 아닙니다. 과자를 굽기 위해 박력분 반죽을 할 때도 덧가루는 강력분을 씁니다. 왜냐하면 강력분은 박력분에 비해 잘 덩어리지지 않고 균일하게 분산되기 때문입니다.

이 차이는 밀가루 입자 크기에서 비롯합니다. 강력분과 박력분 입자를 비교하면 강력분이 더 큰데, 박력분처럼 작을수록 부착성이 높아 입자끼리 더 잘 달라붙고 뭉치기 쉽습니다.

강력분이 박력분보다 입자가 큰 것은 원료 밀의 성질 때문입니다. 강력분의 원료는 경질밀로 말 그대로 입자가 단단한데, 박력분은 입자가 고운 연질밀로 만듭니다 (→**Q25**). 연질밀은 손가락으로 집어서 힘을 가하면 부스러져 가루가 될 만큼 무른 반면 경질밀은 똑같은 힘을 가해도 부스러지지 않습니다.

그래서 롤러에 넣고 제분할 때, 잘 부스러지지 않는 경질밀은 입자가 크고 거친 분말이 되고 잘 부스러지는 연질밀은 고운 가루가 되어 결과적으로 잘 달라붙고 뭉쳐지는 것입니다.

작업대 위에 뿌린 강력분과 박력분의 비교

강력분은 넓은 범위에 얇고 균일하게 뿌려지지만, 박력분은 곳곳에 덩어리가 있다

전립분은 무엇인가요?
=전립분의 특징

곡물입자를 통째로 제분한 것입니다.

전립분은 곡물입자를 통째로 간 가루로, 껍질과 배아 부분까지 전부 포함하고 있습니다(→**Q20**). 밀 이외에 호밀 등도 전립분이 있지만 제빵에서 전립분이라고 하면 보통은 밀을 가리킵니다.

밀 전립분은 그레이엄 밀가루(graham flour)라고도 부르는데, 19세기 미국의 실베스터 그레이엄(Sylvester Graham, 1794-1851) 박사가 전립분의 영양분에 주목하여 추천했던 것에서 유래했습니다. 당시 그레이엄 밀가루는 밀알을 통째로 간 것이 아니라 일단 껍질과 배아, 배유를 분리한 다음 배유를 일반 밀가루와 똑같이 갈고, 껍질과 배아는 따로 굵게 간 다음 모두 섞은 것이었습니다.

제분 기술이 향상되면서 이제는 껍질과 배아를 제거한 하얀 밀가루를 생산하게 되었지만, 옛날에는 밀가루가 전립분밖에 없었으므로 프랑스의 팽 콩플레(pain complet)나 이집트의 아이시(aysh) 등 전립분으로 만드는 전통 빵이 세계 각지에 있었습니다. 이처럼 전립분은 사람들이 예로부터 문화, 습관에 따라 전통음식으로 계속 먹어왔으며, 지금도 전립분의 독특한 풍미를 즐기는 사람이 늘어나고 있습니다.

일반 밀가루는 제분 공정 때 밀알의 껍질과 배아를 제거하고 배유만 가지고 만들지만, 전립분은 그 모든 것을 포함합니다. 밀의 껍질과 배아에는 식이섬유, 비타민, 미네랄이 많아서 전립분을 쓰면 이러한 영양분을 섭취할 수 있다는 점이 매력적입니다. 그래서 건강을 최우선으로 생각하는 경향이 늘어남에 따라 전립분으로 만든 빵을 선택하는 사람이 늘어났습니다.

시중에 판매되는 전립분에는 굵게 갈아 입자가 분명하게 남아 있는 것도 있고 곱게 간 분말 상태의 것도 있습니다. 원하는 빵의 풍미와 입맛에 따라 굵기를 고르면 됩니다.

1

밀알(왼쪽)을 통째로 간 것이 밀 전립분(오른쪽)

2

밀 전립분(왼쪽)과 일반 밀가루(오른쪽). 밀가루는 배유 부분만 제분한 것

3

굵기가 다른 밀 전립분. 곱게 간 것(왼쪽)과 굵게 간 것(오른쪽)

4

밀 전립분(왼쪽)과 호밀 전립분(오른쪽). 밀보다 호밀알이 더 회색을 띠
는 것처럼 가루 색깔 역시 차이가 난다

전립분이나 잡곡을 섞을 때 어떤 점에 주의하면 좋을까요?
=전립분이나 잡곡류를 배합할 때의 주의점

**전립분을 배합할 때는 단백질 함량이 많은 강력분을 넣고, 잡곡을 배합할 때
는 견과류 같은 부재료로 여기고 배합량을 정합니다.**

밀 전립분만 써서 빵을 만드는 것도 가능합니다. 하지만 전립분의 껍질 부분이 글루
텐의 연결을 방해해 볼륨이 잘 나오기 어렵고 팍팍한 식감이 되기 쉽습니다.

배합은 전립분의 특징을 어느 정도 내고 싶은지에 따라 조정해야 합니다. 예를 들어
전립분을 쓰면서도 빵 전체에 볼륨을 내고 싶다면, 섞을 밀가루로 단백질 함량이 많
은 강력분을 고르는 등 방법을 고민해보아야 합니다. 또 껍질은 수분을 많이 흡수하
는 만큼 배합하는 수분을 늘려야 합니다.

잡곡 같은 경우는 밀 전립분과 달리 밀가루의 일부를 단순히 바꿔 배합하는 것이 아
니라 말린 과일, 견과류를 배합하듯 부재료로 여겨야 합니다. 배합량을 늘리면 빵이
잘 부풀지 않고, 식감도 묵직해집니다. 원하는 식감과 그 잡곡의 풍미를 얼마만큼 살
리고 싶은지에 따라서도 배합량은 달라집니다.

듀럼밀이란 무엇인가요? 이 밀가루로도 빵을 만들 수 있나요?
=듀럼밀의 특징

 단백질 함량이 몹시 많은 밀인데, 주로 파스타의 원료로 씁니다. 빵도 만들 수 있습니다.

박력분과 강력분의 원료인 밀은 보통계 밀로 분류되는 반면, 듀럼밀은 이립계 밀이라는 다른 종류로 밀알이 크고 몹시 단단하다는 특징이 있습니다. 그래서 일반 밀가루와는 제분 방법이 다른데, 전분과 단백질 조직이 파괴되지 않도록 배유를 굵게 가루 내고 껍질은 제거해서 만듭니다. 이렇게 채취한 것을 「세몰리나」라고 하고, 듀럼밀을 제분한 세몰리나는 그대로 「듀럼밀 세몰리나」 또는 「듀럼세몰리나」라고 부릅니다.

듀럼밀 세몰리나의 외형적 특징은 입자가 굵다는 것 그리고 일반 밀가루가 연한 크림색이나 흰색을 띠는 반면 듀럼밀 세몰리나는 노란빛이 감도는 크림색이라는 것입니다. 이 색은 배유에 크산토필이라는 카로티노이드 색소가 많이 함유되어 있으면 나타납니다.

성분의 특징으로는 단백질 함량이 몹시 많고 강하며 잘 늘어나 글루텐 형성을 쉽게 한다는 점을 들 수 있습니다. 이탈리아에서는 이 특징을 활용해 파스타를 많이 생산하고 있습니다. 그리고 북미와 중동에서는 쿠스쿠스(couscous)라고 해서 좁쌀 모양의 파스타 비슷한 음식을 전통적으로 만들어 먹었습니다.

듀럼밀 세몰리나로 만드는 빵은 일반적이지는 않지만, 이 가루를 많이 소비하는 나라에서는 밀가루에 섞어서 빵을 만들기도 합니다. 이탈리아와 서아시아 등이 그런 지역에 속하는데, 이탈리아의 파네 시칠리아노, 아프가니스탄의 차파티는 듀럼밀 세몰리나만 쓰거나 혹은 듀럼밀 세몰리나와 밀가루를 섞어서 사용합니다.

일립계, 이립계, 보통계와 같은 밀의 분류란?

밀은 볏과 밀속 식물로 한해살이풀입니다. 밀의 수축에는 약 20개의 마디가 있고 마디마다 한 개의 소수(小穗, spikelet - 화본과 식물에서 화서의 기본이 되는 한 부분)가 달려 있습니다. 그 소수에 맺히는 알 수에 따라 일립계 밀(소수에 알이 한 개), 이립계 밀(소수에 알이 두 개), 보통계 밀(소수에 알이 세 개 이상)로 나누어집니다. 일립계 밀을 교잡해 이립계 밀이 탄생했고, 이립계 밀을 교잡해 보통계 밀이 탄생했습니다.

현재 널리 재배되고 있는 것은 가장 진화한 형태인 보통계 밀에 해당하는 빵밀(보통밀)입니다. 이름으로 알 수 있듯 빵을 만들 때 쓰는 밀로, 우리가 평소에 밀가루라고 부르는 것이 바로 이 빵밀을 제분한 것입니다. 이 책에서도 단순히 밀가루라고 되어 있으면 이 빵밀을 가리킵니다.

빵밀은 단백질 함유량이 많고 반죽했을 때 생기는 글루텐이 점탄성(점성과 탄력)이 풍부하기 때문에 이차 가공성이 뛰어납니다. 수확량이 많고 다양한 환경에 잘 적응할 수 있도록 많은 품종을 개발했습니다.

반면 일립계 밀은 소수에 맺히는 알이 적어 수확량이 적은 데다가 재배가 어려워서 세계적으로 제한된 지역에서만 재배하고 있습니다. 단백질 함유량이 적고 이차 가공성이 나빠서 빵을 만들기에는 적합하지 않습니다.

듀럼밀은 이립계 밀입니다. 단백질 함유량이 몹시 많고 신장성(伸張性, 잘 늘어나는 성질)이 있는 강한 글루텐을 형성하는 성질이 있어서 파스타 등 이차 가공에 적합합니다.

듀럼밀 알곡

스펠트밀이란 무엇인가요? 어떤 특징이 있나요?
=스펠트밀의 특징

 빵밀의 원종에 해당하는 고대 곡물입니다. 글루텐에 탄력이 잘 나오지 않아 반죽이 늘어지기 쉽습니다.

스펠트(spelt)밀은 보통계 밀의 일종으로 빵밀(보통밀)의 원종(原種)에 해당하는 고대 곡물입니다.

수확률이 낮은 데다가 딱딱한 껍질의 분리가 어려워 제분 수율이 낮다는 이유로, 품종이 개량되어 수확률이 높고 제분 수율이 좋은 현재의 밀로 대신하게 되었습니다.

그러다 스펠트밀이 가진 독특한 풍미와 높은 영양가, 그리고 껍질이 단단해 질병과 해충에 강해 농약을 별로 쓰지 않고 재배할 수 있다는 장점이 건강을 먼저 생각하는 현대의 트렌드에 따라 최근들어 다시 주목받고 있습니다.

단백질 함유량은 강력분과 비슷하지만, 글루텐에 탄력이 잘 생기지 않는 성질 때문에 반죽이 잘 늘어지는 면이 있습니다.

스펠트밀 알곡

 맷돌 밀가루가 무엇인가요? 어떤 특징이 있나요?
=맷돌 밀가루의 특징

 맷돌에 간 밀가루입니다. 롤러로 가는 것보다 압력과 마찰력이 적어 풍미와 성분 변화가 적다는 특징이 있어요.

말 그대로 맷돌에 간 밀가루입니다. 수확한 곡물을 제분할 때는 보통 빠르게 회전하는 금속제 롤러에 여러 번 넣어 가루로 만드는데 그때 발생하는 압력과 마찰력에 전분이 손상되고(→**Q37**), 밀의 풍미와 성분에 다소 변화가 생깁니다.

그런데 맷돌로 천천히 간 밀가루는 마찰력의 영향을 많이 받지 않아 풍미와 성분에 변화가 적습니다.

일본(한국)에서 밀가루를 생산하는 지역은 어디인가요? 일본산(한국산) 밀에는 어떤 특징이 있나요?
=일본의 밀 생산지와 특징

 주로 홋카이도와 규슈 등지에서 재배합니다.

일본은 대부분 수입밀에 의존하지만, 자급률 향상을 목표로 최근에는 일본 내에서 수입 밀에 지지 않는 고품질 품종을 육성하는 추세입니다.

우리나라도 거의 수입에 의존하나 전라도, 경남, 광주 등지에서 우리밀 재배가 이루어지고 있습니다.

일본산 밀은 우동, 소면 등 면용 수요가 대부분을 차지하지만, 빵용으로도 조금씩 쓰이고는 있습니다. 현재 제빵용 밀로 수요가 많은, 단백질 함유량이 많고 제빵성이 우수한 품종을 개발 중입니다. 밀 생산량이 가장 많은 지역은 홋카이도(北海道)이며, 후쿠오카(福岡)현과 사가(佐賀)현이 그 뒤를 잇고 있습니다.

현재 일본산 제빵용 밀 중 좋은 평가를 받고 있는 품종은 「하루요코이」라는 홋카이도산 봄밀입니다. 단백질 함유량이 많고 제빵성도 뛰어나 맛있는 빵을 구울 수 있습니다. 또 홋카이도 최초의 초강력밀 품종 「유메치카라」도 주목받고 있습니다. 유메치카라도 단백질 함량이 많은 밀로 이것만 써서 빵을 만들면 식감이 몹시 강한 빵이 나오는데, 블렌딩성이 우수하기 때문에 단백질 함량이 적은 다른 밀과 블렌딩하면 원하는 식감의 빵을 만들 수 있습니다.

그밖에 기후가 온난한 서일본에서 재배하기에 적합한 품종으로 「미나미노카오리」가 있는데 후쿠오카현, 구마모토(熊本)현, 오이타(大分) 등지에서 생산되고 있습니다.

국내 품종 중에는 황금알밀, 백강밀, 조경밀이 단백질 질적 특성이 우수하기 때문에 단백질 함량이 높아 제빵용으로 이용 가능하고, 우리밀과 고소밀의 경우 약한 글루텐을 가지고 있기 때문에 과자용으로 적합하다. - 농업진흥청 〈농업기술길잡이 044〉 중에서 발췌

홋카이도산 밀의 대표 품종

하루유타카	일본 최초의 제빵용 밀. 현재는 거의 재배하지 않는다
하루요코이	하루유타카의 후속 품종. 하루유타카에 비해 수확량이 많다
기타노카오리	제빵성이 우수하다
하루키라리	하루요코이의 후속 품종
유메치카라	초강력분으로 최근에 흔히 찾아볼 수 있다

일본산 밀로 만든 강력분은 단백질 함량이 적은데 왜 그런가요?
= 일본산(한국산) 밀의 단백질 함량

일본 토양에 맞는 밀은 대부분 단백질 함량이 적은 연질밀이기 때문입니다.

농작물은 그 지역의 기후와 토양에 맞는 품종이 계속 재배되기 마련입니다. 예부터 일본에서 재배한 밀은 대부분 단백질 함유량이 적은 연질밀이나 그보다 단백질 함량이 조금 더 많은 중간질밀이었습니다.

중간질밀은 면을 만들기에 최적의 단백질 함량과 질을 가지고 있습니다. 일본 각지에서 다양한 면을 만들 수 있게 된 식문화의 배경에는 그 지역에서 수확하는 밀가루의 성질이 관련되어 있습니다.

세계적으로 보았을 때 단백질이 많고 제빵성이 뛰어난 밀을 생산하는 지역은 캐나다와 미국 북부입니다. 밀의 단백질 함량과 질은 그 품종에 따르지만, 기후와 토양 등 산지의 환경과 비료의 사용법에 따라서도 차이가 생깁니다. 예를 들어 캐나다에서 재배되는 단백질 함량이 많은 밀을 똑같이 한랭한 기후인 홋카이도에서 재배한다고 해도 다 자란 밀의 단백질 함량이 적어지는 등 완전히 똑같아지지는 않습니다.

일본에서도 제빵에 적합한 밀의 품종 개량이 이루어지면서, 단백질 함량이 많고 제빵성이 뛰어난 밀가루를 생산할 수 있게 되었습니다. 그중에서도 「유메치카라」, 「미나미노카오리」 등은 외국산 밀과 비교해도 뒤지지 않는 단백질 함유량을 자랑하는 품종입니다.

일반적으로 일본산 밀의 단백질 함량은 캐나다산, 미국산보다 적어서 빵의 볼륨을 잘 살릴 수 없다는 문제가 있습니다. 하지만 깊은 풍미, 쫄깃한 식감을 살리는 등의 특징이 있어서 「하루요코이」와 「기타노카오리」 등 인기가 높은 품종도 많습니다.

우리나라 주요 품종의 단백질 함량

구분	주요 품종
단백질 함량이 낮은 품종 (10% 이하)	우리밀, 백중밀, 적중밀, 고소밀, 조아밀
단백질 함량이 중간 품종 (10 ~ 12%)	조경밀, 새금강밀, 연백밀, 신미찰밀
단백질 함량이 높은 품종 (12% 이상)	금강밀, 한백밀, 백강밀, 황금알

(농업진흥청 〈농업기술길잡이 044〉 발췌)

밀 배아빵에 배합하는 밀 배아가 무엇인가요 ?
= 밀 배아와 그 영양 효과

밀이 발아할 때 필요한 영양분이 듬뿍 들어 있는 부분입니다 .

밀알은 배유가 약 83%, 껍질이 약 15%를 차지하며, 배아는 약 2%만 들어 있을 뿐입니다(→**Q20**). 밀을 제분할 때 배아는 껍질과 함께 제거되고, 배유만 밀가루가 됩니다. 그런데 배아는 밀이 발아할 때 뿌리와 잎이 성장할 수 있는 생명의 바탕에 해당하는 부분으로 영양분이 풍부합니다. 식이섬유와 지질뿐만 아니라 칼슘과 비타민 E, 비타민 B군 등의 비타민, 미네랄이 들어 있습니다. 그래서 밀알을 가는 공정 때 배아만 거른 것을 제품화하고 있습니다.

이 밀 배아는 영양가가 높은 데다가 독특한 풍미가 있어 빵을 만들 때 넣기도 합니다. 밀 배아빵을 만들 때는 전립분과 마찬가지로 반죽에 밀 배아를 많이 넣을수록 빵이 잘 부풀지 않기 때문에 배합을 잘 조정해야 합니다.

시중에 파는 밀 배아는 로스팅한 것이 많은데 그 이유가 무엇인가요?
=밀 배아의 산화

 밀 배아에 들어 있는 지질의 산화를 막기 위해 로스팅해서 제품으로 만듭니다.

밀이 발아하는 부분에 해당하는 밀 배아에는 단백질을 분해해 글루텐의 형성을 방해하는 프로테아제, 전분을 분해하는 아밀라아제 등의 효소가 많이 들어 있습니다. 또 배아에는 지질이 많아 산화하기 쉬운데다가, 함유된 산화 효소가 산화를 더 촉진합니다. 그래서 그 상태로는 변질이 빠르게 일어납니다.
밀 배아를 로스팅하면 가열하면서 효소의 작용을 막을 수 있고 고소한 풍미도 더해지기 때문에 로스팅해 판매하는 제품이 많은 것입니다.

 호밀가루는 밀가루에 어느 정도 배합 가능한가요?
=호밀가루와 밀가루의 블렌딩 비율

 밀가루의 20% 정도가 적당합니다.

호밀에는 밀처럼 글루텐을 형성하는 성질이 없기 때문에 이스트(빵효모)가 발생시키는 탄산가스를 유지해 반죽을 부풀리는 작용을 할 수 없습니다. 그래서 호밀만으로 빵을 만들면 볼륨감이 별로 없으며 크럼의 결이 조밀하고 묵직한 빵이 됩니다. 또 씹으면 크럼이 질기고 끈적거리는 식감이 나는 데다가 호밀 특유의 시큼한 냄새가 납니다.
그래서 호밀로 빵을 만들 때는 대부분 밀가루를 섞습니다. 이때 호밀가루가 밀가루보다 양이 많은 경우는 드물고, 보통은 밀이 가진 글루텐의 힘으로 빵을 부풀리면서 호밀로 독특한 풍미를 냅니다. 두 밀의 특성을 잘 이용해 빵을 만드는 것입니다.
호밀가루는 배합 비율 20% 정도에 이스트를 쓴다면 그대로 밀가루에 섞어도 괜찮습니다. 반죽은 조금 끈적거리더라도 밀가루만으로 만드는 빵과 큰 차이 없이 작업할 수 있습니다.
세계적으로 보면 호밀을 많이 배합한 빵도 찾아볼 수 있습니다. 이러한 빵은 사워종(→**Q159**)을 이용해 반죽을 부풀려서 빵에 독특한 풍미가 있습니다.

호밀 100%인 빵이 어떻게 부풀 수 있나요?
=사워종에 의한 발효

 사워종을 사용하기 때문입니다.

호밀빵 하면 독일의 사워종을 써서 만든 라이사워 빵을 대표로 들 수 있습니다. 크럼이 조밀하고 묵직한 빵으로, 호밀의 풍미 그리고 사워종 특유의 부드러운 산미가 특징이라고 할 수 있습니다.

이 산미는 호밀에 붙어 있는 유산균이 유산 발효하는 등의 영향으로 반죽의 pH가 떨어지면서 생깁니다. pH가 4.5~5.0으로 떨어지면 호밀에 함유된 단백질 글리아딘의 점성이 억제되어 탄산가스를 조금 붙잡아 둘 수 있습니다. 그래서 글루텐을 만들 수 없는 호밀만 써도 탄력 있고 씹는 맛이 좋은 크럼이 형성되고 빵의 볼륨도 개선할 수 있습니다(→**Q161**).

 밀가루 대신 쌀가루를 쓰면 어떤 특징을 가진 빵이 되나요?
=쌀빵의 배합

 밀가루로 만든 빵보다 쫄깃쫄깃하고 씹는 느낌이 좋습니다.

쌀빵은 쌀가루만 쓰거나 밀가루와 쌀가루를 섞어서 만듭니다.

쌀가루만 써서 만든 빵은 당연히 밀가루 특유의 풍미와 냄새를 맡을 수 없는 대신 떡과 비슷한 냄새가 나며, 쫄깃쫄깃하고 밀빵보다 씹는 맛이 있습니다.

다만, 그저 단순히 밀가루를 쌀가루로 대신하기만 해서는 빵이 잘 부풀어 오르지 않습니다. 밀에는 빵의 뼈대가 되는 글루텐을 형성하는 단백질이 있는 반면 쌀에는 없기 때문입니다.

그래서 쌀가루로 폭신폭신한 빵을 만들고 싶다면 이스트(빵효모)가 만드는 탄산가스를 잘 붙잡아 둘 수 있도록 글루텐을 보충해주어야 합니다. 이때 넣는 것이 활성 글루텐(바이탈 밀 글루텐 또는 바이탈 휫wheat 글루텐)입니다.

활성 글루텐은 원료인 밀가루에 물을 넣고 반죽해서 생 글루텐을 추출한 후 가열하지 않고 말린 것입니다. 물을 넣으면 점성과 탄력이 있는 글루텐이 복원됩니다.

한편 밀빵에는 없는 쫄깃하고 촉촉한 식감과 쌀의 풍미를 목적으로 한다면 전부 쌀가루로 바꾸는 것이 아니라 밀가루의 20~30%를 쌀가루로 대체하는 배합을 추천합니다.

코코아 파우더를 넣어 식빵을 만들고 싶은데 밀가루에 어느 정도 넣어야 적당한가요?
= 코코아 파우더의 영향

최대 10% 정도까지만을 목표로 세우세요.

코코아의 풍미를 어느 정도로 내고 싶은지에 따라 다르지만, 코코아 파우더의 분량은 밀가루의 최대 10% 정도까지만 넣는게 좋습니다.

빵에 풍미를 살리기 위해 다른 재료를 추가하다 보면 반죽의 연결이 약해지거나 반대로 강해질 수 있습니다. 코코아 파우더에는 지질이 많이 들어 있는 만큼, 밀가루에 넣고 반죽하면 글루텐 형성이 늦어져 반죽이 늘어지기 쉽습니다.

물론 첨가하는 양에 따라서도 달라지는 만큼 무조건 영향이 크다고 할 수는 없지만, 코코아 파우더뿐 아니라 첨가하는 재료 중에 제빵성에 영향을 주는 성분이 포함되어 있는지 잘 살펴야 합니다.

또 코코아 파우더를 넣을 때는 같은 양의 물에 미리 녹여서 페이스트 형태로 만들어 둡니다. 그리고 반죽하다가 유지를 넣는 타이밍에 같이 넣는 방법 등을 적용해본다면 글루텐 형성이 늦어지는 것을 방지할 수 있습니다.

이스트(빵효모)

 고대에도 빵이 요즈음 빵처럼 폭신폭신했나요?
=발효빵의 기원

 처음에는 얇고 납작한 무발효빵이었습니다.

고대 빵의 시초는 밀 등 곡물을 가루 내어 물을 넣고 반죽한 다음 얇고 납작하게 만들어 구운 무발효빵이었습니다. 그러다가 우연히 반죽을 방치하게 되었는데 곡물 속 효모와 공기 중에 떠다니던 효모가 반죽에 작용하여 크게 부풀어 올랐고, 시험 삼아 구워보니 빵이 폭신하게 부풀어 오르고 맛도 좋았다고 합니다. 그렇게 발효빵이 탄생한 것입니다.

지금은 과일이나 곡물 등을 원료로 효모를 직접 배양해 제빵에 이용하는 자가제 효모종(→Q155)을 쓰는 방법도 있지만 대부분은 시판되는 제빵용 이스트(빵효모)를 씁니다. 시판 이스트는 자연계에 존재하는 수많은 효모 중 주로 사카로미세스 세레비시아(saccharomyces cerevisiae)라는 제빵성이 뛰어난 종류의 효모를 골라 공업적으로 순수 배양한 것입니다. 한편 생이스트 1g에는 대략 100억개 이상의 효모 세포가 들어 있습니다.

생이스트를 재료로 삼은 다양한 타입의 이스트가 시중에 나와 있는데, 이것들 역시 주로 사카로미세스 세레비시아에서 각각의 특성에 맞는 효모를 골라 만든 것입니다.

이스트는 어떤 것인가요?
=이스트란?

 균류의 일종으로 단세포 미생물입니다.

이스트(빵효모)는 빵을 만들 때 절대 빼놓을 수 없는 핵심 재료입니다. 그런데 그 정체는 과연 무엇일까요?

이스트란 균류에 속하는 단세포 미생물입니다. 맨눈으로는 볼 수 없을 만큼 작아서 현미경을 사용해서 봐야 합니다. 동물, 식물과 마찬가지로 세포에 있는 핵(세포핵)에 유전자 정보가 들어 있습니다. 미생물이지만 운동성은 없습니다. 식물처럼 세포벽과 세포막을 가지고 있어도 광합성 능력은 없고 영양분을 외부로부터 받아들여 분해하고 흡수하며 생을 이어갑니다.

제빵에서는 이스트(yeast)라는 말을 일반적으로 많이 쓰는데 보통은 효모라고 부릅니다. 효모는 술, 된장, 간장 등을 빚을 때 쓰는 것으로 잘 알려져 있습니다.

효모는 자연계의 온갖 곳, 꿀, 과일과 수액, 공기 중은 물론이고 흙, 담수, 해수에도 널리 생식하고 있습니다. 또 다양한 성질과 특징을 가진 것들이 무수히 존재하며 인간에게 유익한 효모뿐 아니라 해로운 효모도 있습니다.

이렇게 수많은 효모 중에서 술과 조미료 등 쓰임새에 맞는 효모가 이용되고 있는 것입니다.

술을 빚을 때 필요한 효모는 빵에 쓰는 효모(이스트, 빵효모)와 같은 종류인 사카로미세스 세레비시아로, 술과 빵은 모두 이 효모가 하는 알코올 발효를 통해 만들어집니다.

그 밖에도 식품에 쓰이는 효모의 종류는 다양한데, 예를 들어 된장과 간장은 염분이 많은 환경에 강한 효모를 주로 씁니다.

98

시중에 파는 이스트는 원료가 무엇이고 어떻게 만드나요?
=이스트의 제조 방법

제빵에 적합한 효모를 공장에서 배양해 제품화합니다.

원래 생물인 효모 자체를 인공적으로 만들 수는 없지만, 배양을 통해 효모가 스스로 하는 증식 활동을 더 촉진해서 효모를 효율적으로 늘리는 방법을 써서 공업적으로 제조할 수 있습니다.

제빵용 효모는 자연계에 있는 효모 중 제빵에 적합한 것을 골라 공업적으로 순수 배양한 단일 종류입니다. 이것을 이스트(빵효모)로 만들이 판매하고 있습니다.

모두 뭉뚱그려 이스트라고 부르지만 사실은 다양한 용도에 맞는 이스트를 각 제조회사에서 연구·개발해 시중에 내놓았습니다.

이스트를 배양해 증식시키려면 그 영양분인 사탕수수에서 유래하는 당밀 등의 탄소원과 황산암모늄 등의 질소원, 인 등의 미네랄, 판토텐산, 비오틴 등 비타민류를 주입하고 대량의 산소를 보내고, 온도와 pH 등을 관리하는 등 이스트가 활발하게 증식할 수 있는 환경을 조성해주어야 합니다.

배양한 이스트를 탈수시킨 점토 형태가 생이스트이고, 배양한 이스트를 건조시킨 것이 드라이 이스트입니다.

빵은 왜 부풀어 오르나요?
=이스트의 역할

이스트가 하는 알코올 발효 때문에 빵 반죽이 부풀어 오릅니다.

이스트(빵효모)의 작용 때문에 빵이 부풀어 오릅니다. 물론 이스트만으로는 폭신폭신한 빵이 나올 수 없습니다. 적당한 반죽, 적절한 환경에 있을 때 이스트가 작용합니다.

이스트는 빵 반죽 속에서 활동하는데, 밀가루와 부재료인 설탕 등에 들어 있는 당을 분해·흡수하고 탄산가스(이산화탄소)와 알코올을 만듭니다. 이러한 이스트의 활동을 알코올 발효라고 부릅니다.

알코올 발효로 이스트가 만든 탄산가스는 주변 반죽을 밀어서 전체적으로 부풀립니다. 또 알코올 발효로 발생한 알코올과 아미노산의 대사를 통해 만들어진 유기산은 반죽을 잘 늘어나게 하고 빵에 독특한 냄새와 풍미를 줍니다. 다만 알코올은 굽는 과정에서 날아가 버리기 때문에, 빵을 먹을 때 알코올 냄새는 거의 나지 않습니다.

참고로 탄산가스를 반죽이 잘 유지하려면 가스를 담은 상태로 늘어날 수 있게 유연해야 하면서도 부푸는 반죽을 잘 받쳐주는 굳기가 되어야 하는데, 이 둘을 만드는 것이 바로 밀가루 속 글루텐과 전분입니다.

그럼 계속해서 빵이 부푸는 메커니즘을, 알코올 발효에 관해 설명하면서 더 자세히 알아보겠습니다.

참고 ⇒ **Q35, 36**

빵을 부풀리는 알코올 발효는 어떻게 해서 일어나나요?
=알코올 발효의 메커니즘

알코올 발효란 이스트가 당을 알코올과 탄산가스(이산화탄소)로 분해하고 에너지를 얻는 반응입니다.

이스트(빵효모)는 단세포 미생물로, 외부에서 받아들인 당을 분해해 생존과 증식에 필요한 에너지를 얻으며 살아갑니다. 산소가 충분하면 당을 탄산가스(이산화탄소)와 물로 분해해 에너지를 얻는 「호흡」을 합니다.

산소가 적은 조건에서는 호흡할 수 없지만, 대신 다른 기능을 이용해 당에서 에너지를 얻습니다. 그 부산물로 알코올과 탄산가스가 생기는 것입니다. 그래서 우리는 이를 「알코올 발효」라고 부릅니다.

호흡과 알코올 발효는 둘 다 에너지로서 ATP(아데노신 3인산)라는 물질을 얻는 반응인데, 호흡은 ATP를 38분자까지 얻을 수 있는 반면에 알코올 발효는 2분자밖에 얻지 못하기 때문에 호흡이 훨씬 큰 에너지를 얻는다는 사실을 알 수 있습니다. 호흡을 활발하게 할 때는 이스트가 그 에너지를 이용해 증식을 반복합니다.

빵 반죽에는 산소가 거의 없습니다. 그래서 이스트는 주로 호흡이 아니라 알코올 발효를 합니다. 그리고 거기서 발생하는 탄산가스에 의해 반죽이 부풀어 오릅니다.

호흡(산소가 충분한 환경에서 이루어짐)

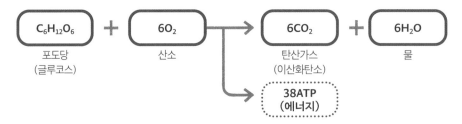

$C_6H_{12}O_6$	$+$	$6O_2$	$\rightarrow$	$6CO_2$	$+$	$6H_2O$
포도당 (글루코스)		산소		탄산가스 (이산화탄소)		물

**38ATP
(에너지)**

알코올 발효(산소가 적은 환경에서 이루어짐)

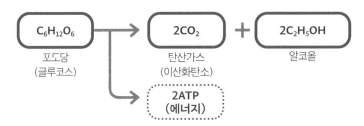

$C_6H_{12}O_6$	$\rightarrow$	$2CO_2$	$+$	$2C_2H_5OH$
포도당 (글루코스)		탄산가스 (이산화탄소)		알코올

**2ATP
(에너지)**

빵과 술은 알코올 발효를 거치는 과정이 똑같은데 왜 다른 식품이 되나요?
=알코올 발효 부산물의 이용 용도 차이

알코올 발효 때 술은 알코올을 이용하지만 빵은 탄산가스를 이용합니다.

고대부터 인간들은 알코올 발효를 이용해 식품을 만들었습니다. 와인과 같은 발효주, 빵이 그 대표적인 식품입니다. 술은 액체에, 빵은 반죽에 인위적으로 산소가 부족한 상황을 만들고 효모를 작용하게 해서 알코올 발효를 일으켜서 식품을 만드는 데 활용했던 것입니다.

알코올 발효로 발생하는 알코올과 탄산가스 중에서 알코올을 주로 쓰는 것이 주류 양조로 와인 효모, 청주 효모 등 각 술의 종류에 맞는 효모가 쓰이고 있습니다.

탄산가스는 액체에 녹아들면 탄산이 되어 보글보글 거품이 올라옵니다. 발포성 와인(스파클링 와인)에 이 특성이 잘 활용되고 있습니다. 그런데 와인이나 사케는 마셔도 탄산이 느껴지지 않습니다.

와인은 오랜 시간 양조하면서 오크통 속에서 탄산가스가 날아가 버려서, 그리고 사케는 마지막 공정으로 가열하면서 역시 탄산가스가 날아가 버려서 탄산이 느껴지지 않는 것일 뿐, 사실 양조 중일 때는 똑같이 탄산가스가 발생합니다.

반면 제빵은 알코올 발효 때 생기는 탄산가스를 주로 이용합니다. 이스트(빵효모)가 발생시킨 탄산가스가 반죽 전체를 부풀리고, 알코올은 반죽을 잘 늘어나게 하며 빵에 독특한 풍미를 만들어냅니다.

빵의 경우 알코올은 구울 때 날아가도 냄새는 희미하게 남아 있습니다.

이스트의 알코올 발효를 더 활발하게 만들려면 어떻게 해야 하나요?
= 알코올 발효에 적합한 환경

수분, 영양분을 주고 적절한 온도와 pH를 유지하는 것이 중요합니다.

이스트(빵효모)가 반죽 속에서 알코올 발효를 활발하게 하려면 몇 가지 조건이 갖춰져야 합니다.

수분

이스트는 공업제품입니다. 소비자에게 전달되어 쓰일 때까지 품질을 유지하고 발효를 일으키지 않아야 합니다. 그래서 탈수 공정을 거쳐서 제품화합니다. 탈수하더라도 이스트는 사멸하지 않고 살아 있습니다. 단순히 활성을 억제한 것뿐이어서 수분을 주면 활성화합니다.

영양분(당)

이스트의 영양분에서 중요한 것은 당류입니다. 제빵의 경우에는 주로 밀가루의 전분에서 나옵니다. 전분은 포도당이 수백 개에서 수만 개가 결합한 것으로, 이스트는 전분을 최소 단위의 포도당으로 분해한 뒤 알코올 발효에 사용합니다.

또 부재료로 설탕을 넣을 경우 이스트는 설탕에 들어 있는 자당(수크로스)을 포도당과 과당으로 분해해서 둘 다 사용합니다.

적정 온도 유지

이스트는 40℃ 전후일 때 탄산가스를 제일 많이 발생시킵니다. 그 적정 온도에서 멀어질수록 활동이 둔해집니다. 55℃가 넘으면 단시간에 사멸하고, 4℃ 아래로 떨어지면 활동을 중단합니다.

참고로 저온일 때는 사멸하는 것이 아니라 단지 휴면하는 것뿐이어서 온도를 올리면 다시 활성화합니다.

반죽의 팽창력에 미치는 온도의 영향

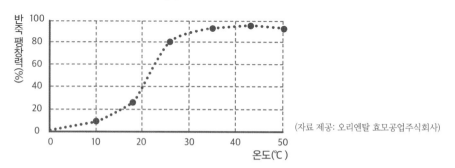

(자료 제공: 오리엔탈 효모공업주식회사)

적정 pH 유지

대략 pH 4.5~5.5 부근이 이스트 활성화에 알맞습니다. 이는 산에 의해 반죽의 글루텐이 적절히 연화하면서 반죽이 늘어나기 쉽고 잘 부푸는 pH 수치이기도 합니다. 반죽의 탄산가스 포집력(일정한 물질 속에 있는 미량 성분을 분리하여 잡아 모으는 것)은 pH 5.0~5.5가 가장 크며, 이보다 낮으면 급격하게 떨어집니다.(→**Q91**).

빵 반죽은 믹싱에서 완성까지 대략 pH 5.0~6.5의 범위를 유지하고 있습니다. 믹싱이 끝난 시점의 반죽은 pH 6.0에 가깝지만, 발효가 시작되면 pH가 점점 떨어집니다 (→**Q197**).

왜냐하면 반죽 속 유산균이 유산 발효로 포도당에서 유산을 만들어내고, 반죽의 pH를 떨어트리기 때문입니다. 초산균도 작용하지만 이 pH에서는 생성량이 적어서 유산만큼 pH 저하의 원인으로 작용하지는 않습니다.

반죽의 팽창력에 미치는 pH의 영향

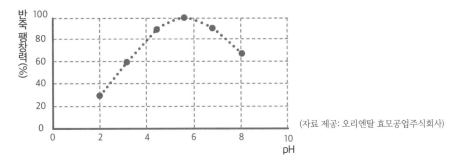

(자료 제공: 오리엔탈 효모공업주식회사)

이스트가 가장 많이 활성화하는 40℃에서 발효시켰는데 완성된 빵이 별로 부풀지 않았어요. 왜 그런가요?

Q 64

=발효에 적절한 온도대

빵 발효에 적절한 온도는 이스트가 가장 활성화하는 온도대보다 약간 낮습니다.

Q63에서 이스트(빵효모)의 적정 온도에 대해 알아보았는데, 실제 빵의 발효 공정에서 발효기 온도는 이스트의 최대 활성화 온도인 40℃ 전후보다 낮은 25~38℃를 유지합니다.

발효 온도를 높여 이스트가 탄산가스를 한 번에 많이 발생시키면 반죽이 갑자기 늘어나 손상되기 때문입니다. 그러면 빵이 잘 부풀지 않습니다.

25~38℃에서는 탄산가스 발생량이 비록 피크 때보다 적어도 가스가 서서히 생기는 만큼 반죽이 부담을 받지 않고 늘어납니다.

즉, 빵의 발효 때는 탄산가스를 안정적으로 많이 발생시키는 것과 더불어 가스를 붙잡기에 가장 좋은 반죽 상태로 만드는 것 역시 중요합니다. 25~38℃는 이 둘이 최적의 밸런스를 유지하며 발효를 일으키는 온도대입니다(→**Q196, 213**).

그렇게 되면 어느 정도로 부풀어 오를 때까지 발효 시간이 길어지는데, 그동안 유산균과 초산균 등이 만들어내는 유기산이 반죽에 축적되면서 빵의 냄새와 풍미를 더해주는 이점도 생깁니다.

참고 ⇒ **p.287~288**「발효 ~반죽 속에서는 어떤 일이 일어날까?~」

알코올 발효에서 당은 어떻게 분해되나요?
=알코올 발효에서 효소의 역할

재료에 함유된 각종 효소가 당을 분해합니다.

효소가 알코올 발효에 어떻게 작용하는지 이야기하기 전에 우선 「효소」가 무엇인지 부터 살펴보겠습니다. 효모와 효소는 단어가 비슷하지만, 효모는 「생물」, 효소는 주로 단백질로 된 「물질」이라는 큰 차이가 있습니다.

효모와 밀가루 등에는 다양한 효소가 들어 있는데, 이 효소들은 알코올 분해에 큰 영향을 미칩니다. 빵의 알코올 발효 메커니즘은 바꿔 말하면 이스트(빵효모) 속의 효소가 당질에 작용해 일으키는 반응으로, 효소가 발효를 진행하는 주역인 셈입니다.

여기서 당질이란 밀가루 전분, 부재료인 설탕을 가리킵니다. 전분은 수백에서 수천, 수만 개의 포도당이 결합해서 이루어졌습니다. 이스트가 전분을 알코올 분해에 사용하려면 전분을 최소 단위인 포도당으로 분해해야 합니다. 이스트가 발효하는 데 쓸 수 있는 당질은 1분자인 포도당과 과당이기 때문입니다.

이때 활약하는 효소는 이스트의 초산이 전부가 아닙니다. 밀가루에 함유된 아밀라아제라는 효소도 전분을 일단 덱스트린으로 분해하고, 거기서 다시 맥아당(포도당이 2개 결합한 물질)으로 분해합니다.

이러한 분해는 밀가루를 보관하고 있을 때는 일어나지 않다가 물을 넣고 반죽하면 일부 전분(손상전분→**Q37**)이 물을 흡수하면서 일어납니다. 그리고 분해해서 얻은 맥아당은 처음부터 밀가루에 있던 맥아당과 함께, 이스트의 맥아당 투과 효소에 의해 이스트 균에 흡수되고, 그곳에서 이스트의 말타아제라는 효소에 의해 포도당으로 분해됩니다.

한편 설탕은 거의 자당(수크로스)(포도당과 과당이 1개씩 결합한 것)로 이루어져 있는데 자당은 이스트의 인베르타아제라는 효소에 의해 이스트 균 내에서 포도당과 과당으로 분해되고, 그것이 이스트의 포도당 투과 효소, 과당 투과 효소에 의해 균 내부로 흡수됩니다. 그리고 맥아당이 분해되어 얻은 포도당과 함께 알코올 발효에 쓰입니다. 포도당과 과당을 분해해 탄산가스와 알코올을 발생시키는 데에는 이스트의 치마아제(다수의 효소 복합체)가 작용합니다.

이렇게 알코올 발효는 효소의 작용을 통해 원활하게 진행됩니다.

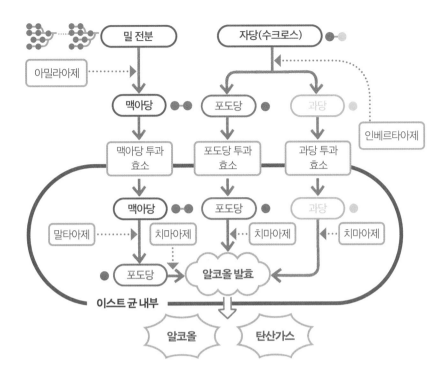

빵 반죽 속에서 이스트가 증식하나요? 그것이 빵의 부풀기에 영향을 미치나요?
=빵 반죽 속 이스트의 증식

조금씩 증식하지만 제빵에 미치는 영향은 거의 없습니다.

이스트(빵효모)의 증식이란 모세포에서 딸세포가 싹처럼 출현(출아)하고 그 딸세포가 점점 커져서 모세포와 같은 크기가 되면 분리되어 두 개의 세포로 나누어지는 것을 말합니다. 이 과정이 대략 두 시간에 한 번씩 반복되면서 수가 늘어납니다.

이스트가 제품으로 만들어질 때는 단일 효모가 활발히 분열할 수 있게 산소, 영양분, 온도, pH 등이 잘 조성된 환경에서 배양합니다.

그런데 빵 반죽에는 산소의 양이 적어서 효모가 알코올 발효를 왕성하게 일으킵니다(→**Q61**). 다만 이스트의 증식이 완전히 멈추는 것은 아니고 극히 제한된 양의 산소로 조금씩 증식합니다.

이때 모든 효모가 일제히 증식하지 않고, 효모의 증식 사이클을 봤을 때 예컨대 발효 공정이 두 시간인 스트레이트 제법 반죽의 경우 발효시키는 동안 한 번 분열이 있을까 말까 하는 정도여서, 빵의 부풀기에는 거의 영향을 미치지 않습니다.

효모 출아에 의한 분열

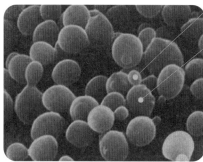

딸세포

모세포

모세포의 일부가 출아해서 혹처럼 되고, 이것이 딸세포가 되어 나중에는 분리된다

(사진 제공: 오리엔탈 효모공업주식회사)

이스트에는 어떤 종류가 있나요?
=이스트의 종류

생이스트와 드라이이스트가 있는데, 사용 목적에 따라 제품이 세분화되어 있습니다.

요즈음에는 과일, 곡물 등에 붙어 있는 효모를 직접 배양해 사용하는 자가제 효모종(→**Q155**)으로 만드는 빵도 늘어나고 있지만, 대부분은 상업용으로 나온 제빵용 이스트(빵효모)를 씁니다.

일반적으로 이스트는 건조되어 있는지 아닌지에 따라 크게 생이스트와 드라이이스트로 나눌 수 있습니다.

또 건조 타입 드라이이스트는 드라이, 인스턴트 드라이, 세미 드라이까지 세 종류로 분류됩니다.

그밖에 달콤한 빵에 적합한 이스트, 린 배합 빵에 적합한 이스트, 냉동 반죽에 적합한 이스트 등 그 용도와 목적에 따라서도 세분화되어 있습니다.

각각의 자세한 특징과 사용법은 뒤에(→**Q68~Q78**) 자세히 설명되어 있습니다. 만들고 싶은 빵에 맞게 구분해서 쓰면 됩니다.

건조 타입 드라이이스트 3종

왼쪽부터 드라이이스트, 인스턴트 드라이이스트, 세미 드라이이스트

제빵소에서는 왜 생이스트를 많이 쓰나요?
=생이스트의 특징

달고 리치한 빵, 달지 않은 빵 모두 쓸 수 있는 이스트이기 때문입니다.

한국과 일본에서 쓰는 이스트(빵효모)는 90% 이상이 생이스트인데, 주로 상업용으로
유통되고 있습니다. 한국과 일본은 달고 리치한 소프트 계열 빵을 선호하는 경향이
있습니다. 생이스트는 삼투압에 대한 내구성이 있어서 이렇게 설탕이 많이 들어가는
반죽에 적합한데, 한편으로는 설탕이 들어가지 않는 빵에도 쓸 수 있어서 범용성이
높다는 특징이 있습니다.

생이스트는 배양한 이스트를 탈수하고 압축해 점토 상태로 굳힌 것으로, 수분량이
65~70%입니다. 물에 잘 녹아서, 사용할 때는 보통 물에 녹여 씁니다(→**Q176**). 이스트
는 온도가 10℃ 이하로 내려가면 활성이 떨어지고, 거기서 더 내려가 4℃ 이하가 되면
휴면하기 때문에 냉장 상태로 유통되며, 구입 후에는 비닐봉지나 밀폐용기에 담아 냉장
보관해야 합니다. 유통기한은 미개봉 상태일 때 제조일로부터 한 달 정도로 짧습니다.
생이스트에는 주로 다음과 같은 두 타입이 있습니다.

일반(레귤러)

당 배합량이 가루의 0~25% 정도로, 식빵을 비롯한 소프트 계열 빵 전반에 사용하는 이
스트입니다.

냉동용

일반 타입의 생이스트는 빵 반죽을 냉동할 때 사멸하는 효모가 많아 해동 후의 발효가 원활하기 이루어지지 않는 경우가 있는데, 냉동용 이스트를 쓰면 냉동(동결) 내성이 있어서 냉동하는 반죽에 쓸 수 있습니다(→**Q166**).

최근에는 이 두 타입 이외에도 다양한 기능을 특화한 제품(당분이 30% 이상인 고당 반죽에도 발효력이 떨어지지 않는 것. 어느 온도대에서는 발효가 원만하게 이루어지는 것. 빵 냄새가 좋아지는 것 등)이 각 이스트 제조 회사마다 연구·개발하여 상품으로 만들어지고 있습니다.

생이스트는 수분이 많아서 부드럽다

일반 생이스트(왼쪽)와 냉동용 생이스트(오른쪽)

드라이이스트는 어떤 것인가요?
=드라이이스트의 특징

보존성을 높이기 위해 개발된 건조 타입 이스트로, 가장 처음 상품화된 것입니다.

드라이이스트는 이스트(빵효모)의 배양액을 저온 건조해서 수분량을 7~8%까지 낮추고 보존성을 높인, 둥근 입자 형태의 건조 빵효모입니다.

건조 상태에서는 효모가 휴면하기 때문에 효모를 깨우기 위해 예비 발효 시간이 필요합니다. 예비 발효란 드라이이스트에 물과 적당한 온도(약 40℃의 따뜻한 물), 영양분(설탕)을 넣고 잠자는 효모를 깨워 원래 상태로 되돌리고 활성화시켜 반죽에 넣을 수 있게 만드는 것입니다(→**Q177**).

작업 공정은 늘어나지만, 높은 보존성은 생이스트에는 없는 장점입니다. 그러니까 원래 드라이이스트는 유통상의 제약에서 벗어나 보존성을 높이기 위해 개발된 빵효모인 셈입니다.

현재 일반적으로 시판되는 것은 대부분 수입품이고 저당용이 중심입니다. 상온에서 유통되지만, 개봉 후에는 생이스트와 마찬가지로 밀봉해서 냉장 보관해야 합니다. 유통기한은 미개봉 상태로 2년 정도입니다.

드라이이스트는 건조 타입 이스트로 최초 개발, 상품화되었습니다. 이것을 바탕으로 다른 타입의 드라이이스트와 인스턴트 드라이이스트가 개발되기 시작했습니다. 그래서 단순히 드라이이스트라고 하는 경우에는 기본적으로 이것을 가리킵니다.

한편 드라이이스트는 제조 시 건조 공정에서 열을 가하기 때문에 활성이 떨어지거나 일부 효모 세포가 사멸합니다. 이 사멸한 효모에서 글루타티온이라는 물질이 녹아 나와 글루텐을 연화시킵니다(→**p.201**「**빵 반죽의 물성을 조정해 품질을 개량하다**」). 이 특성 때문에, 드라이이이스트를 첨가한 빵 반죽은 신장성(잘 늘어나는 성질)이 증가해서 쭉쭉 잘 늘어나게 됩니다.

드라이이스트. 둥근 입자 형태로, 건조 타입 이스트 중에 입자가 가장 크다. 일반적으로 유통되는 것은 저당용이지만, 고당용도 있다

인스턴트 드라이이스트란 무엇인가요?
=인스턴트 드라이이스트의 특징

가루에 직접 섞어 사용하고, 예비 발효할 필요가 없는 드라이이스트입니다.

인스턴트 드라이이스트는 드라이이스트와 달리 예비 발효할 필요 없이 직접 가루에 섞어 사용할 수 있어서 편리합니다.

인스턴트 드라이이스트는 이스트(빵효모)의 배양액을 동결 건조시켜 수분량을 드라이이스트보다 더 적은 4~7%로 만든 과립형 건조 빵효모입니다. 상온에서 유통되며 개봉 후에는 밀봉해 냉장 보관합니다. 유통기한은 미개봉으로 약 2년 정도입니다.

현재 일반적으로 판매되는 인스턴트 드라이이스트를 포함한 드라이이스트 종류는 주로 수입 제품입니다. 왜냐하면 원래부터 한국과 일본은 당분이 많은 소프트 계열 빵에 적합한 생이스트를 주로 만들고 당분이 적은 하드 계열 빵을 만들 때는 외국제 저당용 이스트를 쓰는 경우가 많았기 때문입니다.

한편 외국에서는 최근 들어 당분이 많이 들어가는 반죽에 적합한 인스턴트 드라이이스트의 수요가 늘어나면서 고당용 인스턴트 드라이이스트를 만들게 되었는데 요즘은 그것도 일본(한국)에 수입되어 판매되고 있습니다.

시판되는 제품 중에는 「드라이이스트(예비 발효할 필요 없음)」라고 표기된 것들이 있는데 이것 역시 인스턴트 드라이이스트입니다.

인스턴트 드라이이스트에는 고당용과 저당용이 있는데, 어떻게 구분해서 쓰나요?
=인스턴트 드라이이스트의 사용 구분법 ①

반죽 속 설탕 배합량으로 구분합니다.

인스턴트 드라이이스트는 만들려는 빵에 적합한 타입을 선택해서 사용합니다.

선택 포인트는 설탕 배합량에 있습니다. 과자빵처럼 설탕 배합량이 무척 많은 빵을 만들 때는 「고당용」을 써야 하고, 설탕 배합량이 10% 정도까지인 일반 소프트 계열 빵은 「저당용」을 씁니다.

이 두 가지 인스턴트 드라이이스트는 다음과 같은 차이가 있습니다.

고당용

이스트(빵효모)는 원래 설탕이 많은 환경에서는 버티지 못합니다. 반죽에 설탕을 많이 넣으면 반죽 속 삼투압이 높아져서 효모가 세포 내의 수분을 빼앗기며 수축해버리기 때문입니다.

하지만 고당용 이스트는 설탕이 많이 배합된 반죽이라도 삼투압의 영향을 거의 받지 않고 높은 발효력을 유지할 수 있는, 다음과 같은 효모를 선택해 만들어집니다.

인베르타아제의 효소 활성이 낮은 효모

이스트는 당류를 알코올 발효에 이용합니다. 제빵 재료로서의 당류는 밀가루 속 전분 (손상전분→**Q37**)과 설탕을 구성하는 자당에서 유래하는데, 이것들을 알코올 발효에 사용하려면 당류의 최소 단위인 포도당과 과당까지 분해해야만 합니다(→**Q65**).

하지만 효모의 인베르타아제에 의해 자당이 포도당과 과당으로 점점 분해되는 것은 효모의 입장에서 더욱 가혹한 상황으로 내몰리는 일입니다. 왜냐하면 포도당과 과당은 자당보다 삼투압이 약 두 배 더 높기 때문입니다. 가뜩이나 반죽에 설탕이 많이 들어가면 자당이 많아 삼투압이 높은 상태가 되는데, 자당이 분해되면 될수록 삼투압이 더 높아져 버리는 것입니다. 그 결과, 효모가 세포 내 수분을 빼앗기고 수축해서 알코올 발효의 작용이 약해집니다.

그래서 고당용 이스트는 자당의 분해를 억제할 수 있도록 인베르타아제 활성이 낮은 효모를 선택합니다.

삼투압 스트레스에 대한 내구성이 강한 효모

설탕이 많이 들어가는 반죽은 이스트보다 삼투압이 높아 이스트가 수분을 빼앗기고 수축하는 바람에 활발히 활동할 수 없습니다. 그런데 효모에는 스스로 지키는 기능이 있습니다. 삼투압이 높아지면 흡수한 당류를 알코올 발효에 쓰려고 분해할 때 그 일부를 글리세롤이라는 당 알코올로 바꿔 저장해 세포 내 당의 농도를 높이고 세포 외 당과의 농도 차이를 줄여서, 수축한 세포를 원래 크기로 되돌리는 것입니다.

고당용 이스트는 이렇게 삼투압에 대한 반응이 빠른 효모를 선택해 만들기 때문에 삼투압에 대한 내구성이 저당용보다 강합니다.

저당용

당이 아예 들어가지 않거나 적게 들어가는 반죽에 쓰는 것을 전제로 만들어진 제품입니다. 그래서 이 타입의 이스트를 설탕이 많이 들어가는 반죽에 쓰면 효모가 세포 내 수분을 빼앗기고 수축해 발효력이 떨어집니다.

저당 반죽에서 이스트는 설탕을 재료로 하지 않고 알코올 발효해야만 합니다. 그래서 저당용 이스트는 밀가루의 전분(손상전분)을 효율적으로 분해해 발효에 이용할 수 있는, 다음과 같은 효모를 골라 만들어집니다.

밀가루 전분 분해에 적합한, 효소 활성이 높은 효모

설탕을 아예 배합하지 않거나 조금만 배합한 빵은 주로 밀가루에 포함된 전분(손상전분)을 분해해 알코올 발효에 필요한 당류를 얻습니다.

밀가루에 물을 넣으면 우선 밀가루에 들어 있는 아밀라아제라는 효소가 밀가루의 손상전분을 맥아당으로 분해합니다. 여기까지는 알코올 발효에 사용할 당류로 쓰기에는 분자가 크기 때문에 효모의 세포막 위에서 맥아당 투과 효소에 의해 맥아당을 균안으로 흡수하고, 안에서 말타아제에 의해 포도당으로 분해됩니다.(→**Q65**).

저당용 인스턴트 드라이이스트는 이 분해가 원활하게 이루어지도록 고당용보다 맥아당 투과 효소와 말타아제의 활성이 높은 효소를 사용합니다.

인베르타아제의 효소 활성이 아주 높은 효모

설탕과 밀가루의 전분(손상전분)을 비교하면 설탕은 비교적 빨리 포도당과 과당으로 분해되어 알코올 발효에 쓰이는 반면, 손상전분은 포도당이 되려면 시간이 좀 걸립니다. 그래서 저당용은 장시간 발효에 적합합니다. 다만 조금이라도 더 일찍부터 발효가 원활하게 진행될 수 있도록 저당용 이스트는 고당용 이스트보다 인베르타아제의 효소 활성이 높은 효모를 씁니다. 반죽 속의 프락토올리고당 등도 분해해서 발효에 쓰이게 하고 있습니다.

인스턴트 드라이이스트. 드라이이스트보다 입자가 더 작은 과립형

모두 인스턴트 드라이이스트. 왼쪽부터 저당용(비타민C 첨가), 저당용(비타민C 무첨가), 고당용(비타민C 첨가)

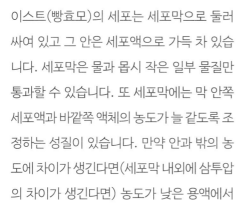

더 자세하게!~ 삼투압과 세포 수축

이스트(빵효모)의 세포는 세포막으로 둘러싸여 있고 그 안은 세포액으로 가득 차 있습니다. 세포막은 물과 몹시 작은 일부 물질만 통과할 수 있습니다. 또 세포막에는 막 안쪽 세포액과 바깥쪽 액체의 농도가 늘 같도록 조정하는 성질이 있습니다. 만약 안과 밖의 농도에 차이가 생긴다면(세포막 내외에 삼투압의 차이가 생긴다면) 농도가 낮은 용액에서 농도가 높은 용액 쪽으로 세포막을 통해 물을 보내 안과 밖을 같은 농도로 맞춥니다.

빵 반죽 속의 설탕은 물에 녹아 있습니다. 반죽에 설탕이 많다는 것은 효모의 세포 입장에서는 세포막의 바깥쪽 액체 농도가 높다는 뜻이므로 세포 안에서 밖으로 물이 빠져나갑니다. 즉 세포는 수분을 빼앗기고 수축해 버리는 것입니다.

새로운 타입의 드라이이스트가 있다고 들었는데 무엇인가요?
=세미 드라이이스트의 특징

세미 드라이이스트라는 제품입니다. 생이스트와 드라이이스트의 특징을 모두 가지고 있습니다.

세미 드라이이스트는 생이스트와 드라이이스트의 중간 수분량(약 25%)인 과립형 건조 효모입니다. 인스턴트 드라이이스트처럼 가루에 직접 섞어 사용합니다. 생이스트와 마찬가지로 비타민 C가 첨가되어 있지 않아서, 반죽이 지나치게 수축할 걱정은 없습니다(→**Q78**).

수분량은 드라이이스트보다 많으며 냉동 보관합니다. 냉동 내성이 강한 효모를 써서 드라이이스트와 인스턴트 드라이이스트에 비해 건조에 따른 타격이 적은 만큼 효모가 좋은 상태를 유지할 수 있습니다. 예비 발효나 해동할 필요가 없고 냉동 내성이 높아 냉동 빵 반죽에도 적합합니다. 또 인스턴트 드라이이스트와 달리 냉수(15℃ 이하)에도 내성이 뛰어납니다.

유통기한은 냉동 보관 및 미개봉일 때 2년 정도입니다. 개봉 후에는 밀봉해서 냉동 보관합니다. 세미 드라이이스트에도 저당용과 고당용이 있습니다.

세미 드라이이스트. 인스턴트 드라이이스트와
똑같은 과립형

저당용(왼쪽)과 고당용(오른쪽) 세미 드라
이이스트

천연 효모빵은 발효 시간이 긴데 왜 그런가요?
=자가제 효모종의 특징

빵 반죽 속 효모의 수가 적기 때문에 발효에 시간이 걸립니다.

「천연 효모」라는 단어를 흔히 들을 수 있는데, 엄밀히 따지자면 효모는 자연계에 존재
하는 생물이므로 당연히 모두 「천연」입니다. 이스트(빵효모) 역시 공업적으로 배양하
지만 똑같이 자연계에 존재하는 천연 효모입니다.

그렇지만 빵의 세계에서 천연 효모라고 하면 보통은 공업제품 이스트가 아니라 자가
제 효모종을 가리키는 것이 일반적입니다(이 책에서는 천연 효모를 「자가제 효모종」이라고
표현하였습니다).

자가제 효모종이란 곡물과 과일 등에 붙어 있는 효모를 배양해 만든 반죽종을 말합니
다(→**Q155**). 시판되는 이스트는 제빵 성능이 우수한 효모를 선택해 공업적으로 순수
배양한 것이므로 그에 비하면 자가제 효모종을 쓰는 제빵은 고대에 빵을 만들던 방식
에 가깝다고 할 수 있습니다.

종을 만들 때는 밀 또는 호밀 등의 작물, 포도나 사과 등 과일, 레이즌 등 말린 과일 등
중에서 소재를 골라 물을 넣고 필요하다면 당류도 첨가해 며칠~일주일 정도 배양합
니다. 그 사이에 효모가 증식하니, 여기에 새로 밀가루나 호밀가루를 넣고 반죽한 후
(종 잇기) 발효시켜 자가제 효모종으로 만듭니다.

이 자가제 효모종에 들어 있는 효모는 꼭 한 종류만 있는 것이 아닙니다. 소재에 야생 효
모가 많이 붙어 있을 가능성도 있고, 공기 중에 떠다니던 효모나 종을 만들 때 쓴 가루에

붙어 있던 효모도 섞일 수 있습니다.

게다가 효모 이외에 유산균, 초산균 등의 세균들도 들어가 효모와 함께 증식합니다. 이 세균들은 유기산(유산, 초산 등)을 만들어 효모종에 독특한 향과 산미를 냅니다.

그만큼 자가제 효모종으로 만든 빵은 맛이 복잡하고 개성이 강합니다. 또 어떤 소재를 써서 종을 만드느냐에 따라 맛과 냄새에 변화를 줄 수 있습니다.

다만 직접 효모를 배양하는 만큼 시판 이스트보다 효모 수가 적어 활성이 떨어지기 때문에, 발효에 시간이 걸리는 편입니다.

또 같은 분량으로 만들어도 그때그때 효모 수와 활성이 달라서 발효 상태가 안정적이지 않습니다. 부패균, 병원균이 섞일 위험도 있습니다.(pH가 높아지면 잡균이 자라기 좋은 환경이 되기 때문에 레몬즙 같은 산 성분을 넣어 pH를 낮춰준다.)

따라서 자가제 효모종으로 빵을 만들 때는 이러한 점을 충분히 고려해, 효모와 잘 어우러지게 해야 합니다.

참고 ⇒ Q157

 자가제 효모종의 발효력을 높이는 방법이 있나요?
=자가제 효모종의 발효력

 시판 이스트와 병용하면 발효력이 늘어나 발효 시간을 단축할 수 있습니다.

판매되는 이스트(빵효모)와 비교하면 자가제 효모종의 발효력은 대부분 약하다고 볼 수 있습니다. 이는 효모종의 효모 수가 적어서입니다. 판매되는 생이스트 1g 속에는 100억 개 이상의 살아 있는 효모가 있는 반면, 자가제 효모종에는 많아 봐야 수천만 개 정도만 있다고 합니다. 그래서 시판 이스트보다 발효하는 데 시간이 오래 걸립니다.

자가제 효모종의 발효력을 보완하려면 시판 이스트를 함께 사용하면 됩니다. 적정량을 쓴다면 자가제 효모종으로 만드는 빵의 특징과 시판 이스트의 발효력을 모두 살릴 수 있습니다.

"자가제 효모종만으로는 빵이 별로 부풀지 않는다, 식감이 더 가벼웠으면 좋겠다, 발효 시간을 단축하고 싶다" 하는 경우에는 시판 이스트와 자가제 효모종을 함께 사용하는 것을 고려해보는게 좋습니다.

끈적끈적한 반죽이 어떻게 해서 폭신폭신한 빵이 되나요?
=빵을 구우면 부풀어 오르는 메커니즘

 알코올 발효로 팽창하고, 구우면서 더 부풀어 올라 형태가 잡힌 다음에 굳기 때문입니다.

제빵 공정 중에 빵이 크게 부풀어 오르는 타이밍은 두 번 있는데 바로 발효할 때와 구울 때입니다. 다만 이 둘은 메커니즘이 다릅니다.

발효할 때의 팽창

발효할 때는 반죽 속에서 이스트(빵효모)가 활발하게 알코올 발효를 해서 탄산가스를 발생시켜 반죽이 전체적으로 부풀어 오릅니다.

알코올 발효로 빵을 부풀리려면 발효가 활발해지게 촉진하는 것도 중요하지만 그 전 단계인 믹싱 공정에서 반죽을 잘 치대서 글루텐(→Q34)을 충분히 만들어내야 합니다. 글루텐은 반죽 속에서 그물 구조로 퍼져 전분을 끌어 들여 잇고, 탄력이 있으면서 잘 늘어나는 막을 형성합니다.

발효 공정에서 탄산가스가 생기면 글루텐 막이 기포를 에워싸는 형태로 반죽 속에 가스를 잡아두는 작용을 합니다. 발효가 진행되어 기포가 커지면 글루텐 막이 안쪽에서 압력을 받아 마치 풍선처럼 팽창하고 그렇게 반죽 전체가 부풀어 오르는 구조입니다.

구울 때의 팽창

구울 때는 주로 온도가 200℃ 이상 오븐에 넣는데, 반죽 내부 온도는 32~35℃ 전후에서 서서히 올라갑니다. 온도가 올라가면 반죽이 느슨해지고, 50℃ 전후일 때 유동성이 나오기 시작하면서 반죽이 더 늘어나 팽창하기 쉬운 상태가 됩니다.

한편 이스트에 의한 탄산가스 발생량은 약 40℃ 때 정점을 찍고 거기서부터 서서히 줄어드는데, 그래도 약 50℃까지는 탄산가스를 활발하게 만듭니다(→Q63).

딱 이 온도대부터 반죽이 잘 늘어나는 상태가 되어서, 크게 부풀어 오릅니다. 이스트는 50℃가 넘으면 가스 발생이 현저히 줄어들고 55℃ 이상이 되면 사멸합니다. 여기까지가 이스트에 의한 팽창입니다.

이후부터는 그때까지 이스트가 만들어놓은 탄산가스 및 알코올, 믹싱할 때 등에 섞인 공기의 기포가 고온에 열팽창하여 부피가 커지고 그 영향으로 반죽이 밀려나며 부풀어 오르게 됩니다. 그러다가 75℃ 전후가 되면 단백질인 글루텐이 굳고, 전분은 85℃ 전후에서 호화(a화)해 굳으면서(→**Q36**) 팽창이 거의 멈추게 됩니다.

최종적으로 반죽 내부 온도는 100℃에 조금 못 미치며, 글루텐과 전분이 상호작용해 반죽의 조직을 받쳐줍니다. 반죽 속에서 그물처럼 퍼진 글루텐은 빵의 뼈대가 되고 전분은 폭신한 조직을 만드는 것입니다.

빵이 잘 구워지면 오븐에서 꺼낸 후 온도가 내려가면서 기포의 부피가 작아지더라도 빵은 찌그러지지 않고 부푼 형태를 유지합니다.

참고 ⇒ p.286~288「발효란?」, p.339~344「굽기란?」

인스턴트 드라이이스트를 저당용, 고당용으로 구분해 사용할 때 설탕 분량의 기준을 알려 주세요.
=인스턴트 드라이이스트의 사용 구분법 ②

밀가루에 대한 설탕 비율은 저당용의 경우 0~10% 정도, 고당용은 그 이상을 기준으로 구분해서 쓰면 됩니다.

제조사와 제품에 따라서도 다르지만, 저당용 인스턴트 드라이이스트는 반죽 속 설탕 배합량이 밀가루의 0~10% 정도일 때 사용합니다. 설탕 배합량이 그보다 많으면 고당용 인스턴트 드라이이스트를 써야만 반죽이 충분히 부풀어 오를 수 있습니다.

고당용은 밀가루에 대한 설탕 배합량이 약 5% 이상일 때부터 사용 가능한데, 그보다 낮은 빵은 발효가 잘되지 않을 수도 있으니 쓰지 않는 편이 좋습니다.

단과자빵 등 설탕이 밀가루에 대해 20% 넘게 들어가는 반죽에는 고당용을 씁니다. 다만 고당용이라도 설탕의 양이 지나치게 많거나 설탕에 비해 이스트(빵효모) 사용량이 부족하면 충분한 발효력을 기대하기 어려울 수도 있으므로, 사용하는 이스트에 어떤 성질이 있는지 잘 알고 있어야 합니다.

그러면 이번에는 설탕 배합량에 따라 인스턴트 드라이이스트 저당용과 고당용의 발효력에 얼마나 차이가 나는지 알아보겠습니다.(→다음 페이지 표 참조).

저당용 인스턴트 드라이이스트를 쓰고 설탕 배합량을 0%, 5%, 10%, 15%로 해서 비교한 실험에서는 설탕 5%인 **b**가 가장 많이 팽창했고 이어서 **b**보다는 약간 뒤처지지만 0%인 **a** 역시 거의 비슷한 수준으로 팽창했습니다. 10%인 **c**와 15%인 **d**는 큰 차이는 없지만 팽창량이 **a**와 **b**에 비해 상당히 감소했음을 알 수 있습니다.

이번에 쓴 저당용 인스턴트 드라이이스트의 발효력은 설탕 배합량 5% 정도까지는 발효력이 양호한 것으로 보입니다. 그 이상은 설탕 첨가량이 늘어날수록 발효력이 떨어지는 것을 확인할 수 있습니다.

이어서 고당용 인스턴트 드라이이스트를 쓰고 저당용과 같은 설탕 배합량으로 비교한 결과를 살펴보겠습니다. 저당용과 똑같이 설탕 5%인 **b**가 가장 많이 팽창했고 **c**, **d** 순으로 팽창량이 서서히 감소하고 있습니다. 0%인 **a**도 팽창하긴 했지만 설탕을 넣은 **b~c**에 비하면 팽창량이 많이 떨어지는 것을 알 수 있습니다.

또 지금 쓴 고당용 인스턴트 드라이이스트의 발효력은 설탕 배합량이 5% 부근에서 정점을 찍고 그 이상에서는 배합량이 늘어날수록 발효력이 서서히 약해지는 것도 확인됩니다.

마지막으로 저당용과 고당용의 결과를 비교해봅시다. 설탕을 배합하지 않은 **a**일 때만 저당용의 발효력이 고당용을 앞서고 설탕 배합량이 늘어날수록 고당용 쪽의 발효력이 뛰어난 모습입니다. 하지만 고당용도 설탕의 양이 지나치게 많으면 발효력이 떨어지는 것을 확인할 수 있습니다.

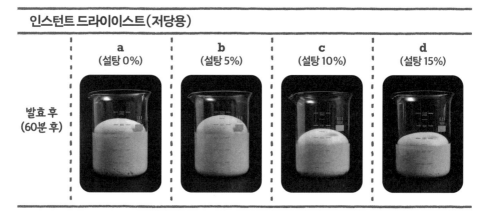

인스턴트 드라이이스트(저당용)

	a (설탕 0%)	**b** (설탕 5%)	**c** (설탕 10%)	**d** (설탕 15%)
발효 후 (60분 후)				

※기본 배합(→**p.365**) 중에서 생이스트(일반 타입)를 인스턴트 드라이이스트(저당용)로 바꾸고 배합량을 1%로 한 다음, 설탕(그래뉴당) 배합량을 0%, 5%, 10%, 15%로 해서 만든 것을 비교

인스턴트 드라이이스트(고당용)

	a (설탕 0%)	b (설탕 5%)	c (설탕 10%)	d (설탕 15%)
발효 후 (60분 후)				

※기본 배합(→**p.365**) 중에서 생이스트(일반 타입)를 인스턴트 드라이이스트(고당용)로 바꾸고 배합량을 1%로 한 다음, 설탕(그래 뉴당) 배합량을 0%, 5%, 10%, 15%로 해서 만든 것을 비교

참고 ⇒ **p.376~377** 「테스트 베이킹 7 이스트의 내당성」

Q 77

생이스트를 드라이이스트나 인스턴트 드라이이스트 등으로 바꿀 때 분량도 바꿔야 하나요?
= 이스트의 종류에 따른 배합량의 차이

A

드라이이스트는 5할, 인스턴트 드라이이스트와 세미 드라이이스트는 4할이면 생이스트와 거의 같은 발효력을 가집니다.

레시피에 나와 있는 것과 다른 이스트(빵효모)로 빵을 만들고 싶을 때는 제조사와 제품에 따라 다소 달라지기는 하지만 다음 페이지 표의 비율(중량)로 바꿔서 만들면 거의 비슷한 발효력을 얻을 수 있습니다.

하지만 제품에 따라서는 반죽을 조이는 힘이 강한 것, 잘 느슨해지는 것, 잘 마르는 것, 촉촉해지기 쉬운 것 등 반죽에 다양한 영향을 줄 수 있기 때문에 완전히 똑같게 되지는 않습니다.

또 다음 페이지에 나오는 표의 비율로 바꿔서 빵을 만들 때는 당 배합량에 따라 적합한 이스트 종류가 다릅니다.

설탕 배합이 적은 빵에 적절한 이스트는 생이스트, 드라이이스트 저당용, 인스턴트 드라이이스트 저당용, 세미 드라이이스트 저당용이고, 설탕이 많이 들어가는 빵에는 생이스트, 인스턴트 드라이이스트 고당용, 세미 드라이이스트 고당용이 적합합니다. 참

고로 드라이이스트에도 고당용이 있는데, 일반적으로 시중에서 구하기 어렵습니다.

참고 ⇒ **p.372~373** 「테스트 베이킹 5 생이스트의 배합량」

참고 ⇒ **p.374~375** 「테스트 베이킹 6 인스턴트 드라이이스트의 배합량」

생이스트의 배합량을 10으로 했을 때 다른 이스트의 비율

생이스트	드라이이스트	인스턴트 드라이이스트	세미 드라이이스트
10	5	4	4

생이스트와 저당용 인스턴트 드라이이스트의 발효력 비교

반죽 부피 1050㎖   반죽 부피 1000㎖

※기본 배합(→**p.365**) 중에서 이스트의 종류와 배합량을 생이스트 5%, 저당용 인스턴트 드라이이스트 2%로 해서 만든 것을 비교

위 비율에 맞춰서 생이스트를 5% 배합한 반죽(왼쪽)과 저당용 인스턴트 드라이이스트를 2% 배합한 반죽(오른쪽). 발효력에 별로 차이가 없다는 사실을 알수 있다.

인스턴트 드라이이스트에 들어 있는 비타민 C는 어떤 작용을 하나요?
=글루텐을 강화하는 비타민 C

글루텐의 그물 구조를 촘촘하고 강하게 만들어서, 반죽이 잘 부풀어 오르게 합니다.

인스턴트 드라이이스트 제품은 대부분 글루텐을 강화하는 목적으로 비타민 C(L-아스코르빈산)가 첨가되어 있습니다. 우선 글루텐이 어떻게 생성되고, L-아스코르빈산이 거기서 어떤 작용을 하는지부터 알아봅시다.

글루텐은 반죽 믹싱 과정에서 단백질인 아미노산 사이에 다양한 결합이 일어나면서 복잡한 그물 구조를 형성합니다. 그중에서도 S-S 결합(시스틴 결합)이 늘어나면 글루텐의 그물 구조가 더 촘촘해지기 때문에 글루텐을 강화하는데 있어 중요합니다.

S-S 결합에는 단백질의 글리아딘에서 만들어지는 L-시스테인이라는 아미노산이 연관되어 있습니다. L-시스테인은 분자 속에 SH라는 부분이 있는데, 이 SH기가 글루텐의 다른 SS기와 접촉하면 SH기의 한쪽 S와 새롭게 SS기를 형성하고 이것이 가교가 됩니다. 글루텐 구조의 일부끼리 만나 가교를 이룸으로써, 처음에는 평면 연결 구조였던 것이 나선 형태로 바뀌고 거기서 또 가교가 생기면서 점점 삼차원 구조로 복잡해집니다(→**p.73**「더 자세히! 글루텐의 구조」).

거기에 L-아스코르빈산이 더해지면 L-아스코르빈산은 밀가루 속 L-아스코르빈산 옥시다아제에 의해 디히드로아스코르브산으로 변해서 산화제로 작용합니다(→**p.201**「**빵 반죽의 물성을 조정해 품질을 개량하다**」). 그래서 S-S 결합을 촉진하는 역할을 합니다. 이렇게 글루텐이 강화되면 반죽에 탄력이 생겨 잘 부풀어 오를 뿐만 아니라 크럼의 상태, 외관 모두 훌륭한 빵이 탄생합니다.

다만 글루텐의 연결이 지나치게 강하면 반죽이 수축할 수도 있으니 주의해야 합니다.

한편 비타민 C(L-아스코르빈산)는 이스트 푸드(제빵 개량제)의 산화제로 쓰이기도 합니다.

참고 ⇒ **p.374~375**「**테스트 베이킹 6 인스턴트 드라이이스트의 배합량**」

소금

 달콤한 빵에도 소금을 배합하는 이유는 무엇인가요?
Q 79 =빵에 맛을 낼 때 소금의 역할

 소금을 소량만 넣어도 전체적으로 밸런스가 좋아집니다.

빵에 짠맛을 가미해 전체적인 빵 맛을 조화롭게 만들기 위해서입니다. 설탕과 유지가 배합되어 달고 리치한 빵도 짠맛이 들어가면 설탕의 단맛과 유지의 깊이를 살려 전체적으로 맛의 조화를 이룰 수 있습니다.

짠맛은 빵의 기본이 되는 맛으로, 평소에 빵에서 짠맛이 별로 느껴지지 않더라도 식사용 빵은 대체로 짠맛이 베이스에 적당히 깔려 있습니다.

게다가 소금은 빵 반죽의 성질에 큰 영향을 미치므로 절대 빼놓을 수 없는 재료입니다. 계속해서 더 자세히 알아보겠습니다.

 소금을 넣지 않고 빵을 만들면 어떻게 되나요?
Q 80 = 빵에 볼륨을 낼 때 소금의 역할

 이스트가 활발하게 작용해 탄산가스를 많이 만드는 반면, 반죽은 늘어지기 쉬워서 빵에 볼륨이 별로 나오지 않습니다.

빵의 기본 재료는 밀가루, 이스트(빵효모), 소금, 물로 보통은 소금을 넣고 굽습니다.

그런데 염분 섭취를 피하기 위해 소금없이 빵을 만들고 싶다는 이야기를 들을 때가 있는데 이것이 과연 가능할까요?

소금과 반죽의 관계를 확인하기 위해 소금의 배합량을 0%로 한 반죽과 기본 배합량인 2%로 한 반죽을 각각 비커에 담고 60분동안 발효시킨 다음에 얼마나 팽창했는지 그리고 둥글게 성형해서 구운 빵은 얼마나 부풀었는지 비교해 보았습니다(**p.124** 사진 참고).

소금 0%인 반죽은 무척 무르고 끈적해서 믹서의 후크에 잘 달라붙기 때문에 믹싱을 오래 하지 못하고 반죽이 처진 상태가 되었습니다. 절대 좋은 상태라고 말할 수 없지만 그대로 비커에 담아 발효시키자 탄산가스가 많이 생기며 잘 부풀어 올랐습니다.

하지만 둥글게 성형하니 반죽이 처지고 옆으로 퍼졌으며, 굽고 난 후에는 볼륨이 나오지 않았습니다. 또 형태가 찌그러지고 크러스트는 울퉁불퉁하며 구움색이 연하고 크럼의 결이 꽉 막힌 상태가 되었습니다.

이를 통해, 발효할 때 반죽에 소금을 넣지 않는 쪽이 알코올 발효는 더 활발하게 일어난다는 사실을 알 수 있습니다. 하지만 탄산가스가 많이 생기는데도 불구하고 반죽이 늘어지며 볼륨 없는 빵이 나왔습니다.

소금을 넣으면 빵 반죽에는 대략 두 가지 현상이 일어납니다. 하나는 알코올 발효가 억제되어 탄산가스 발생량이 적어지는 현상(→**Q81**)이고, 다른 하나는 소금에 의해 글루텐 생성량이 많아져서 글루텐의 점성과 탄력이 커지는 현상입니다(→**Q82**).

소금 0%로 만든 반죽은 글루텐이 적어 탄력이 약해서, 대량으로 발생한 탄산가스에 의한 팽창이 억제되지 않고 비커 안에서 잘 부풀어 올랐던 것으로 보입니다. 이처럼 비커 안 실험에서는 반죽이 부푼 상태로 비커에 달라붙어 있어 반죽이 꺼지지 않고 소금이 알코올 발효에 미치는 영향만 눈에 들어왔습니다. 하지만 성형하면 반죽이 처져서 탄산가스를 잡아둔 채 팽창할 수도, 형태를 유지할 수도 없게 되어서 결과적으로 완성된 빵에 볼륨이 별로 없는 것입니다.

참고 ⇒ **P.382~383** 「테스트 베이킹 10 소금의 배합량」

소금 배합량의 차이에 따른 비교

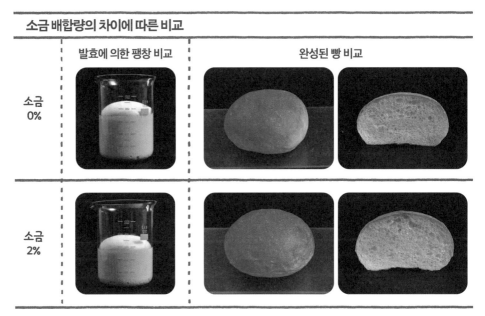

발효에 의한 팽창 비교	완성된 빵 비교
소금 0%	
소금 2%	

※기본 배합(**p.365**) 중에서 소금의 배합량을 0%, 2%로 해서 만든 것을 비교

빵에 배합하는 소금은 이스트에 어떤 영향을 미치나요?
=소금이 이스트에 미치는 영향

이스트의 알코올 발효를 억제해서 결과적으로 발효 속도를 조절합니다.

빵에 배합하는 소금의 양을 늘리면 늘릴수록 이스트(빵효모)의 알코올 발효가 억제되어 탄산가스의 발생량이 줄어듭니다. 따라서 소금을 넣으면 빵이 잘 부풀지 않을 것 같지만, 실제로는 소금을 적정량 넣어야 완성품의 볼륨이 커집니다(→**p.382~383** 「테스트 베이킹 10 소금의 배합량」).

발효할 때 탄산가스가 단시간에 갑자기 발생하면 반죽이 무리하게 압력을 받으면서 팽창하게 됩니다. 반면 발효 시간을 길게 해서 탄산가스를 서서히 발생시키면 글루텐 조직이 연화하면서 반죽이 잘 늘어나는 상태가 됩니다. 그래서 가스를 받아들이기에 좋은 상태가 되는 것입니다.

발효 온도를 이스트가 탄산가스를 가장 많이 발생시키는 최적의 온도(→**Q64**)보다도 일부러 살짝 낮게 설정하고, 서서히 알코올 발효를 진행해 반죽을 천천히 부풀리면 결과적으로 반죽이 더 크게 팽창하게 되는데, 소금을 적정량 넣은 반죽도 이것과 같은 현상이 일어납니다.

한편 발효의 목적이 반죽을 부풀리는 것만은 아닙니다. 탄산가스 발생과 함께 이스트가 알코올을 발생시키고 유산균이 유산을, 초산균이 초산을 만드는 등 기타 효소가 다양한 물질을 만들어냅니다. 시간이 지나면서 이러한 성분이 반죽에 축적되어, 빵에 독특한 향과 풍미가 나오게 하고 맛에 깊이가 생기는 것입니다(→**p.287~288**「발효 ~반죽 속에서는 무슨 일이 일어날까?~」).

이처럼 빵의 발효는 어느 정도 시간을 들여야 할 필요가 있습니다. 반죽에 소금을 넣어 이스트의 알코올 발효를 억제시킨다면 결과적으로 발효 속도를 적절하게 조절할 수 있어서 빵에 더 좋은 작용을 하게됩니다..

 빵 반죽에 소금을 넣고 치대면 탄력이 생기는데 , 소금은 글루텐에 어떤 영향을 주는 건가요 ?
=소금이 글루텐에 미치는 영향

 소금이 글루텐 구조를 조밀하게 만들고 그 때문에 반죽의 점성과 탄력이 강해집니다 .

글루텐은 밀가루에 있는 글리아딘, 글루테닌이라는 두 종류의 단백질로 이루어져 있습니다. 밀가루에 물을 넣고 잘 치대면 이 단백질들이 글루텐으로 변합니다. 글루텐은 섬유가 그물에 휘감겨 있는 듯한 구조인데, 반죽을 잘 치댈수록 그물 구조가 조밀해지고 점성과 탄력(점탄성)이 강해집니다(→**Q34**).

밀가루에 물을 넣고 반죽할 때 소금도 넣으면 소금의 염화나트륨 때문에 글루텐의 그물 조직이 더 조밀해져서 반죽이 단단해집니다. 이런 반죽은 잡아 늘릴 때 강한 힘이 필요합니다.

일반적인 물질이 가지고 있는 성질을 생각해보면 잡아당길 때 힘이 많이 들어가는 반죽은(신장 저항력이 크다) 쉽게 끊기고 잘 늘어나지 않는(신장성이 떨어지는) 경향이 있습니다. 하지만 반죽할 때 소금을 넣으면 글루텐의 신장성(길게 늘어나는 성질)과 신장 저항력이 모두 높아집니다. 다시 말해 소금을 첨가하면 빵 반죽이 잘 늘어나서 강한 힘을 가해도 쉽게 끊어지지 않는 탄력과 굳기를 동시에 얻을 수 있습니다. 이러한 성질은 이스트(빵효모)가 발생시킨 탄산가스를 유지하면서 반죽을 부풀리는 데 필요합니다.

빵 반죽 속에서 소금은 그밖에 어떤 작용을 하나요?
=소금의 잡균 번식 억제

 잡균 번식을 억제해줍니다.

특히 장시간 발효할 때 빵의 발효에 유용하지 않은 균이 번식하면 맛과 냄새가 변질됩니다. 소금은 이러한 잡균 번식을 억제하는 역할도 합니다.

이렇게 중요한 작용을 하고 있으니, 소금의 양을 줄이고 싶다면 소금이 하는 역할을 충분히 이해한 후에 조절하는 것이 좋습니다.

 소금은 빵의 구움색에 영향을 미치나요?
=소금의 알코올 발효 억제가 미치는 영향

 소금이 알코올 발효를 억제해서 반죽에 당이 남기 때문에, 구움색이 진해집니다.

빵의 재료 중 소금의 배합량을 0%, 2%, 4%로 한 반죽을 써서, 동일한 조건으로 발효, 굽기를 해보았더니 소금의 양이 늘어날수록 구움색이 조금씩 진해지는 것을 알 수 있었습니다(→다음 페이지 사진 참조).

빵에 구움색이 생기는 주요 원인은 주재료인 밀가루와 부재료인 설탕, 달걀, 유제품 등에 들어 있는 「단백질, 아미노산」과 「환원당(포도당, 과당 등)」이 160℃ 이상의 고온에서 같이 가열됨에 따라 아미노카르보닐(메일라드) 반응(→**Q98**)이 일어나서 구움색의 원인인 멜라노이딘 색소가 생기기 때문입니다.

그런데 소금이 어떤 식으로 영향을 미쳐서 이런 반응을 촉진할까요?

이스트(빵효모)는 포도당과 과당을 알코올 발효시킴으로써 탄산가스와 알코올을 만들어냅니다.

소금의 배합량이 늘면 알코올 발효가 억제되므로, 그만큼 구울 때 반죽 속에 포도당과 과당(환원당)이 많이 남게 됩니다. 그리고 그 여분의 포도당과 과당으로 인해 아미노카르보닐 반응이 촉진되어 구움색이 진하게 나오는 것입니다.

참고 ⇒ p.382~383 「테스트 베이킹 10 소금의 배합량」

소금의 배합량을 다르게 한 빵의 구움색 비교

소금 0%	소금 2%	소금 4%

※기본 배합(**p.365**) 중에서 소금의 배합량을 0%, 2%, 4%로 해서 만든 것을 비교

소금은 어느 정도로 배합하는 것이 좋나요?
=적절한 소금 배합량

소금 배합량은 1~2%가 일반적입니다.

빵을 부풀리려면 우선 이스트(빵효모)로 탄산가스를 발생시켜야 합니다. 이어서 반죽이 그 탄산가스를 포집해 잘 늘어나면서도, 부푼 반죽을 지탱하는 강도와 굳기를 동시에 갖추는 것 역시 중요합니다.

Q80(또는 **p.382~383** 「테스트 베이킹 10 소금의 배합량」)의 실험에서는 소금의 배합량이 0%일 때 탄산가스가 많이 발생했습니다. 그런데 이 반죽을 둥글게 성형하려고 하니 반죽이 늘어져 원하는 대로 모양을 잡을 수 없었고, 완성품의 볼륨도 작았습니다. 비커 안에서 소금 0% 반죽의 발효를 할 때는 반죽이 비커에 달라붙은 바람에 반죽이 꺼지지 않고 가스가 발생한 만큼 팽창을 유지했을 뿐입니다.

이는 탄산가스가 단순히 많이 발생하는 것만으로는 빵이 부풀지 않는다는 사실을 의미합니다. 소금의 배합량을 1~2%로 하면 가스의 발생량은 줄어들지만 가스를 포집하는 반죽의 항장력(잡아당기는 힘의 세기)과 신장성(잘 늘어나는 성질)이 커지기 때문에 결과적으로 빵에 볼륨이 생깁니다.

또한 이 정도 배합량이 빵을 먹었을 때 맛의 밸런스도 좋다고 합니다.

Q 짠맛을 살린 빵을 만들고 싶을 때는 소금의 배합량을 얼마나 늘려야 하나요?
86 =제빵에서 염분량의 최대치

 A **2.5% 정도까지입니다. 표면에 소금을 뿌리는 방법도 있습니다.**

일반 빵의 경우 소금의 양은 밀가루의 1~2% 전후를 사용합니다. 다른 재료의 배합량도 고려해야 하지만, 밀가루의 2.5% 정도까지라면 괜찮다고 할 수 있습니다. 물론 짠맛은 개인마다 느끼는 정도에 차이가 있고 사용한 소금의 염화나트륨 함유량도 영향을 미치기 때문에 획일적으로 말할 수는 없습니다(→**Q88**).

소금은 빵에 맛을 입히는 것 이외에도 이스트(빵효모)의 알코올 발효를 적절하게 억제해 발효가 한꺼번에 이루어지지 않도록 조절하고, 반죽에 탄력과 신장성을 줘서 탄산가스를 반죽 속에 가둔 채 팽창하게 합니다. 소금 배합량이 밀가루 중량의 1~2%가 좋다고 말하는 이유는 소금으로 얻을 수 있는 이러한 효과의 밸런스가 좋기 때문입니다.

3% 넘게 배합하면 먹을 수야 있지만 반죽이 지나치게 수축하고 발효에 지장을 초래하며, 오븐 속에서 팽창을 많이 하지 않아 완성품의 볼륨이 떨어집니다.

한편 빵에 짠맛을 강하게 내고 싶다면 빵의 표면에 소금을 직접 뿌려서 굽거나 완성된 빵에 소금을 뿌리는 방법도 있습니다(라우겐 브레드, 소금빵).

참고 ⇒ **p.382~383** 「테스트 베이킹 10 소금의 배합량」

 Q 제빵에 적합한 소금을 알려 주세요.
87 =소금의 종류

 A **간수 등 미네랄이 많은 것보다는 염화나트륨 함유량이 많은 식염이 적합합니다.**

지금까지 이야기한 제빵에서 소금의 역할은 주성분인 염화나트륨($NaCl$)의 작용에 의한 것으로, 빵을 만들 때는 보통 염화나트륨 함유량이 95%가 넘는 소금을 사용합니다. 촉촉한 소금보다는 입자가 작고 보슬보슬 습기가 없는 소금이 계량하기도 편하고 믹싱할 때도 반죽 전체에 잘 분산되어 좋습니다. 물에 녹여 사용할 거라면 입자가 커도 상관없습니다.

간수가 많은 소금을 제빵에 써도 영향이 없나요?
=제빵에서 소금의 순도

간수가 많으면 글루텐의 점성과 탄력이 약해져서 빵에 불륨이 작아집니다.

소금은 제품마다 맛이 다르고, 사람에 따라 취향도 천차만별입니다. 간수가 많은 소금은 맛이 무난해서 요리할 때 많이 사용되지만, 빵을 만들 때는 맛만 기준으로 삼아 선택할 수는 없습니다. 소금이 반죽의 부풀기에 미치는 영향도 고려해야만 합니다.

그래서 시판되는 일반 소금(염화나트륨 99.0%)과 간수 성분이 많은 소금(염화나트륨 71.6%)이라는 두 종류의 소금을 사용해 각각 반죽을 만들어 비커에 넣고 60분간 발효해서 얼마나 부풀었는지, 그리고 둥글게 성형한 후 구운 빵의 부풀기는 어떤지 비교해보았습니다(→다음 페이지 사진 참조).

믹싱이 끝난 반죽은 간수가 많은 소금을 쓴 쪽이 더 부드러웠습니다. **Q82**에서 다루었듯, 소금의 염화나트륨이 글루텐의 점탄성(점성과 탄력)을 높이고, 반죽의 항장력(잡아당기는 힘의 세기)과 신장성(잘 늘어나는 성질)을 높이는 역할을 하기 때문에 염화나트륨의 비율이 낮고 간수가 많은 소금을 넣은 반죽이 더 부드러워지는 것입니다.

비커 안에서 발효시키자 간수 성분이 많은 소금을 쓴 반죽은 일반 소금을 쓴 반죽보다 더 많이 부풀었지만, 둥글게 성형해서 구웠더니 볼륨이 작아졌습니다.

Q80 실험의 소금 0% 반죽에서 일어난 현상이 간수가 많은 소금을 쓴 빵에도 똑같이 일어난 것입니다. 즉, 간수가 많은 소금을 일반 소금과 같은 분량으로 사용하면 염화나트륨이 적은 만큼 글루텐의 항장력과 신장성이 약해져서 부푼 반죽을 받쳐줄 힘이 부족하기 때문에 구웠을 때 볼륨이 작아집니다.

그러니 소금을 쓸 때는 염화나트륨 함유량이 극단적으로 적은(간수가 많은) 것은 피하고, 간수가 많은 소금을 쓸 때는 분량을 늘려서 반죽의 상태를 최고로 유지해야 합니다.

참고 ⇒ **p.384~385** 「테스트 베이킹 11 소금의 염화나트륨 함유량」

염화나트륨 함량에 따른 반죽 팽창의 차이

	60분 후	구운 후	단면
소금 A (염화나트륨 함유량 71.6%)			
소금 B (염화나트륨 함유량 99.0%)			

※기본 배합(p.365) 중에서 염화나트륨의 양이 71.6%, 99.0%인 소금으로 만든 것을 비교

간수가 무엇인가요?

바닷물에서 염화나트륨을 추출하고 남은 것이 간수인데, 두부를 만들 때 쓰는 응고제로 잘 알려져 있습니다.

간수는 마그네슘을 주성분으로 하고 그 밖에 칼륨과 칼슘 등이 들어 있습니다. 소금에 있어 간수는 불순물에 해당하고, 염화나트륨 함유량이 많은 소금일수록 정제를 많이 거쳤다고 할 수 있습니다.

시중에서 판매되는 소금에는 염화나트륨이 99% 이상인 소금도 있는가 하면 염화나트륨 함유량이 그보다 적고 간수 성분을 많이 남긴 소금도 있습니다.

간수는 쌉쌀한 맛이 나는데도 굳이 간수 성분을 남긴 소금을 만드는 이유는 염화나트륨만 맛봤을 때보다 짠맛이 완화되고 감칠맛이 더 늘어난 것처럼 느껴지기 때문입니다.

간수 성분은 수분과 함께 소금 결정 주위에 붙어 있는데, 혀에서 맛을 느끼는 센서인 '미뢰'가 제일 먼저 간수의 쌉쌀한 맛을 감지한 다음에 염화나트륨의 짠맛을 느껴, 짠맛이 완화된다고 합니다.

물

- - -

제빵에서 물은 어떤 작용을 하나요?
=제빵에서 물의 역할

반죽에 재료를 녹아들게 하는 것 이외에도 이스트를 활성화하고 밀가루의 단백질과 전분을 변화시킵니다.

빵을 만드는 재료 중 밀가루 다음으로 배합량이 많은 것은 물인데, 밀가루의 약 60~80%에 해당하는 양을 넣습니다. 빵을 만들 때 물은 반죽의 되기를 조절하는 중요한 역할을 하는 것 이외에, 눈에 보이지 않는 부분에서 여러가지 작용을 합니다.

재료 녹이기

물이 가장 먼저 하는 일입니다. 소금, 설탕, 탈지분유, 밀가루의 수용성 성분 등을 녹여서 반죽에 균일하게 분산시킵니다.
결정 상태의 설탕, 밀가루의 수용성 성분은 물에 녹으면 이스트(빵효모) 발효의 영양원으로 쓰이게 됩니다.

이스트의 활성화

이스트는 제조 과정에서 탈수하여 활성이 억제된 상태인데 물을 부으면 다시 활성화합니다.

글루텐 생성

믹싱 공정에서 밀가루에 물을 넣고 반죽하면 밀가루에 들어 있는 두 종류의 단백질에서 점성과 탄력을 가진 글루텐이 생기고, 반죽 속에서 그물 구조로 퍼집니다(→**Q34**).
빵 반죽이 부풀게 하려면 이스트가 만든 탄산가스를 안에 감싸면서 반죽이 잘 늘어나게 해야 하는데, 이는 글루텐이 반죽 속에 충분히 형성되어 있어야 가능합니다.

또한 굽기 공정에서 글루텐은 열에 의해 응고되어, 부푼 반죽이 꺼지지 않게 잘 받쳐주는 뼈대 역할을 합니다.

전분의 호화

밀가루의 주성분인 전분은 믹싱 때 단백질처럼 물을 흡수할 수 없습니다. 굽기 공정에서 반죽 온도가 60℃를 넘으면 그제야 처음으로 반죽 속 물을 흡수해 팽창하고 85℃에 도달하면 풀같은 점성이 생깁니다. 이를 호화(α화)라고 합니다(→**Q36**).

거기서 더 구우면 호화한 전분에서 수분이 증발하고 최종적으로 폭신함과 부드러움을 유지하며 부풀어 오른 반죽 전체를 받쳐주는 조직이 됩니다.

반죽의 되기 조절

믹싱 단계에서 물은 각 재료를 이어 반죽으로 뭉쳐주는 역할을 하며 반죽의 굳기도 조절합니다. 반죽의 되기는 늘어나는 정도, 얇게 퍼지는 정도에 영향을 주고 빵 반죽이 탄산가스로 부풀어 오를 때 내부 압력과 반죽 표면의 장력이 균형을 유지하는 데 있어서 무척 중요합니다.

반죽 완료 온도 조절

이스트의 알코올 발효를 원활하게 진행하려면 믹싱이 끝난 시점에서 반죽이 이스트의 활동에 적합한 온도여야 합니다(→**Q192, 193**).

반죽 완료 온도는 반죽에 넣는 물의 온도로 거의 결정됩니다. 그래서 목표로 정한 반죽 완료 온도에 가까워지게 물의 온도를 조절해야 합니다(→**Q172**).

제빵에 쓰는 물은 어느 정도의 경도가 좋나요?
=제빵에 적합한 물의 경도

비교적 경도가 높은 연수가 적합합니다.

물은 경도에 따라 연수와 경수로 나눌 수 있습니다. 경도란 물 1ℓ에 들어 있는 미네랄 중 칼슘과 마그네슘의 양으로 나타내는 지표(㎎/ℓ)인데 이 양이 적으면 연수, 많으면 경수로 구분합니다.

일반적으로 제빵에 쓰는 물은 경도 50~100㎎/ℓ 정도가 적합하다고 하는데, 이 범위 안이라도 경도가 높은 쪽이 좋습니다.

일본의 물은 일부 지역을 제외하면 80% 이상이 경도 60㎎/ℓ 이하의 연수입니다. 최적의 경도보다 약간 낮은 수치이지만 이 정도면 믹싱의 강약과 발효 시간을 조정하면 반죽

물의 경도

경도	
강한 경수	180㎎/ℓ 이상
경수	120~180㎎/ℓ 미만
중간 정도의 연수(아연수)	60~120㎎/ℓ 미만
연수	60㎎/ℓ 미만

WHO(2011) Hardness in drinking-water

을 좋은 상태로 만들 수 있습니다. 서울 25개구 평균 경도는 89.8mg/l - 2021년 아리수품질보고서

그래서 한국과 일본에서 음용수로 기준을 충족한 것(수돗물, 지하수 등)이라면 제빵에 사용해도 특별히 문제 되지 않습니다.

한편 시판되는 생수는 경도가 다양한 만큼 일괄적으로 제빵에 적합하다고 말하기는 힘듭니다.

다음 페이지의 사진은 경도 50㎎/ℓ와 경도 150㎎/ℓ의 물을 써서 만든 빵을 비교한 것입니다. 경도 50㎎/ℓ 쪽은 반죽이 조금 덜 부푼 모습입니다. 경도 150㎎/ℓ 쪽은 반죽 단계 때는 조금 수축해서 단단한 느낌이었지만, 완성되고 보니 불륨이 생겼습니다. 물의 경도가 극단적으로 낮으면 믹싱 때 글루텐이 연화되어 반죽이 끈적하고 탄산가스 포집력이 저하되어 완성된 빵에 불륨이 나오지 않고 묵직한 느낌에 입안에서 겉도

는 빵이 됩니다.

반대로 물의 경도가 지나치게 높으면 믹싱 때 글루텐이 수축되어 잘 늘어나지 않고 딱딱해서 끊어지기 쉬운 반죽이 됩니다. 또 완성품이 퍼석퍼석하고 잘 부서집니다.

시판 생수를 쓸 경우에는 우선 경도부터 확인해야 합니다.

참고 ⇒ **p.380~381** 「테스트 베이킹 9 물의 경도」

물의 경도에 따른 빵의 볼륨 차이

경도 50mg/ℓ

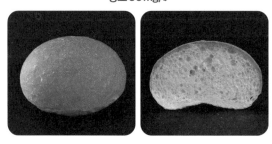

경도 150mg/ℓ

※기본 배합(**p.365**) 중에서 물의 경도를 50mg/ℓ, 150mg/ℓ로 해서 만든 것을 비교

물의 경도란?

물의 경도란 물에 들어 있는 미네랄 속에 칼슘과 마그네슘이 얼마나 포함되어 있는지를 나타내는 지표입니다.

물 1ℓ에 든 칼슘(Ca)과 마그네슘(Mg)의 양을 탄산칼슘($CaCO_3$)의 양으로 환산해서 mg/ℓ(또는 ppm) 단위로 나타내는 방법을 쓰는데, 일반적으로 아래와 같은 계산식으로 산출할 수 있습니다.

다만 나라에 따라 경도 환산 단위가 다르거나 칼슘과 마그네슘을 탄산칼슘 이외의 것으로 환산하는 나라도 있는 등 세계적으로 보면 경도 표기 방식이 다르기도 합니다.

물은 경도에 따라 연수와 경수로 구별하는데, 어떤 수치를 기준으로 삼을 것인가 하는 정의 역시 나라와 기관마다 다릅니다. WHO(세계 보건 기구)에서는 경도 120mg/ℓ 미만을 연수, 120mg/ℓ 이상을 경수로 분류하고 있습니다(→**p.133** 표)

경도 산출 계산식

경도(mg/ℓ)= (칼슘의 양(mg/ℓ)×2.5)+(마그네슘의 양(mg/ℓ)×4.1)

지층에 따른 경도 차이

프랑스와 독일은 일본에 비해 물의 경도가 몹시 높은데, 프랑스의 파리는 250mg/ℓ 이상, 독일의 베를린은 300mg/ℓ 이상이라고 합니다. 일본은 도쿄가 70mg/ℓ 전후, 교토가 40mg/ℓ 전후로 프랑스와 독일보다 많이 낮은 수치입니다.

일본인이 느끼기에 연수는 맛이 무난하고 깔끔한데 유럽의 경수는 묵직하고 쓴맛이 난다고 합니다.

그런데 프랑스, 독일과 일본의 물 경도가 크게 다른 이유는 무엇일까요? 그것은 지질, 국토의 크기와 강의 길이가 관련 있기 때문입니다.

유럽에서 많이 볼 수 있는 지층은 석회질(탄산칼슘이 주성분)로 칼슘이 많고 밀도가 높은 것이 특징입니다. 그러한 지층에서는 빗물과 눈이 녹은 물이 서서히 땅속으로 스며들어 오랜 세월 지층에 머무르고, 미네랄이 녹은 지하수가 됩니다. 그 물이 샘솟아 여러 나라에 걸친 긴 강이 되어 완만한 지형을 계속해서 흘러가는 동안에도 물에 미네랄이 계속 축적되면서 경도가 높은 경수가 됩니다.

반면 일본은 지층의 밀도가 낮아 빗물이 스며들기 쉽고 지층에 머무르는 시간이 짧다는 점이 유럽과 다릅니다. 게다가 강의 길이가 짧고 강폭도 좁아, 경사가 많은 지형에서는 물의 속도가 빨라지기 때문에 지표면의 미네랄이 물에 녹은 지 얼마 되지 않아 수돗물로 이용됩니다. 그래서 경도가 낮은 연수가 되는 것입니다. 일본 안에서 비교했을 때 도쿄가 교토보다 물의 경도가 조금 더 높은데, 그 이유는 강물이 화산암이 쌓여 있는 관동 롬층(loam)을 흐르는 동안 미네랄이 많이 축적되기 때문입니다.

Q 91 알칼리 이온수를 썼더니 평소보다 빵이 부풀지 않았어요. 왜 그런가요?
=제빵에 적합한 물의 pH

A 알칼리성이 강하면 발효가 저해되어 빵이 잘 부풀지 않습니다.

빵을 만들 때는 반죽의 pH에도 유의해야 합니다. 믹싱에서 굽기까지 반죽이 pH 5.0~6.5의 약산성을 유지하면 이스트(빵효모)가 활발하게 작용하고 또 산에 의해 글루텐이 적절하게 연화하여 반죽이 잘 늘어나게 되면서 발효가 성공적으로 이루어지기 때문입니다(→**Q63**).

물은 재료 중에서도 배합량이 많아 빵 반죽의 pH에 크게 영향을 미치므로, 적절한 범위에서 크게 벗어난 pH 수치의 물은 반죽에 쓰지 않는 편이 좋습니다.

반죽이 산성 쪽으로 많이 치우치면 글루텐이 연화해서 반죽이 늘어지며 이스트가 발생시킨 탄산가스를 붙잡을 수 없게 됩니다.

반대로 반죽이 알칼리성 쪽으로 치우치면 이스트와 유산균, 효소 작용이 방해를 받아 발효가 잘되지 않거나, 필요 이상으로 글루텐이 강화되어 반죽이 잘 늘어나지 않아서 빵의 볼륨이 나빠집니다.

알칼리 이온수(음용 알칼리성 전해수)나 산성수를 만들수 있는 정수기 물은 알칼리 이온수가 pH 9.0~10.0 정도의 알칼리성, 산성수가 pH 4.0~6.0 정도의 산성으로 설정되어 있기 때문에 제빵에 적합하지 않습니다.

여기서 고려해야 할 것은 반죽의 pH는 발효가 진행됨에 따라 서서히 산성으로 치우치게 된다는 점입니다. 이는 반죽에 섞인 유산균이 유산 발효를 통해 포도당에서 유산을 만들어 반죽의 pH를 떨어트리기 때문입니다. 초산균도 작용하긴 하지만 이런 pH에서는 생성량이 적기 때문에 유산만큼 반죽의 pH 저하에 영향을 주지는 않습니다. 따라서 믹싱을 시작하는 시점의 반죽은 pH 6.5 정도가 이상적이라고 할 수 있습니다.

일본 수돗물의 pH는 각지마다 차이는 있지만 대체로 pH 7.0 전후이므로 그대로 써도 문제는 없습니다. 우리나라 수돗물의 pH는 5.8~8.5 - 2021년 아리수 품질보고서

참고 ⇒ **p.378~379 「테스트 베이킹 8 물의 pH」**

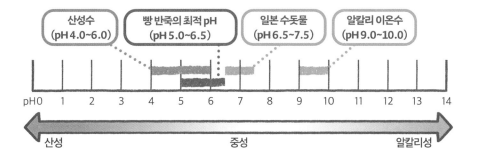

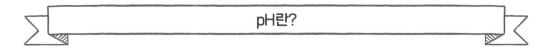

pH란?

pH(피에이치 또는 페하)는 수소 이온 농도 지수라고도 부르는데, 수용액의 성질 중에 산성과 알칼리성의 정도를 나타내는 단위를 가리킵니다.

pH 수치는 0~14까지 있는데, pH 7이 중성이고 그보다 낮으면 산성, 높으면 알칼리성이 됩니다. pH 7에서 수치가 멀어질수록 산성과 알칼리성의 정도가 커지는데 산성 중에서도 pH 7에 가까우면 약산성, pH 0에 가까우면 강산성입니다. 알칼리성도 마찬가지로 pH 7에 가까우면 약알칼리성, pH 14에 가까우면 강알칼리성이 됩니다.

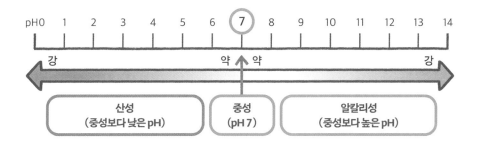

Chapter 4

제빵의 부재료

설탕

 설탕은 언제 어디에서 일본(한국)에 전해지게 되었나요?
=설탕의 전래

 인도에서 처음 생겨난 설탕은 8세기에 중국을 통해 일본에 들어온 것으로 보입니다.

설탕의 영어명 「sugar=슈거」의 어원은 고대 인도의 산스크리트어 「sarkara=사르카라, 사카라」로 사탕수수라는 의미입니다.

기원전 400년경, 인도에서 처음 사탕수수로 설탕을 만들었다고 하여 인도를 설탕의 발상지로 보고 있습니다. 설탕은 인도를 중심으로 동쪽으로는 중국, 서쪽으로는 유럽과 이집트로 전해졌습니다. 15세기에는 콜럼버스가 아메리카 대륙에 설탕을 전파했고, 16세기에는 유럽이 남미와 아프리카에 대규모 사탕수수 농장을 세웠습니다. 일본에는 8세기에 중국을 통해 처음 들어왔는데, 당시에는 약으로 쓰였다고 합니다. 우리나라는 고려 명종(1170-1197) 때 이인로(1152-1220)의 <파한집>에 설탕에 대한 기록이 남아 있습니다.

 설탕은 무엇으로 만드나요?
=설탕의 원료에 따른 분류

 주요 원료는 사탕수수이며 사탕무, 사탕단풍, 사탕야자 등으로도 만들 수 있습니다.

설탕의 주성분은 자당(수크로스)이라고 하는 당류의 일종으로 포도당과 과당이 1분자씩 결합한 것입니다. 설탕의 종류에 따라 정제도가 다르기 때문에 자당의 함유량도 저마다 차이가 있으며 그래뉴당은 99.9% 이상, 상백당은 97.7%를 점하고 있습니다. 또 설탕에는 자당 이외에도 회분과 수분이 소량 포함되어 있습니다.

설탕에는 다양한 종류가 있고 분류법도 여러 가지가 있습니다. 우선 원료의 차이에 따른 분류를 살펴봅시다.

일반적으로 쓰이는 설탕을 원료별로 분류하면 열대와 아열대에서 재배하는 사탕수수로 만드는 감자당(甘蔗糖), 온대의 한랭지에서 재배하는 사탕무(비트)로 만드는 사탕무당(비트당)이 있는데 둘 다 정제하면 똑같이 설탕이 됩니다. 그래뉴당에도 사탕수수를 원료로 하는 것과 사탕무를 원료로 하는 것이 있습니다.

세계적으로 생산되는 설탕은 약 80%가 감자당이고 약 20%가 사탕무당입니다. 그밖에 생산량은 적지만 사탕단풍으로 만드는 단풍당(메이플 슈거), 사탕야자로 만드는 야자당(팜 슈거) 등이 있습니다.

사탕수수는 보통 생산지에서 조당(원료당)이 됩니다. 이는 사탕수수 생산지가 열대, 아열대 지방이어서 설탕이 소비되는 곳(소비지)으로부터 많이 멀기 때문입니다. 수확한 그대로 옮기면 변질이 일어나기 쉽고 운송하기도 불편합니다. 조당은 당도가 96~98도인 황갈색 결정 설탕으로 불순물이 많아서, 소비지까지 운반된 뒤 정제해서 상백당, 그래뉴당 등 「정제당」이 됩니다.

사탕무의 경우 생산지가 소비지와 가까운 경우도 있어서, 보통은 조당으로 만들지 않고 바로 순도 높은 설탕을 만듭니다. 이를 경지백당(耕地白糖, 설탕 원료의 경작지에 있는 공장에서 만든 흰 설탕)이라고 부릅니다.

Q94 설탕은 어떻게 만드나요? 각 설탕의 특징을 알려 주세요.
=설탕의 제법에 따른 분류

A 분밀당은 당분을 분리해서 결정을 추출합니다. 함밀당은 당분을 분리하지 않고 그대로 끓여서 만듭니다.

설탕은 「분밀당」과 「함밀당」으로 분류할 수 있습니다. 정제당과 경지백당은 공장에서 원심분리기를 사용해 당밀을 분리하고 결정을 추출하기 때문에 「분밀당」이라고 부릅니다. 반면 당밀을 분리하지 않고 그대로 결정과 함께 끓여서 만드는 설탕을 「함밀당」이라고 합니다.

제조 과정에서 당밀과 결정을 분리하지 않는 함밀당은 보통 미네랄 등이 풍부하며 색깔은 희지 않습니다.

분밀당은 당밀을 제거하고 정제하기 때문에 순도가 높아지는 만큼 흰설탕이 됩니다. 최근에는 완전히 정제하지 않고 미네랄을 남긴 제품도 있습니다.

일본에는 다양한 설탕이 판매되고 있는데 대표적인 것은 다음과 같습니다.

설탕 제품의 종류(일본)

분밀당

일본에서 일반적으로 제조, 사용하는 설탕은 주로 분밀당으로 정제당이라고도 부릅니다. 결정의 모양에 따라 크게 하드 슈거와 소프트 슈거로 나눌 수 있습니다. 그래뉴당은 하드 슈거, 상백당과 삼온당은 소프트 슈거에 해당합니다.

하드 슈거

결정이 크고 순도가 높은 설탕입니다. 건조시켜 수분을 줄였습니다. 쌍백당, 중쌍백당, 그래뉴당이 대표적입니다.

쌍백당	결정이 크고 윤기가 나고 흰색에 순도가 높은 설탕. 무난하고 담백한 단맛이 나며, 빵에 뿌려서 굽거나 고급 과자와 음료수, 과실주를 담글 때 등에 쓰기도 한다.
중쌍백당	결정 크기는 쌍백당과 거의 비슷하지만 황갈색을 띤다. 순도는 쌍백당보다는 낮지만 충분히 높고 쌍백당보다 풍미가 깊다.
그래뉴당	결정 크기는 쌍백당보다는 작고 상백당보다는 약간 크며, 보슬보슬하고 잘 덩어리지지 않는 설탕. 순도는 쌍백당과 동급이다. 무난하고 담백한 감칠맛이 나며 과자, 빵, 음료수 등에 널리 사용된다. 일본에서는 상백당에 이어서 많이 사용되고 있다.

소프트 슈거

결정이 곱고 잘 덩어리지는 성질이 있습니다. 이를 방지하기 위해 비스코라는 전화당액을 2~3% 첨가하기 때문에 촉촉한 질감이 됩니다. 상백당과 삼온당 등이 대표적입니다.

상백당	결정이 곱고 촉촉하고 부드러우며 단맛에 깊이가 있다. 보통 백설탕이라고 부른다. 시중에 사용하는 설탕의 절반을 점하며 요리, 과자, 빵, 음료 등에 다양하게 쓰이고 있다.
삼온당	상백당보다 순도가 약간 낮고 색깔은 진한 황갈색을 띤다. 단맛이 강하고 특유의 풍미가 있다.

함밀당

함밀당은 분밀당에 비해 생산량이 적습니다. 대표적으로 흑설탕(흑당)이 있습니다. 야자당(팜슈거)과 단풍당(메이플슈거)도 함밀당에 해당합니다.

흑설탕(흑당)	사탕수수 즙액을 그대로 끓여서, 가공하지 않고 냉각해서 만든다. 설탕으로서의 순도는 낮지만, 미네랄이 많고 특유의 풍미와 깊이가 있다. 일본에서는 생산량이 적지만 오키나와 가고시마 일부에서 전통적인 제법으로 만들고 있다. 또 같은 제법으로 중국, 태국, 브라질 등지에서 생산된 흑설탕(흑당)이 많이 수입되고 있다.
가공 흑당	조당과 흑설탕(흑당)을 블렌딩해서 녹이고 다시 끓였다가 냉각해서 만든다. 당밀을 블렌딩한 제품도 있다. 특유의 풍미가 있고 미네랄을 함유하고 있다.

가공당

가공당이란 그래뉴당과 쌍백당 등 정제당을 가공해서 만드는 설탕을 말하며 여러 종류가 있습니다.

각설탕	주로 그래뉴당으로 만든다. 그래뉴당에 액당(그래뉴당을 액체로 만든 것)을 소량 섞은 다음, 성형기에 넣고 주사위 모양으로 압축시켜 굳힌 후 건조시킨다. 커피나 홍차를 마실 때 넣는다.
가루 설탕	슈거파우더. 쌍백당이나 그래뉴당으로 만든다. 순도가 높은 설탕을 곱게 간 것. 잘 덩어리지기 때문에 옥수수 녹말을 소량 첨가한 것도 있다. 과자를 굽거나 제빵 마무리 단계 등에 쓴다.
과립 설탕	주로 그래뉴당으로 만든다. 다공질 과립형으로 잘 덩어리지지 않고 물에 잘 녹는다. 그래뉴당과 똑같이 쓸 수 있다.
얼음 설탕	주로 그래뉴당으로 만든다. 순도가 높고 결정의 크기가 커서 물에 천천히 녹는다. 그 형태 그대로 과자나 빵을 만들 때 쓰는 경우는 거의 없다. 과실주를 담글 때 등에 사용한다.

그래뉴당   상백당   가루 설탕(슈거 파우더)

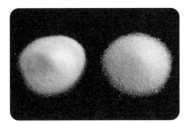  

입자 크기가 일반적인 그래뉴당(오른쪽).
입자가 고운 그래뉴당(왼쪽)

〈우리나라 제과제빵에서 주로 사용하는 설탕〉

정제당 (백설탕)	· 사탕수수(Sugar Cane), 사탕무(Sugar Beet)를 원료로 한 원당을 정제하여 나온 추출물을 다시 농축시켜 결정화한 후 분리 · 처음에 분리한 당일 수록 순도가 높고 횟수가 늘어날수록 당액이 착색되어 색이 진해진다. · 제과제빵에서 사용하는 설탕 중 가장 많이 사용된다. · 자당의 함유율이 99.9%이며 결정이 미세하고 흡습성이 높다 · 빵의 수분 보유력을 증가시켜 노화를 늦추고 제품의 수명을 연장시킨다. · 빵의 속살을 부드럽게 한다.
황설탕 (Brown Sugar)	· 원당 속에 있는 독특한 맛과 향이 있다. · 자당과 당밀의 혼합물이다. · 작은 입자의 자당을 당밀의 막으로 씌워서 만든다. · 약 85~92%의 자당으로 구성되며 당밀 외 다른 불순물들이 포함되어 있다. · 덩어리지는 것을 방지하기 위해 3~4% 수분을 첨가한다. · 55~70% 정도의 습도가 유지되는 곳에서 보관하는 것이 좋다.
흑설탕 (Black Sugar)	· 진한 풍미와 강한 단맛, 감칠맛을 가지고 있으며 구움색이 짙은 제품을 만들 때 사용한다. · 당밀을 분리하지 않은 함밀당으로 불순물들을 포함하고 있다. · 원당 고유의 당밀 냄새가 난다. · 자당(80%), 전화당(6%), 회분(2%), 수분(2%)의 성분으로 구성되어 있다.
분당 (Sugar Powder)	· 입상형 당을 잘게 분쇄하여 미세한 분말로 만든 다음 고운 체를 통과시킨 것. · 분당은 미세한 입자로 인해서 표면 면적이 크기 때문에 수분을 흡수하는 성질이 강하다. · 약 3%의 전분을 첨가하여 수분 흡수를 막고 덩어리져서 굳는 현상을 방지한다. · 토핑용으로 사용하거나 결정 상태의 설탕이 제품의 완성도에 영향을 주는 경우 설탕 대신 분당을 사용한다.

설탕의 맛 차이는 어디에서 생기는 건가요?
= 맛을 좌우하는 설탕의 성분

정제도에 따라 자당(수크로스, sucrose)의 함유량이 달라져서 단맛을 느끼는 정도에 차이가 생기는 것입니다.

설탕의 맛은 어떤 성분이 얼마만큼 함유되어 있는지에 따라 그 특징이 다릅니다.

설탕의 성분이 가진 맛의 특징

설탕의 성분은 대부분 자당이 점하고 있습니다. 설탕은 정제도가 높아서 자당의 비율이 높을수록 설탕으로서의 순도가 높은데, 그래뉴당의 경우 자당이 99.97%, 상백당은 97.69%입니다. 자당 이외에는 전화당과 회분이 소량 함유되어 있습니다.

자당, 전화당은 아래와 같이 특징적인 맛이 납니다. 회분은 미네랄이어서 자체는 맛이 나지 않지만, 양이 많을수록 단맛을 느끼는 데에 영향을 미칩니다.

설탕 성분의 특징

자당	설탕의 주성분. 자당이 많을수록 설탕으로서의 순도가 높다. 깔끔하고 담백한 단맛이 난다
전화당	자당이 분해되어 생기는, 포도당과 과당의 혼합물. 자당보다 단맛이 강하고 여운이 남을 만큼 농후하다.
회분	나트륨, 칼륨, 칼슘, 마그네슘, 철, 구리, 아연 등의 무기질 성분. 회분 자체에는 맛이 나지 않지만, 회분이 많으면 자극이 되면서 깊이 있는 단맛을 느낄 수 있다

※설탕의 회분 수치: 회분은 일정 조건 아래에서 식품을 고온으로 가열했을 때 남은 잔류물이다. 회화(灰化, 유기물을 연소시켜 재로 만드는 것)하면서 유기물과 수분은 날아가기 때문에 회분에는 무기질(미네랄)의 총량이 반영되어 있다. 따라서 회분 수치는 거의 미네랄의 양이다. 당류는 칼륨 등 양이온 원소가 많이 함유되어 있기 때문에 회화한 재가 탄산염으로 남는데, 실제보다도 높은 수치가 되어 버린다. 이를 방지하기 위하여 황산을 첨가해서 탄산염이 아니라 황산염으로 측정하는 황산첨가 회화법을 주로 쓰고 있다.

설탕에 함유된 당의 종류와 성분의 비율이 맛에 미치는 영향

각 설탕이 지닌 맛은 자당, 전화당, 회분이 어느 정도의 비율로 함유되어 있는지가 크게 좌우합니다.

그래뉴당은 거의 자당으로 되어 있기 때문에 자당의 맛이 곧 그래뉴당 맛이 되며 산뜻하고 담백한 단맛이 납니다.

상백당도 자당이 성분의 대부분을 점하고 있는데, 그래뉴당에 비해 전화당이 많은 것이 특징입니다. 자당 결정에 비스코라는 전화당액을 넣어 만들기 때문입니다. 상백당은 자당보다 전화당 성분이 고작 1% 정도 더 많을 뿐이지만, 전화당의 맛의 특징이 전면적으로 나와서 농후한 단맛이 됩니다.

흑설탕은 전화당이 많아 단맛이 강한데 회분까지 많아서 맛에 깊이가 있습니다.

각종 설탕의 구성 성분 (단위 %)

	자당	전화당	회분	수분
그래뉴당	99.97	0.01	0	0.01
상백당	97.69	1.20	0.01	0.68
흑설탕	85.60~76.90	3.00~6.30	1.40~1.70	5.00~7.90

『설탕 백과』 공익사단법인 당업협회, 정당공업회에서 발췌)

제빵에는 상백당과 그래뉴당을 많이 쓰는데 왜 그런가요?
=제빵에 적합한 설탕

필요 이상의 맛과 냄새가 없기 때문입니다.

제빵에는 풍미가 지나치게 강하지 않은 백설탕을 주로 씁니다. 일본에서 백설탕이라고 하면 상백당을 바로 떠올리겠지만, 유럽에서는 그래뉴당이 일반적입니다.

그래뉴당과 상백당은 같은 맛처럼 느끼기 쉬운데, 엄밀히 말하면 성분 차이에 따라 맛과 성질이 조금 달라서 빵과 과자를 만들 때는 어느 설탕을 쓰느냐에 따라 완성품의 맛과 식감 등이 달라집니다.

또 흑당빵처럼 독특하고 강한 풍미를 가진 흑설탕(흑당) 등을 사용해 개성 있는 빵을 만드는 경우도 있습니다.

각종 설탕의 성분과 특징

그래뉴당	자당 함유량이 가장 많고, 전화당과 회분은 몹시 적다. 입자 크기가 0.2~0.7㎜로 상백당보다 물에 잘 녹지 않는다. 깔끔하고 담백한 단맛이 특징. 설탕의 성질인 흡습성(공기 중 습기를 빨아들이는 성질), 보수성(保水性, 물을 보유하는 성질)이 있지만, 상백당에 비하면 약하다.
상백당	자당 결정에 비스코(전화당액)를 넣어서 특유의 촉촉함이 느껴지는 설탕. 농후한 단맛이 특징. 흡습성과 보수성이 높다. 입자의 크기는 0.1~0.2㎜ 정도로 고우며, 물에 잘 녹는다.
흑설탕	사탕수수 즙액을 끓여서 설탕으로 만드는 제조 공정에서 결정과 당밀로 분리되는 최종 공정을 거치지 않고 그대로 굳힌 것. 그래서 회분이 많고 특유의 농후한 단맛과 강한 풍미가 있다.

왜 빵에 설탕을 배합하나요?
=설탕의 역할

단맛을 내는 것 이외에도 빵의 발효, 굽기에 큰 작용을 하기 때문입니다.

한국과 일본에서 만드는 빵은 대부분 설탕이 들어갑니다. 설탕이 주는 단맛을 강조한 과자빵은 굳이 말할 것도 없고, 단맛이 특별히 느껴지지 않는 식빵과 버터롤, 조리빵 등에도 설탕을 씁니다.

제빵에서 설탕이 하는 역할이 단순히 단맛을 내는 게 전부가 아니기 때문입니다. 설탕은 빵 반죽 속에서 아래와 같은 작용을 합니다.

① 이스트(빵효모)가 하는 알코올 발효의 영양원이 된다(→Q61, 63)

② 크러스트의 구움색을 진하게 만들어준다(→Q98)

③ 고소한 냄새를 풍기게 한다(→Q98)

④ 부드럽고 촉촉한 크럼을 만들어준다(→Q100)

⑤ 다 구운 후 크럼이 딱딱해지는 것을 막아준다(→Q101)

하지만 좋은 면만 있는 것은 아니고, 빵 반죽에 너무 많이 넣으면「이스트의 작용을 방해」,「글루텐 조직의 연결을 방해」하는 등 빵이 잘 부풀지 못하게 하기도 합니다.

 설탕을 넣으면 크러스트의 구움색이 진해지고, 고소한 냄새가 나는 이유가 무엇인가요?
=당에 의한 아미노카르보닐 반응과 캐러멜화 반응

 설탕에 함유된 자당이 화학 반응을 일으켜 갈색 물질이 생기기 때문입니다.

빵에 구움색이 생기는 것은 주로 아미노산과 환원당이 고온으로 가열되면서 아미노카르보닐 반응(메일라드 반응)이라는 화학 반응이 일어나 멜라노이딘 색소라는 갈색 물질이 생기기 때문입니다. 또 당류의 착색만으로 일어나는 캐러멜화 반응도 관련되어 있습니다.

이러한 반응은 모두 당류가 관여해 고온에서 일어나고 그 결과 갈색 구움색이 생기며 고소한 냄새가 나서 식품을 맛있게 만들어 줍니다. 그런데 큰 차이가 있다면 아미노카르보닐 반응은 당류와 단백질 또는 아미노산이 같이 화학 반응을 일으키는 반면 캐러멜화 반응은 당류만으로 일으킨다는 점입니다.

아미노카르보닐 반응에 관련된 단백질, 아미노산, 환원당은 전부 빵의 재료에서 나오는 것입니다. 그대로 반응에 쓰이는 성분도 있는가 하면 밀가루와 이스트(빵효모) 등에 함유된 효소에 의해 분해된 뒤 쓰이는 성분도 있습니다.

단백질과 아미노산은 주로 밀가루, 달걀, 유제품 등에 들어 있는데 단백질은 많은 종류의 아미노산이 사슬처럼 이어져 있고 분해되면 아미노산이 됩니다. 또 아미노산은 단백질의 구성물로만 존재하는 것이 아니라 단독으로도 식품에 들어 있습니다.

환원당이란 반응성이 높은 환원기를 가진 당류를 가리키는데, 포도당, 과당, 맥아당, 유당 등이 이에 해당합니다. 설탕에 함유된 자당은 환원당은 아니지만 효소에 의해 포도당과 과당으로 분해되면 아미노카르보닐 반응에 관여합니다.

굽기 초반에는 반죽 속의 수분이 수증기가 되어 반죽 표면에서 기화하기 때문에 표면이 축축하고 온도가 낮으며 구움색이 나타나지 않습니다. 그러다 반죽의 수분 증발이 줄어들면 반죽 표면이 마르면서 온도가 올라가고 아미노카르보닐 반응이 시작되어 160℃ 정도부터 색이 나오기 시작합니다. 거기서 더 가열해 표면 온도가 180℃ 정도까지 올라가면 반죽 속에 남아 있던 단당류(주로 포도당, 과당)와 올리고당(주로 자당)이 중합(重合, 단위체가 2개 이상 결합하여 큰 분자량의 화합물로 되는 것)되어 캐러멜을 생성하는 캐러멜화 반응이 일어납니다.

설탕을 태워 푸딩의 캐러멜 소스를 만들 때 바로 이 캐러멜화 반응이 일어납니다. 게다가 크러스트의 표면에서도 이 반응이 적잖이 일어난다고 합니다.

이 두 반응에 의해 휘발성 있는 방향 물질이 동시다발적으로 생겨 복잡하게 섞이면서 특유의 고소함이 나오게 되는 것입니다.

아미노카르보닐(메일라드) 반응

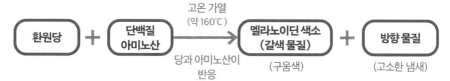

캐러멜화 반응

설탕 배합량의 차이에 따른 완성품 비교

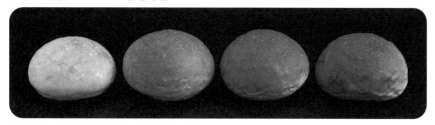

왼쪽부터 그래뉴당 배합량 0%, 5%, 10%, 20%
설탕 배합량이 늘어날수록 크러스트의 구움색이 진해진다
※기본 배합(**p.365**) 중에서 그래뉴당 배합량을 0%, 5%, 10%, 20%로 해서 만든 것을 비교

참고 ⇒ p.386~387 「테스트 베이킹 12 설탕의 배합량」
p.343~344 「굽기란?」《4》반죽이 색을 띠게 된다.

그래뉴당 대신 상백당을 썼더니 크러스트의 구움색이 진해졌는데 왜 그런가요?
=그래뉴당과 상백당의 차이

그래뉴당보다 전화당 함유량이 많아 아미노카르보닐 반응이 잘 일어나기 때문입니다.

상백당은 그래뉴당보다 전화당을 많이 함유하고 있습니다. 전화당은 포도당과 과당의 혼합물인데, 포도당과 과당은 둘 다 환원당으로 분류됩니다. 그래서 전화당을 많이 함유한 상백당을 쓰면 아미노카르보닐(메일라드) 반응이 잘 일어나 그래뉴당을 썼을 때보다 구움색이 진해지는 것입니다.

또 상백당을 배합한 반죽은 빅싱하면 끈적해져서 반죽이 옆으로 퍼지며 평평한 모양으로 완성되기 쉽습니다. 이는 전화당이 자당보다 흡습성, 보수성이 높기 때문에 전화당 함유량이 많은 상백당을 쓰면 제품 자체는 촉촉하게 구워지더라도 반죽이 처지기 쉬워서 완성품의 볼륨이 줄어들기 때문입니다.

그 밖에 상백당은 전화당 함유량이 많은 만큼 여운이 남는 단맛이 강하다는 차이점도 있습니다.

설탕의 종류에 따른 완성품 비교

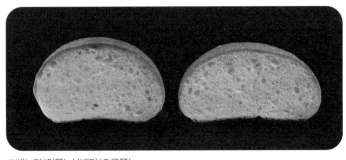

그래뉴당(왼쪽), 상백당(오른쪽)

※기본 배합(**p.365**) 중에서 설탕의 배합량 10%에 종류로 그래뉴당과 상백당을 사용해 만든 것을 비교

참고 ⇒ p.388~389 「테스트 베이킹 13 감미료의 종류」

부드럽고 촉촉한 빵을 만들려면 설탕을 넣으면 되나요?
=설탕의 보수(保水, 물을 보유하는 성질) 효과

 설탕을 넣으면 크럼이 부드러워지고 촉촉한 빵이 완성됩니다.

설탕에는 친수성이라는 성질이 있어서 물을 흡착해(흡습성), 그 물을 유지합니다(보수성(保水性), 물질이 수분을 보호 유지하는 성질). 이러한 작용 때문에 설탕을 배합한 빵은 크럼이 부드럽고 촉촉합니다.

크럼을 부드럽게 만든다

빵의 믹싱과 굽기 공정에서 반죽에 들어 있는 설탕은 밀가루, 소금 등 건조한 재료와 마찬가지로 물을 흡수하려고 합니다. 특히 물이 필요한 재료는 밀가루입니다. 밀가루의 글루텐은 단백질이 물을 흡수해서 잘 반죽해야 생기기 때문입니다.
믹싱은 볼에 밀가루, 이스트(빵효모), 소금, 물 등을 넣고 섞으면서 시작합니다. 이때 설탕을 넣으면 밀가루가 흡수해야 할 물을 설탕이 먼저 흡수해버립니다. 그래서 밀가루의 글루텐이 살짝 생기기 어려워집니다. 이처럼 빵에 탄력이 생기게 하는 글루텐의 양이 억제되기 때문에 반죽이 잘 늘어나고 부드러워지는 것입니다.

크럼을 촉촉하게 만든다

반죽에 넣는 설탕(자당)의 일부는 발효 초기 단계에서 이스트의 인베르타아제라는 효소에 의해 포도당과 과당으로 분해됩니다. 설탕은 흡착한 물을 유지시키는 「보수성」을 갖추고 있는데, 포도당과 과당으로 분해되면 그 보수성이 더 강해집니다.
구울 때는 오븐 안에서 빵 반죽의 수분이 증발하는데, 반죽이 고온에 노출되어도 설탕은 보수성이 있기 때문에 흡착한 물을 계속 유지합니다. 그래서 설탕을 반죽에 많이 넣을수록 반죽에 수분이 남아 촉촉한 완성품이 만들어집니다.

빵에 설탕을 배합하면 다음 날에도 빵이 잘 굳지 않는 이유는 무엇인가요?
=전분의 노화를 늦추는 설탕의 보수성

 발효하고 남은 설탕의 보수성 때문에 전분이 잘 굳지 않아서입니다.

빵의 폭신한 조직은 밀가루에 70~78% 함유된 전분이 물과 열에 호화(α화)하면서 만들어집니다(→**Q36**). 전분이 호화할 때는 전분 입자 속 아밀로스와 아밀로펙틴의 구조가 규칙성을 잃고, 그 구조 사이에 물 분자가 들어갑니다.

갓 구운 빵이 시간이 지나면서 점점 굳는 것은 호화 상태에 있던 전분이 원래의 규칙성을 되찾기 위해 아밀로스와 아밀로펙틴 구조 사이에 들어온 물 분자를 다시 내보내는 「전분의 노화(β화)」 현상이 일어나기 때문입니다. 그때 냉각이 일어나면 노화가 더 촉진되어 빵이 굳습니다(→**Q38**)

설탕을 배합하면 빵의 크럼이 잘 굳지 않는 이유는 이 노화가 일어나기 어려워서입니다. 빵 반죽 속에서 설탕(자당)은 발효 초기 단계 때 이스트(빵효모)의 인베르타아제라는 효소에 의해 일부가 포도당과 과당으로 분해되어 발효에 쓰입니다. 자당 상태로 남은 것과 발효에 다 쓰이지 못한 포도당과 과당은 물에 녹은 상태로 있기도 합니다. 이러한 당류는 빵을 구우면서 전분이 호화할 때, 전분 입자 속 아밀로스와 아밀로펙틴이 느슨해진 구조 사이에 물과 함께 들어갑니다.

당류, 그중에서도 과당은 물을 흡착해서 유지하는 「보수성」이 높아서, 구운 후 시간이 지나 전분의 노화가 일어나도 물 분자를 잘 배출하지 못합니다. 그래서 설탕을 넣지 않았을 때보다 크럼을 부드럽게 유지할 수 있는 것입니다.

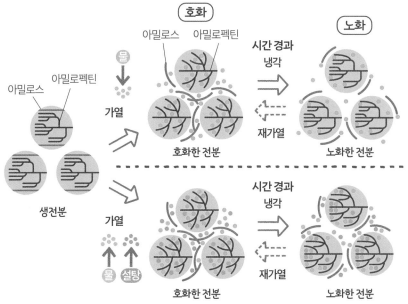

※재가열 화살표가 점선인 이유는 노화한 전분을 재가열해도 원래의 호화로 완전히 돌아갈 수는 없음을 나타낸 것이다(→Q39)

설탕을 반죽에 균일하게 섞으려면 어떻게 해야 하나요?
=설탕을 반죽에 배합할 때의 주의 사항

잘 녹지 않는 타입의 설탕은 물(사용수→Q171)에 녹여서 반죽하면 됩니다.

그래뉴당이나 상백당같이 입자가 고운 설탕은 밀가루 등 가루류와 함께 반죽하는데, 쌍백당처럼 입자가 크거나 흑설탕처럼 덩어리가 잘 지는 설탕은 가루에 바로 넣으면 반죽 전체에 고루 분산되지 않거나 다 녹지 않고 남는 것이 생길 수 있습니다.

그럴 때는 물(사용수)을 일부 빼놓았다가 설탕을 녹여서 넣으면 반죽에 전체적으로 고루 분산되고, 다 녹지 않고 남을 염려도 없습니다.

반죽에 설탕을 많이 배합할 경우 물(사용수)의 양이 달라지나요?
=설탕이 물의 분량에 미치는 영향

물(사용수)에 설탕을 녹이면 액체의 양이 늘어나므로 물(사용수)의 분량을 조금 줄입니다.

설탕의 주성분인 자당은 물에 잘 녹는 성질(용해성)이 있어서, 물에 녹아 물의 용량을 늘리는 특징이 있습니다.

그래서 무가당 빵의 배합을 베이스에 깔고 설탕을 넣을 경우에는 사용수에 설탕이 녹으면서 그만큼 용량이 늘어나기 때문에 물의 배합량을 그대로 하면 반죽이 물러집니다. 그래서 물의 배합량을 줄여야 합니다.

설탕을 밀가루의 5% 이상 넣을 때는 5% 늘릴 때마다 물(사용수) 배합량을 약 1%씩 줄이는 식으로 조정하는 것이 좋습니다.

설탕 대신 벌꿀이나 메이플 시럽을 써도 되나요? 또 사용할 때 주의할 점이 있나요?
=벌꿀과 메이플 시럽이 반죽에 미치는 영향

벌꿀과 메이플 시럽은 설탕과 성분이 다르고 단맛도 다르니, 분량을 조절해야 합니다.

설탕 대신 벌꿀이나 메이플 시럽을 써서 독특한 풍미와 향이 느껴지는 빵을 만들 수 있습니다. 이 재료들을 배합할 때는 물에 녹여서 씁니다.

예를 들어 벌꿀은 밀가루의 15% 이상, 메이플 시럽은 밀가루의 10% 이상 배합한다면 그 특징이 충분히 나오게 됩니다.

설탕을 배합한 빵의 분량을 기본으로 하고, 이러한 감미료로 설탕을 전량 대체하는 배합을 시도할 때는 주의해야 할 사항이 몇 가지 있습니다.

또 벌꿀과 메이플 시럽의 양을 어느 정도로 해야 그 특징을 잘 살린 맛이 나오는지는 제품에 따라서도 다를뿐더러, 만드는 이의 취향도 반영되는 만큼 다양하게 시도해보면 좋을 것입니다.

벌꿀을 넣을 때 주의할 점

물의 양을 줄여야 한다

반죽에 배합하는 그래뉴당을 그대로 벌꿀로 대체해서, 물(사용수)의 양을 줄이지 않고 만들게 되면 벌꿀을 넣은 빵은 다음 사진처럼 반죽이 처지고 볼륨이 별로 없어져서 식감이 나쁘고 입 안에서 질겅거리게 됩니다.

그래뉴당은 보슬보슬한 상태로 수분이 거의 없는 반면 벌꿀은 걸쭉한 점성이 있고 수분을 약 20% 함유하고 있습니다. 그래서 단순히 그래뉴당과 똑같은 양으로 대체하게 되면 배합하는 수분량이 늘어나 반죽이 무르고 끈적거리게 되므로 배합할 때는 넣는 벌꿀의 약 20% 정도만큼 물(사용수)의 양을 줄여야 합니다.

그래뉴당과 벌꿀로 만든 빵의 비교

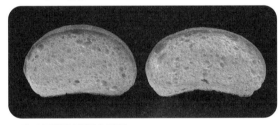

그래뉴당(왼쪽), 벌꿀(오른쪽)

※기본 배합(**p.365**) 중에서 설탕의 배합량을 10%로 정하고 종류로 그래뉴당과 벌꿀을 사용해 만든 것을 비교

단맛을 강하게 낸다

그래뉴당은 수분이 거의 없으며 자당을 99.97% 함유하고 있습니다. 벌꿀은 수분을 포함하고 있는데도 같은 양으로 대체하면 단맛이 강하게 느껴집니다.

벌꿀은 당을 약 80% 함유하고 있는데, 그 성분은 그래뉴당과 크게 달라서 과당과 포도당이 70% 이상을 차지하며 자당이 당 전체의 2% 정도에 불과합니다.

벌꿀은 종류에 따라 과당이 더 많은 것, 포도당이 더 많은 것이 있고 이것들의 함유 비율에 차이가 있습니다. 예를 들어 연꽃꿀, 클로버꿀은 과당의 비율이 높습니다. 자당의 감미도를 100이라고 했을 때 과당의 감미도는 115~173, 포도당의 감미도는 64~74이므로 사용할 벌꿀의 과당과 포도당 비율에 따라서도 단맛이 달라지는데 일반적으로는 설탕보다 벌꿀이 단맛을 더 강하게 느낄 수 있다고 합니다.

또 벌꿀은 그래뉴당보다 회분이 많아서 단맛에 깊이가 있는 것 역시 특징입니다.

구움색이 진해진다

벌꿀은 환원당인 과당과 포도당이 많아 아미노카르보닐(메일라드) 반응이 잘 일어나기 때문에 벌꿀을 배합한 빵은 크러스트의 색이 진해집니다.

촉촉하게 완성된다

과당은 자당보다 보수성이 높아 벌꿀을 쓰면 빵이 촉촉하게 완성됩니다.

메이플 시럽을 넣을 때 주의할 점

메이플 시럽에는 수분이 약 30% 함유되어 있습니다. 그래서 배합할 메이플 시럽의 약 30% 정도 물(사용수)을 줄여야 합니다.

당류는 자당이 64.18%, 과당이 0.14%, 포도당이 0.11% 함유되어 있습니다. 자당의 비율이 높아서 과당과 포도당이 중심인 벌꿀처럼 단맛이 강하거나 구움색이 진하게 나오거나 빵이 촉촉하게 나오지는 않습니다. 하지만 벌꿀처럼 그래뉴당보다 회분이 많아서 단맛에 깊이가 있습니다. 이러한 점이 독특한 풍미가 되어 메이플 시럽만의 특징이 됩니다.

참고 ⇒p.388~389 「테스트 베이킹 13 감미료의 종류」

설탕을 넣지 않고도 쫄깃하고 촉촉한 빵을 만드는 방법은 없나요?
=트레할로스의 특징

보수성이 있는 감미료 트레할로스(trehalose)를 쓰는 것도 한 가지 방법입니다.

일본인은 예부터 점성이 있는 음식을 즐겨서 「쫄깃한 성질」이 있는 곡물을 선호해왔습니다. 그래서 일본에는 그러한 기호가 반영된 독특한 빵 문화가 있습니다.

특히 소프트 계열 빵은 쫄깃한 식감, 촉촉한 질감을 요구하는 경우가 많습니다. 여기서 말하는 「빵이 쫄깃쫄깃하다」란 「베어 물었을 때 잘 끊어진다」의 반대 의미로 「베어 물거나 찢었을 때 잘 끊어지지 않고 탄력이 강하다(당김이 강하다)」는 것을 「부드럽다」, 「촉촉하다」와 함께 「쫄깃쫄깃한 식감」으로 표현하게 된 것입니다.

설탕과 물의 배합을 늘리면 그 식감과 질감에 가까워질 수 있지만, 트레할로스를 넣어도 그러한 특징을 낼 수 있습니다.

트레할로스(trehalose)란 기능성 있는 당으로 식품 첨가물(기존 식품 첨가물→**Q139**)로 지정되었으며, 옥수수 등의 전분에 효소를 작용시켜 만듭니다.

트레할로스는 보수성이 높아 쫄깃하고 부드러우며 촉촉한 식감과 질감을 만들어낼 수 있습니다. 또 완성된 빵이 시간이 지남에 따라 굳는 것을 막아주는 작용도 합니다. 빵이 굳는 이유는 물을 흡수해 호화(α화)한 전분의 구조에서 물이 배출되어 노화(β화) 가 일어나기 때문인데, 트레할로스가 물을 잡아둠으로써 전분의 노화를 늦춰줍니다.

당의 일종인 트레할로스는 빵에 넣을 때 사용량도 고려해야 하겠지만 설탕의 일부를 트레할로스로 대체하는 것이 아니라 트레할로스를 추가하는 것입니다. 이스트(빵효 모)는 트레할로스를 알코올 발효에 사용할 수 없으므로 설탕의 일부를 트레할로스로 대체해버리면 발효력이 떨어지기 때문입니다.

설탕을 넣고 트레할로스까지 추가로 넣는다고 하면 빵이 너무 달지 않을까라고 걱정 될 수도 있겠지만, 예컨대 식빵의 배합에 첨가한다고 해도 고작 밀가루의 몇 %에 불 과합니다. 트레할로스의 감미도는 그래뉴당을 100이라고 했을 때 38밖에 되지 않으 므로 그 정도로 달지 않습니다.

또 원래 설탕을 넣지 않는 빵에 첨가한다고 해도 사용량이 적으면 단맛이 잘 느껴지 지 않으니, 원하는 식감을 얻기 위해 첨가하는 것은 얼마든지 가능합니다.

반죽에 배합하는 설탕의 양에 따라 빵의 부풀기가 달라지나요?
=설탕의 적절한 배합량

설탕 없이도 빵은 부풀어요. 또 설탕이 지나치게 많으면 잘 부풀지 않습니다.

빵은 이스트(빵효모)가 알코올 발효하며 발생하는 탄산가스를 이용해 부풀어 오릅니 다. 알코올 발효를 하려면 당류가 필요하지만, 설탕을 넣지 않아도 (배합량 0%) 빵을 만들 수는 있습니다.

프랑스빵을 비롯해 린 배합의 식사빵에는 설탕을 배합하지 않는 종류도 많이 있는데, 이는 이스트가 가진 효소가 밀가루의 전분(손상전분→**Q37**)을 분해해 발효에 쓸 수 있 는 최소 단위의 당으로 바꾸기 때문입니다.

그렇다면 빵에 설탕을 배합하는 경우는 어떨까요? 이스트는 밀가루 전분에서 당류를 얻는 것 이외에도 자기가 가진 효소로 설탕을 분해해 최소 단위의 당류로 바꿔 발효에 쓸 수 있습니다. 설탕은 밀가루의 전분보다도 비교적 빨리 분해되어 발효에 쓰입니다(→**Q65**).

설탕 배합량이 0%, 5%인 반죽을 60분 발효시켜서 볼륨을 비교해보았습니다(→다음 사진 참조). 설탕 배합량을 5%로 한 빵 반죽은 잘 부풀어서, 이스트가 설탕을 이용해 알코올 발효를 활발히 한다는 사실을 알 수 있습니다.

설탕 배합량의 차이에 따른 반죽 부풀기 비교

※기본 배합(**p.365**) 중에서 설탕(그래뉴당) 배합량을 0%, 5%로 해서 만든 것을 비교

그래뉴당 0%(왼쪽), 5%(오른쪽)

하지만 이스트는 원래 당류가 많은 환경에서는 버티지 못합니다. 반죽에 배합된 설탕이 점점 분해되면 반죽 속의 삼투압이 높아지고 이스트는 세포 내의 수분을 잃고 수축해버리기 때문입니다.(→**Q71**)

그럼 이어서 이 배합량 0%, 5% 반죽에 10%와 20% 반죽을 추가해 부풀기를 비교해보겠습니다.

다음 페이지 사진을 보면 설탕 배합량이 5~10%인 것은 볼륨이 잘나왔는데, 20%인 빵은 볼륨이 거의 없음을 알 수 있습니다.

그래서 설탕이 많이 배합된 반죽에는 삼투압의 영향을 잘 받지 않고 고당 반죽에서도 높은 발효력을 유지하는 효모를 골라 제조한 「고당용」 이스트를 사용합니다. 이 이스트 중에는 가루의 30% 이상으로 설탕을 배합해도 별문제 없이 빵을 부풀릴 수 있는 것도 있으며, 주로 단과자빵에 사용합니다.

설탕 배합량 차이에 따른 완성품 비교

왼쪽부터 그래뉴당 0%, 5%, 10%, 20%

※기본 배합(p.365) 중에서 설탕(그래뉴당) 배합량을 0%, 5%, 10%, 20%로 해서 만든 것을 비교

참고 ⇒p.386~387 「테스트 베이킹 12 설탕의 배합량」

 도넛에 뿌린 설탕이 녹아버렸어요. 잘 녹지 않는 설탕이 있나요?
=도넛 슈거의 특성

 그래뉴당을 가공한 도넛 전용 설탕을 쓰면 수분을 흡착하기 어렵습니다.

도넛을 만들고 마무리로 가루 설탕을 뿌리면 얼마 후 녹아버립니다. 설탕에는 수분을 흡착하기 쉬운 성질이 있기 때문입니다. 그래서 도넛에 설탕을 뿌릴 때는 도넛 슈거라는, 잘 녹지 않는 설탕을 사용합니다.

도넛 슈거는 그래뉴당에 오일 코팅을 하거나 유화제를 첨가하는 특수 가공 등을 해서 물을 잘 흡착하지 않게 만든 설탕입니다.

다만 도넛 슈거를 쓰더라도 도넛이 아직 식지 않았을 때 뿌리면 표면의 기름과 증발 도중인 수분 때문에 도넛 슈거가 녹으니, 여열이 가신 다음에 뿌려야 합니다.

왼쪽 절반은 도넛 슈거를, 오른쪽 절반은 가루 설탕을 뿌린 도넛

유지(油脂)

- - - - - - - - - -

 Q 108 버터나 마가린 등 유지를 넣지 않고도 빵을 만들 수 있나요?
=유지의 역할

 A 가장 린한 빵은 유지를 배합하지 않지만, 유지를 넣으면 제빵성이 향상됩니다.

발효빵의 기본 재료는 밀가루, 이스트(빵효모), 소금, 물로 유지가 없어도 빵은 만들 수 있습니다. 프랑스빵 등 하드 계열의 빵은 기본적으로 유지를 쓰지 않습니다. 반면 소프트 계열 빵처럼 유지를 넣는 것이 필수라고 해도 과언이 아닌 빵도 많습니다. 그 목적은 다음과 같습니다.

① 크럼의 결을 부드럽고 조밀하게 만든다.
② 크러스트를 얇고 부드럽게 만든다.
③ 잘 부풀게 해서 완성품의 볼륨을 키운다.
④ 깊이와 풍미, 향, 색깔(유지에 따라)을 낸다.
⑤ 보관 중에 굳는 것을 방지한다.

그런데 유지를 첨가하면 빵이 폭신폭신 잘 부풀어 오르는 이유는 무엇일까요?
유지로는 주로 버터 등 고형 유지를 씁니다. 믹싱을 하면 버터는 글루텐 막을 따라 또는 전분 입자 사이에 얇은 막 형태로 퍼집니다.
그 후 발효해서 이스트가 탄산가스를 발생시키면 그 기포 주변의 반죽이 밀려 늘어납니다. 그와 함께 글루텐 막이 늘어나면 버터도 힘을 받은 방향으로 얇게 늘어나 그 형태를 유지합니다. 이때 버터 때문에 매끄러워져서 글루텐끼리 달라붙지 않고 글루텐 막이 잘 늘어나게 됩니다.
그 결과, 발효와 굽기 과정에서 반죽이 잘 부풀어 올라, 완성품의 볼륨이 커지는 것입니다.

또 빵 조직 속에 유지층이 퍼져 있기 때문에 완성된 후에도 조직이 전체적으로 유연함을 유지할 수 있습니다. 게다가 많이 부푼 만큼 부드러운 식감이 됩니다.

그리고 유지를 첨가함으로써 시간이 지남에 따라 빵이 굳는 현상을 방지할 수 있습니다. 기름은 물과 섞이지 않으므로 유지가 배합되면 빵의 수분이 잘 증발하지 않게 되고 그만큼 전분의 노화(β화)도 진행이 더뎌지기 때문입니다(→**Q38**).

 반죽에 버터를 섞는 타이밍 그리고 적절한 굳기를 알려 주세요.
=믹싱할 때 고형 유지의 사용법

 글루텐이 생기고 나면 상온에 둔 버터를 넣습니다.

빵 반죽에 배합하는 고형 유지는 밀가루, 이스트(빵효모), 소금, 물 등 재료를 믹싱해 반죽에 글루텐이 형성되고 탄력이 생긴 이후에 넣는 것이 기본입니다. 처음부터 유지를 섞어버리면 글루텐이 잘 형성되지 않기 때문에 어느 정도 글루텐이 형성된 다음에 넣습니다. 그렇게 하면 효율적으로 믹싱할 수 있습니다.

버터를 쓸 때는 상온에 둬서 적당한 굳기로 조절해 쓰는 것이 중요합니다. 버터 덩어리를 손가락으로 눌러 보았을 때 쑥 들어가는 상태가 가장 좋습니다. 버터가 적당한 굳기가 되면 믹싱 과정에서 반죽에 압력을 줘서 글루텐 막이 늘어날 때 버터가 글루텐 막과 같은 방향으로 늘어납니다. 그리고 얇은 막 형태가 되어 글루텐 막과 함께, 또는 전분 입자 사이로 퍼지며 분산됩니다. 그 후 발효 때도 반죽이 부풀어 글루텐 막이 늘어나는 것과 같은 방향으로 얇게 늘어나면서 글루텐끼리 달라붙는 것을 막아줌과 동시에 윤활유 역할을 합니다.

이렇게 버터가 얇은 막처럼 늘어나는 이유는 가소성이 있기 때문입니다.

유지에서 가소성이란 외부 압력을 가해 고체를 변형시킨 후 힘을 거둬들여도 고체가 원래 상태로 돌아가지 않는 성질을 말합니다. 버터로 말하자면 냉장고 안에서는 차갑게 굳어 있지만, 상온에 얼마간 놔두면 손가락으로 눌렀을 때 점토처럼 푹 들어가고 손으로 마음대로 형태를 잡을 수 있게 됩니다. 이 상온일 때의 성질이 바로 가소성입니다.

버터의 이 성질을 잘 살릴 수 있는 온도대는 13~18℃로 한정적입니다. 그래서 버터의 온도를 너무 올려버려 지나치게 부드러워지거나 녹아버리면 가소성을 잃어버리므로 조심해야 합니다.

버터 이외의 고형 유지도 저온일 때 굳는 것이 많은데, 굳은 상태로는 반죽에 균일하게 잘 섞이지 않기 때문에 기본적으로는 상온에 둬서 부드럽게 만들어 사용합니다. 하지만 버터와 마찬가지로 온도를 높여서 지나치게 부드러워지거나 녹아버리면 가소성을 잃습니다.

힘을 줘도 손가락이 들어가지 않는 상태는 너무 딱딱해서 반죽에 섞기 힘들다(왼쪽).
적당한 굳기(가운데). 저항감 없이 손가락이 쑥 들어가는 것은 지나치게 부드러운 상태다(오른쪽)

 한 번 녹인 버터는 차갑게 두면 원래 상태로 돌아가나요?
=녹인 버터의 변질

 버터의 특성인 가소성을 잃어서 원래 상태로 돌아갈 수 없습니다.

온도가 올라가면 버터가 녹는 것은 버터에 함유된 고체 지방과 액체 기름의 균형에 변화가 일어나기 때문입니다. 버터가 차갑게 굳어 있을 때는 고체 지방이 대부분을 점하고 있고, 분자가 치밀하게 가득 찬 결정형(β'형)으로 안정적인 상태입니다.

그러다가 온도가 올라가면 고체 지방이 줄어들고 액체 기름의 비율이 늘어나, 녹은 버터는 거의 액체 기름이 됩니다.

버터는 녹았더라도 냉장고에 넣어 식히면 다시 굳습니다. 언뜻 보기에는 계속 쓸 수 있을 것처럼 보이지만 한 번 녹았다가 굳은 버터는 가소성을 잃어 다시 상온에 두면 곧바로 물러지고 끈적거립니다. 또 질감이 까칠까칠해지고 매끄러움이 사라집니다.

한번 녹았다가 굳은 버터는 분자가 가득 찼던 상태에서 느슨한 결정형(a형)으로 바뀌고 불안정해집니다. 불안정한 a형이 된 구조는 안정적인 β'형으로 돌아갈 수 없습니다. 즉, 한 번 잃어버린 가소성은 되돌릴 수 없으니 버터의 경도를 조절할 때는 녹지 않도록 주의해야 합니다.

가소성을 잃은 버터를 쓰면 빵이 잘 부풀지 않습니다.

 **빵을 만들 때는 어떤 유지를 쓰나요? 각 유지의 풍미와 식감의 특징도 알려
주세요.**
=빵에 쓰는 유지

 **버터, 마가린, 쇼트닝 등의 고형 유지와 샐러드유, 올리브유 등 액상 유지
를 씁니다.**

유지는 크게 고형 유지와 액상 유지로 나눌 수 있습니다.

고형 유지인 버터는 빵에 독특한 풍미를 만들어내고 부드럽게 합니다.

마가린은 버터에는 못 미치지만, 그와 비슷한 풍미를 만드는 데다가 버터에 비해 가소성을 유지하는 온도 범위가 넓기 때문에 다루기 쉽고 가격도 저렴하다는 장점이 있습니다. 버터와 마찬가지로 빵이 부드러워지고 씹었을 때 끊어지는 느낌이 좋습니다.

쇼트닝은 맛도 향도 없다는 특징이 있어 빵에 아무런 풍미를 주지 않고, 마가린과 마찬가지로 가소성의 범위가 넓어서 다루기 쉽습니다. 씹으면 잘 끊어져 가벼운 식감이 나오며 부드럽습니다.

액상 유지는 가소성이 없어서 고형 유지에 비해 반죽이 덜 부풀기 때문에 크럼의 결이 촘촘하고 쫄깃한 식감이 나옵니다. 또 각종 샐러드유처럼 특별히 튀는 풍미는 없지만 그와는 별개로 올리브유 등은 원재료인 소재의 풍미를 빵에 줄 수 있습니다.

제빵에 쓰는 주요 유지의 성분 비교

(가식부-식품 중 식용에 알맞는 부분 100g당 g)

		수분	단백질	지질	탄수화물	회분
고형 유지	버터(무염)	15.8	0.5	83.0	0.2	0.5
	버터(가염)	16.2	0.6	81.0	0.2	2.0
	마가린(무염, 상업용)	14.8	0.3	84.3	0.1	0.5
	쇼트닝(상업용, 제과)	미량	0	99.9	0	0
액상 유지	대두유(※옥수수유, 유채씨유도 같다)	0	0	100.0	0	0
	조합유(※블렌딩된 각종 샐러드유를 가리키다)	0	0	100.0	0	0
	올리브유(엑스트라 버진 오일)	0	0	100.0	0	0

(『일본 식품 표준 성분표 2020년판(8차 개정)』 문부과학성 과학 기술·학술 심의회에서 발췌)

우리나라의 경우

	수분	단백질	지질	탄수화물	회분
버터	15.3	0.59	82.04	1.81	0.26
마가린	14.5	0.2	72.41	12.06	0.8
쇼트닝	0	0	99.52	0.48	0.01
콩기름	0	0	99.31	0.66	0.03
혼합식물성유	0	0	100.0	0	0
올리브유	0.1	0	100.0	0	0.04

(농촌진흥청 <국가표준식품성분 DB 9.2>에서 발췌)

마가린과 쇼트닝은 대용품으로 시작했다

마가린은 1869년 프랑스에서 탄생했습니다. 전쟁 중에 버터가 부족해져서 구하기 어려워지자 나폴레옹 3세가 포상금을 걸고 대용품을 모집하자, 프랑스인 화학자 이폴리트 메주 무리에(Hippolyte Mège-Mouriès, 1817~1880)가 마가린을 고안했습니다. 질 좋은 소기름에 우유 등을 넣고 굳힌 것으로 현재 우리가 아는 마가린의 원형으로 일컬어집니다.

현재의 마가린은 식물성 유지(대두유, 유채씨유, 면실유, 팜유, 야자유 등)를 주요 원료로(일부에는 어유, 돼지기름, 소기름 등 동물성 유지도 들어간다), 버터와 유사하게 만들기 위해 분유와 발효유, 향신료, 착색료 등을 첨가하고 물을 넣어 반죽해서 유화시켜 만듭니다.

쇼트닝은 19세기 말 미국에서 라드(Lard)의 대용품으로 개발되었습니다. 현재의 쇼트닝은 식물성 유지를 주요 원료로(동물성 유지를 쓴 것도 있음), 액상 유지에 수소를 첨가하는 경화 기술로 굳혀서 만듭니다. 거의 100% 기름 성분으로 냄새도 맛도 없는 흰색 기름인데, 산화를 방지하기 위하여 질소 가스를 넣은 고형 유지 형태로 판매되고 있습니다.

버터 대신 마가린을 쓰면 완성품에 차이가 생기나요?
=마가린의 장점

마가린은 버터에 비해 풍미는 약간 떨어지지만 빵에 볼륨이 생기고 부드러움을 유지해주는 데다 경제적입니다.

버터는 우유로 유지방분이 높은 크림을 만든 다음 열심히 섞어 지방구를 융합시키고 수분을 분리해 지방구만 모아 추출한 것으로, 유지방분 속에 약 16%의 수분이 유화되어 섞여 있습니다.

한편 마가린은 버터의 대용품으로 만들어진 것이 그 시초였는데 마가린은 버터와 흡사한 풍미가 있으면서도 버터보다 싸고 공급이 안정적이기 때문에 빵을 만들 때 흔히 쓰입니다.

버터를 모방했다고는 하나 마가린에는 작업성에 있어서 버터를 앞서는 부분이 있습니다. 반죽할 때 유지를 얇은 막 형태로 반죽에 분산시키려면 유지의 가소성이 중요합니다(→Q109). 버터의 가소성은 13~18℃라는 한정된 온도대에서만 그 성질을 발휘하는데, 마가린은 10~30℃로 가소성을 보이는 온도 범위가 넓습니다. 그래서 버터보다 적당한 경도로 조절하기 쉬워서 작업성이 우수합니다.

또 버터보다 빵의 볼륨을 잘 살리고 부드러움도 오래 유지할 수 있습니다. 비록 풍미는 버터에 못 미치지만 버터보다 맛이 깔끔하고 제품마다 맛과 냄새에 차이가 있는 만큼, 빵을 만들 때 잘 비교해보고 마음에 드는 제품을 찾는 것이 좋습니다.

컴파운드 마가린이 무엇인가요? 어떨 때 쓰나요?
Q
113 =컴파운드 마가린의 특징

 식물성 유지에 동물성 유지인 버터를 배합한 마가린입니다. 사용법은 버터,
A **마가린과 똑같습니다.**

「컴파운드(compound)」에는 「복합물, 화합물」이라는 의미가 있습니다.

마가린은 일반적으로 식물성 유지가 주된 성분인 반면, 컴파운드 마가린은 식물성 유지에 동물성 유지인 버터를 배합해서 버터의 풍미와 마가린의 편리성을 겸비한 제품입니다. 버터의 배합률에 규정은 없고 제품마다 다른데, 마가린과 같이 우수한 제빵성이 있습니다.

버터의 배합률은 적은 것이 10여 %, 많으면 60% 이상인 제품도 있습니다. 버터의 깊은 맛과 풍미를 어느정도로 원하는지 잘 고려해서 제품을 선택하면 됩니다.

 쇼트닝을 배합하면 어떤 빵이 되나요? 버터와 비교했을 때 맛과 식감에 차
Q
114 **이가 있나요?**
=쇼트닝의 특징과 사용법

 바삭바삭 잘 부스러지는 식감을 얻을 수 있습니다. 또 다른 재료의 냄새 등
A **을 방해하지 않습니다.**

빵에 배합하는 유지로 버터와 마가린뿐만 아니라 맛과 냄새가 없는 것이 특징인 쇼트닝도 사용합니다. 쇼트닝은 쿠키와 비스킷이 바삭바삭하고 잘 부스러지고 식감을 가볍게 하는 데 쓰입니다. 이러한 유지의 성질을 쇼트닝성이라고 부릅니다. 영어 「shorten(바삭바삭하게 하다, 잘 부서지게 하다)」으로, 쇼트닝의 어원이기도 합니다.

또 쇼트닝은 빵의 크럼과 크러스트를 씹었을 때 잘 끊어지는 식감을 주며, 반죽이 잘 부풀고 부드러워지게 하는 효과가 있습니다. 쇼트닝에는 가소성이 있는데, 마가린처럼 10~30℃에서 그 성질을 발휘합니다. 최근에 발표된 연구에 따르면 빵 반죽에 넣은 쇼트닝은 버터와 마가린이 얇은 막처럼 퍼지는 것과 달리, 아주 작은 기름방울이 되어 분산된다고 합니다. 그렇게 글루텐 막의 표면과 안에 흡수되어 분산되면 글루텐이 이완되면서 반죽이 유연하게 늘어나고 발효와 굽기 공정에서 잘 부풀어 오릅니다.

또 구울 때 글루텐 막 안에 기름방울 형태로 퍼졌던 유지가 녹아 글루텐에 일부 스며들면서 구워지기 때문에, 버터와 마가린과 달리 글루텐 조직이 느슨해지면서 크럼과 크러스트의 씹는 느낌이 좋아집니다. 그 밖에도 쇼트닝을 배합한 빵은 버터를 배합한 빵보다 구움색이 연하고, 빵에 유지의 맛과 냄새가 더해지지 않는다는 특징도 있습니다.

쇼트닝은 거의 100% 냄새와 맛이 없는 지질로 되어 있는 반면 버터에는 지질과 수분 이외에 탄수화물이 0.2%, 단백질이 0.5% 정도 함유되어 있습니다. 이 탄수화물(당류)과 단백질(아미노산)이 가열되면 아미노카르보닐(메일라드) 반응이 일어나(→**Q98**), 갈색 물질과 방향 물질이 생기고 버터 특유의 구움색과 고소한 냄새가 나오게 됩니다. 한편 쇼트닝에는 향이 없지만, 앞에서 말한 이유로 인해 버터를 쓸 때보다 식감이 부드럽고 씹는 느낌이 좋습니다.

위와 같은 특징이 있기 때문에, 밀의 냄새를 살리고 다른 쓸데없는 풍미를 주고 싶지 않거나 씹는 느낌이 좋고 빵을 잘 부풀리는 효과를 내고 싶을 때는 쇼트닝을 단독으로 사용합니다. 그리고 실제로 빵을 만들 때는 버터와 병용해서 버터의 맛과 냄새를 살리면서도 잘 씹히고 볼륨 있게 만드는 경우가 많습니다. 자신이 만들고 싶은 빵의 풍미와 식감 등을 고려해, 쇼트닝을 단독으로 쓸 것인지 아니면 버터와 병용할 것인지를 정하면 됩니다.

참고 ⇒**p.390~391** 「테스트 베이킹 14 유지의 종류」

빵에 배합하는 버터를 액상 유지로 바꾸면 완성품에 차이가 나나요?
= 액상 유지의 특징과 사용법

볼륨이 약하고 구움색도 연하게 나옵니다.

빵에 배합하는 버터를 버터와 비슷한 고형 유지에 가소성(→**Q109**)이 있는 마가린, 쇼트닝으로 바꾸면 완성된 빵의 볼륨이 비슷하거나 그 이상으로 나옵니다.

가소성 있는 유지는 글루텐이 늘어날 때 어느 정도 굳기를 가지고 반죽과 함께 늘어나 그 상태를 유지해서, 발효 때도 반죽이 꺼지지 않고 계속 부풀어 있기 때문입니다.

하지만 샐러드유나 올리브유 등과 같은 액상 유지는 가소성이 없고 고형 유지처럼 굳은 상태도 아닙니다. 그래서 버터 대신 이러한 액상 유지를 넣으면 반죽이 잘 늘어나기는 하지만 가소성 있는 유지보다 반죽에 탄력이 없어 늘어지기 쉽고 부푼 형태를 유지하지 못해 옆으로 퍼져버리고 맙니다. 그래서 완성된 빵에 볼륨이 잘 나오지 않습니다. 또 쇼트닝과 마찬가지로 버터를 배합했을 때에 비해 구움색이 연합니다. 액상 유지는 지질 100%로 아미노카르보닐(메일라드) 반응(→**Q98**)에 관여하는 성분이 없기 때문입니다.

이런 이유 때문에 빵에 배합하는 버터를, 냄새가 약한 샐러드유로 대체하지는 않습니다. 하지만 같은 액상 유지라도 올리브유는 산뜻한 냄새가 독특해서, 그 냄새와 액상 유지가 반죽에 미치는 영향을 특징으로 살린 포카치아 같은 빵이 있습니다.

유지 종류의 차이에 따른 완성품 비교

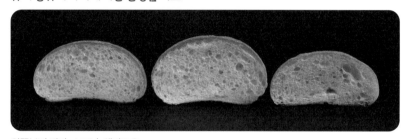

왼쪽부터 버터, 쇼트닝, 샐러드유
※기본 배합(**p.365**) 중에서 유지 배합량을 10%로 하고 쇼트닝, 버터, 샐러드유로 만든 것을 비교

참고 ⇒p.390~391 「테스트 베이킹 14 유지의 종류」

과자를 만들 때는 주로 무염 버터를 쓰는데, 빵을 만들 때는 가염 버터를 써도 괜찮나요?
=제빵에 적합한 버터의 종류

무염 버터를 쓰는 것이 좋습니다.

제빵도 제과와 마찬가지로 보통은 무염 버터를 씁니다.

일반적인 가염 버터에는 염분이 1~2% 함유되어 있습니다. 예를 들어 밀가루 1kg을 사용한 빵 반죽에 염분이 약 1.5% 함유되어 있는 가염 버터를 200g 썼다고 가정한다면 그 경우 버터의 염분량은 약 3g이 됩니다. 이를 베이커스 퍼센트(빵의 재료를 백분율로 표시하는 방법)로 바꿔 생각하면 약 0.3%입니다.

소금은 밀가루의 2% 정도를 사용하는 것이 일반적인데, 소금이 0.3%나 늘어나면 빵 맛에 분명히 영향을 미칩니다. 즉 무염 버터를 쓰는 이유는 버터 사용량이 많은 경우에 빵 맛이 변하는 것을 막기 위해서입니다.

참고로 가염 버터를 쓰고 그 염분량을 계산해서 반죽에 넣는 소금 분량을 그만큼 줄이면 되지 않을까 싶지만 그렇지는 않습니다. 소금은 글루텐의 구조를 조밀하게 만들어 반죽의 점성과 탄력을 강하게 만드는 작용을 합니다(→Q82). 하지만 버터는 믹싱 후반에 넣기 때문에 버터에 들어 있는 소금으로 그 효과를 기대하기란 어렵고 글루텐만 잘 생기지 않을 뿐입니다.

Q 117 고형 유지와 액상 유지는 반죽 공정에서 넣는 타이밍이 다르나요?
=유지를 넣는 타이밍

A 고형 유지는 믹싱 중반에, 액상 유지는 믹싱 초반에 넣습니다.

믹싱 초반에는 유지를 넣지 않고 반죽을 치대 글루텐을 충분히 형성시킵니다. 그리고 글루텐이 생겨 반죽에 탄력이 나오는 중반 무렵에 유지를 넣습니다. 처음부터 유지를 넣어버리면 유지가 밀가루의 단백질끼리 결합하는 것을 방해해 글루텐이 잘 생기지 않기 때문에 버터와 쇼트닝 등 고형 유지는 믹싱 시작 직후가 아니라 어느 정도 반죽이 잘 이어진 후에 넣는 것이 기본입니다(→p.266~268 「버터롤」).

반면 액상 유지인 샐러드유과 올리브유 등을 고형 유지와 똑같이 믹싱 중반에 넣으면 잘 이어져 있고 탄력이 생긴 반죽에 기름이 스며들지 못해 반죽 겉에만 머물게 됩니다. 그래서 반죽에 잘 섞이게 하려고 더 오래 믹싱을 하게 되면서 반죽에 부담이 가게 됩니다.

따라서 액상 유지는 기본적으로 믹싱 시작 직후에 반죽에 넣습니다. 참고로 유지를 이른 단계에 넣으면 글루텐 형성을 방해하지만, 액상 유지를 쓰는 빵은 글루텐이 강하게 이어지지 않아도 되는 종류가 많습니다.

Q
118

빵에 고형 유지를 배합할 경우 몇 % 정도가 좋나요?
=고형 유지의 배합량

A

**부드럽게 만들고 싶다면 3% 이상, 버터의 특징을 살리고 싶다면 10~15%
를 배합합니다.**

빵에 고형 유지를 넣는 목적이 폭신하게 부풀어 올라 부드러운 식감을 만들고 싶은
것이라면 밀가루의 3% 이상 넣습니다. 예컨대 식빵이라면 3~6%를 넣는 것이 일반적
입니다.

하지만 동시에 볼륨을 크게 만들고 싶을 경우 6% 넘게 유지를 넣어버리면 오히려 부
푸는 네 방해가 됩니다.

한편 버터의 진한 맛과 냄새를 느끼게 만들려면 10% 정도는 넣을 필요가 있습니다.
버터가 맛을 좌우하는 버터롤은 밀가루의 10~15%, 반죽에 넣는 버터 분량이 많은 브
리오슈는 30~60%나 넣습니다.

참고 ⇒p.392~393 「테스트 베이킹 15 버터의 배합량」

Q
119

**버터와 쇼트닝은 수분 함유량이 다른데, 버터를 쇼트닝으로 바꿨을 경우 물
의 배합량을 고려해야 하나요?**
=유지의 수분이 미치는 영향

A

배합은 특별히 바꾸지 않아도 되고, 조정수로 조금씩 조정하면 됩니다.

버터에는 수분이 약 16% 함유되어 있습니다. 마가린도 버터와 수분량이 비슷한데, 쇼
트닝의 경우는 거의 100% 유지로 되어 있고 수분은 거의 없습니다.

이처럼 수분량이 달라도 버터를 쇼트닝으로 바꿀 때 버터와의 수분 차이를 고려할 필
요는 없습니다. 엄밀히 따지면 조정이 필요하긴 하지만, 보통은 믹싱할 때 조정수로
조정 가능한 범위입니다. 그래도 버터가 20% 이상 들어가는 리치한 반죽의 경우에는
버터를 쇼트닝으로 바꾸면 단순히 계산해도 차이가 3%를 넘는 만큼 사용수의 분량
을 늘립니다.

크루아상에 넣는 충전용 버터는 어떻게 늘리나요?
=버터의 가소성을 이용한 크루아상의 성형

버터를 밀대로 때린 다음에 쓰면 점토 같아져서 성형할 수 있습니다.

크루아상은 빵 반죽과 버터가 여러 겹 겹쳐진 접기형 반죽으로 만듭니다. 접기형 반죽을 만들려면 우선 발효시킨 빵 반죽을 늘리고 거기에 사각형 모양으로 늘린 버터를 올린 후 반죽으로 감쌉니다. 그런 후 파이 롤러로 밀어서 더 얇게 늘린 다음 반죽과 버터가 층을 이룬 상태를 유지하면서 3절 접기 작업을 합니다.

버터를 사각형 모양으로 늘릴 때는 버터의 가소성(→**Q109**)을 이용합니다. 버터를 덩어리 그대로 차갑게 두었다가 밀대로 때려서 얇게 만듭니다. 이렇게 힘을 가하면서 가소성을 발휘할 수 있는 13℃까지 온도를 올리면 점토처럼 말랑해져서 반죽과 같이 밀대로 늘릴 수 있는 굳기가 됩니다.

시중에서 파는 도넛이 집에서 만든 도넛처럼 끈적거리지 않는 이유는 무엇인가요?
=튀김용 쇼트닝의 특징

튀김용 쇼트닝을 쓰기 때문입니다. 쇼트닝은 상온에 있으면 고체로 돌아가기 때문에 기름이 잘 배어 나오지 않습니다.

집에서 도넛을 만들면 갓 튀겼을 때는 표면이 바삭바삭하고 맛있지만 시간이 지나면 기름지고 느끼해집니다.

그런데 빵집에서는 도넛, 카레빵 등 튀김빵을 트레이에 담아도 기름이 배어 나오지 않습니다. 집에서 흔히 쓰는 액상 유지가 아니라 튀김용 쇼트닝으로 튀기기 때문입니다.

튀김용 쇼트닝은 일반 쇼트닝과 마찬가지로 상온에서는 하얀 고형 유지이지만 프라이어에 넣고 열을 가하면 액체로 변해서 일반 가정에서 쓰는 액상 유지와 똑같이 튀김에 쓸 수 있습니다. 튀김용 쇼트닝은 액상 유지와 달리 식어서 상온으로 돌아가면 녹았던 기름이 다시 고체가 됩니다.

즉 도넛에 흡수되었던 기름이 식어서 진열될 때는 고체로 돌아오기 때문에 도넛을 트레이에 담아도 기름이 잘 배어 나오지 않는 것입니다. 먹을 때도 기름이 굳어 있기 때문에 식감이 바삭합니다.

반면 샐러드유 등 액상 유지로 튀기면 식은 후에도 도넛 등 튀김빵에 스며든 기름은 여전히 액체 상태입니다. 그래서 빵 속까지 기름이 스며들어 기름진 것처럼 느껴지고 표면이 끈적거리기 쉽습니다.

달걀

Q
레시피에서 달걀이 개수로 표시되어 있으면, 어떤 사이즈의 달걀을 고르는 것이 좋나요?
=제빵에 적합한 달걀 사이즈

A
개수로 표시되어 있으면 보통 M 사이즈(60g 내외)를 고르면 됩니다.

달걀 크기는 일본의 경우 농림수산성에서 정한 『달걀 규격 거래 요망』에 따라 왼쪽 아래 표와 같이 정해져 있습니다. 달걀은 SS에서 LL까지 분류되어 있는데, 규격 내에서 가장 작은 것은 40g, 큰 것은 76g으로 차이가 좀 납니다.

달걀의 크기와 중량에 따른 규격

종류	달걀 1개의 중량(껍데기 포함)
SS	40~46g 미만
S	46~52g 미만
MS	52~58g 미만
M	58~64g 미만
L	64~70g 미만
LL	70~76g 미만

(『달걀 규격 거래 요망』 일본 농림수산성 사무차관 통보)

우리나라는 농림축산식품부에서 정한 『계란의 중량 규격』에 따라 정하고 있습니다.

규격	중량
소란	44g 미만
중란	44g 이상 ~ 52g 미만
대란	52g 이상 ~ 60g 미만
특란	60g 이상 ~ 68g 미만
왕란	68g 이상

([농림축산식품부고시 제2020-112호])

왼쪽부터 SS, S, M, L, LL

모든 크기의 달걀을 깨보면 노른자의 크기는 별 차이가 없고, 큰 달걀일수록 흰자의 양이 많다는 사실을 알 수 있습니다(→다음 사진 참조).

가정용으로는 M 사이즈와 L 사이즈가 많이 팔리는데, 달걀 껍데기와 껍데기 막(중량의 약 10%)을 제거한 전란은 M 사이즈가 약 50g, L 사이즈가 약 60g 정도 됩니다. 달걀노른자는 어떤 크기의 달걀이든 대략 20g으로, SS는 20g 미만, LL은 20g을 약간 웃돌 뿐입니다.

달걀 크기별 부피 비교

왼쪽부터 S, M, L 사이즈의 달걀

큰 달걀은 흰자의 양이 많은 것인데, 더 자세히 설명하자면 흔히 쓰는 M 사이즈와 L 사이즈도 1개당 약 10g의 차이가 있고 M 사이즈는 약 30g, L 사이즈는 약 40g입니다. 그래서 레시피에 전란이나 달걀흰자를 쓰는데 분량이 개수로 표시되어 있다면 어떤 크기의 달걀을 쓰느냐에 따라 개수가 달라 질 수도 있습니다. 따라서 특별히 지정되어 있지 않다면 M 사이즈를 쓰는 것이 일반적입니다.

또 전란의 분량이 g으로 표시되어 있을 경우 개수 표기 때와 마찬가지로 M 사이즈의 달걀(노른자 20g, 흰자 30g)을 기준으로 생각했을 때 노른자:흰자 = 2:3이 되도록 조절합니다.

흰자와 노른자를 따로 계량하는 레시피라면 어떤 크기의 달걀을 쓰든 상관없습니다. 한쪽이 남는 손실을 최대한 줄이고 싶다면 예컨대 흰자가 많이 들어가는 배합일 경우 LL 사이즈의 달걀을 쓰면 적은 개수로 끝낼 수 있고, 노른자만 쓰는 레시피의 경우는 크기가 작은 달걀을 쓰는 것이 흰자의 손실을 줄일 수 있습니다.

 갈색 달걀과 흰색 달걀은 어떤 차이가 있나요? 그리고 노른자 색깔의 진하기가 다른 이유는 무엇이고, 영양가에 차이가 있는지 궁금합니다.
=달걀 껍데기와 노른자의 색깔

 껍데기 색은 일반적으로 닭의 종류에 따라 결정되고, 노른자 색깔은 사료의 색소 때문에 달라집니다.

달걀에는 갈색란과 백색란이 있는데 갈색란의 가격이 좀 더 비싼 경향이 있습니다.

달걀 껍데기의 색깔은 닭의 종류에 따라 다를뿐 영양 차이는 없습니다. 털이 하얀 닭은 백색란을 낳고, 털이 갈색이나 검은색 계통인 닭은 갈색란을 낳습니다. 하지만 흰 닭이 갈색란을 낳거나 갈색 닭이 백색란을 낳기도 하고 분홍색이나 연두색 알을 낳는 닭도 있습니다. 현재는 많은 품종이 있기 때문에 달걀 껍데기 색이 반드시 닭의 털 색과 관련 있다고 말할 수도 없게 되었습니다.

한편 일본에서는 예부터 달걀노른자 색깔이 진노란색이면 맛있고 영양가도 높은 이미지가 있어서, 노른자 색깔이 진한 달걀을 낳는 양계장이 예전보다 더 많아졌습니다. 노른자 색깔을 더 진하게 만들려면 닭 모이로 파프리카, 당근, 노란 옥수수 등 색소가 많이 함유된 사료를 주면 됩니다. 다만 카로티노이드 색소가 많다고 해서 꼭 베타카로틴을 많이 섭취할 수 있는 것은 아닙니다.

참고로 색에 따른 맛과 제빵성의 차이는 없지만, 노른자 색깔은 완성품의 크림 색깔에 영향을 미칩니다. 예를 들어 노른자가 오렌지색에 가까운 달걀을 쓴 빵은 크림 색깔도 오렌지색에 가까워지고, 흰 기가 감도는 노른자로 만든 빵은 크림 색깔도 흰 기가 감돕니다.

Q 124 전란을 쓰는 것과 노른자만 쓰는 것은 완성품에 얼마나 차이가 나나요?
=달걀노른자와 흰자의 성분 차이

A 달걀노른자만 쓰면 촉촉하고 부드럽게 완성되고, 전란을 쓰면 크럼이 다소 딱딱해지지만 씹었을 때 끊어지는 느낌이 더 좋아집니다.

빵 반죽에 달걀을 넣을 때는 전란 또는 노른자를 첨가하는 것이 일반적입니다.

달걀을 익히면 굳는 것은 달걀에 함유된 단백질의 성질 때문입니다. 단백질은 아미노산의 입체 구조로 이루어져 있는데, 이 입체 구조가 열에 의해 변형되면 단백질끼리 달라붙어 응집합니다. 이것이 열응고(열에 의해 굳는 것) 현상입니다. 열응고는 단백질을 많이 함유한 다른 식품(생선, 육류 등)에서도 볼 수 있시만, 달걀은 액체 상태이고 달걀노른자와 흰자는 굳는 방식이 다르다는 특징이 있습니다.

노른자에는 수분과 단백질 이외에 지질도 함유되어 있는 반면 흰자는 대부분을 수분이 차지하고 있고 그밖에는 단백질이며 지질은 거의 없습니다. 빵은 지질을 많이 함유한 노른자만 쓰면 촉촉하고 부드럽게 완성됩니다. 반면 전란을 쓰면 흰자가 들어가면서 빵 반죽의 뼈대가 탄탄해지고 씹히는 느낌이 좋지만 노른자만 썼을 때보다 다소 딱딱해집니다.

완성품의 볼륨을 테스트 베이킹으로 비교해 보았더니 노른자만 쓴 빵의 볼륨이 가장 컸고 흰자만 쓴 빵은 볼륨이 덜 생긴 채로 완성되었습니다. 전란이 들어간 빵은 노른자만 쓴 것 정도까지는 아니라도 전체적으로 볼륨이 잘 나왔습니다(→다음 페이지 사진 참조).

이러한 특징까지 잘 이해하고 나서 빵에 어떤 식감과 볼륨을 낼지 고려해 전란과 노른자를 구분해 쓰는 것이 좋습니다.

달걀의 성분 비교

(가식부 100g당 g)

	수분	단백질	지질	탄수화물	회분
전란(생)	75.0	12.2	10.2	0.4	1.0
노른자(생)	49.6	16.5	34.3	0.2	1.7
흰자(생)	88.3	10.1	미량	0.5	0.7

※전란은 붙어 있는 흰자까지 포함한 달걀 껍데기(껍데기 비율은 12%)를 폐기하고 노른자:흰자=38:62인 시료를 썼다
(『일본 식품 표준 성분표 2020년판(8차 개정)』 문부과학성 과학 기술·학술 심의회에서 발췌)

전란, 노른자, 흰자 첨가에 따른 완성품 비교

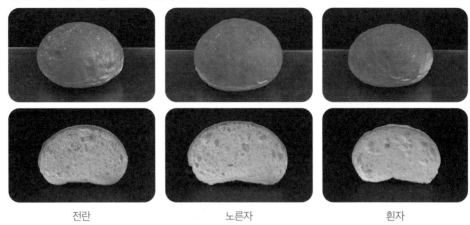

| 전란 | 노른자 | 흰자 |

※기본 배합(**p.365**) 중에서 달걀을 5% 첨가하고 그 종류로 전란, 노른자, 흰자를 사용해 만든 것을 비교 (물은 59% 줄여서 조정)

참고 ⇒p.394~397「테스트 베이킹 16, 17 달걀의 배합량 ①, ②」

달걀노른자는 크럼의 결과 부풀기에 어떤 영향을 미치나요?
=제빵에 있어서 빼놓을 수 없는 달걀노른자의 유화 작용

달걀노른자에 함유된 지질이 유화함으로써 빵에 세 가지 영향을 미칩니다.

제빵에 있어서 달걀의 역할은 **Q124**에서도 다루었지만, 노른자와 흰자는 반죽과 제품에 미치는 영향이 다릅니다. 여기서는 노른자의 역할에 대해 자세히 이야기해 보겠습니다.

빵 반죽에 달걀노른자를 배합하면 아래의 세 가지 효과가 있습니다.

① 크럼의 결이 조밀하고 촉촉하게 완성된다
② 볼륨이 생긴다
③ 완성된 빵을 부드럽게 유지해줘서 시간이 지나도 잘 굳지 않는다

달걀노른자의 배합량 차이에 따른 완성품 비교

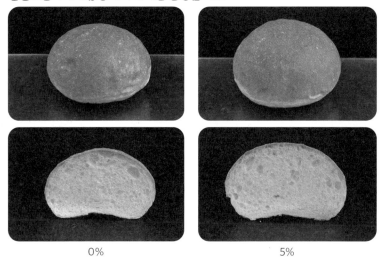

0%   5%

※기본 배합(**p.365**)한 것과 이 배합에 노른자를 5% 첨가해 만든 것(물은 59% 줄여서 조정)을 비교

① 크럼의 결이 조밀하고 촉촉하게 완성된다

달걀흰자는 지질이 없지만, 노른자는 성분의 34.3%를 지질이 점하고 있습니다. 노른자의 지질은 유화 작용을 하는 레시틴(인지질의 일종)과 리포단백질(지질과 단백질 복합체)*을 함유하고 있는 것이 특징입니다.

유화란 원래 섞이지 않는 물과 기름이 섞이는 현상입니다. 물과 기름이 섞이려면 둘을 이어주는 물질이 필요한데, 이를 유화제라고 하며 노른자에서는 레시틴과 리포단백질이 그 역할을 합니다.

빵의 재료에는 물에 잘 섞이는 것(밀가루, 설탕, 분유 등)과 기름에 잘 섞이는 것(버터, 마가린, 쇼트닝 등)이 있습니다. 달걀노른자가 배합된 반죽을 믹싱하면 노른자 속 레시틴과 리포단백질이 유화제로 작용해서 기름이 물에 방울 형태로 분산되어 반죽에 섞입니다. 이렇게 재료가 균일하고 촘촘하게 분산되고 섞이면서 물과 기름의 분포가 안정적인 반죽이 되는 현상과 다음 ②에서 설명할 현상이 일어나며 결이 고운 반죽이 되는 것입니다.

※리포단백질 : 지질 성분을 함유하면서도 물에 잘 분산되어, 기름을 레시틴과 함께 물에 입자 형태로 퍼트려 안정적인 상태가 되도록 작용한다. 레시틴이 단독으로 있는 것보다 리포단백질이 같이 작용해야 유화가 더 강화된다.

② 볼륨이 생긴다

빵 반죽에 달걀노른자가 배합되면 레시틴과 리포단백질이 유화제로 작용해 반죽의 수분에 기름이 방울 형태로 분산되는 식으로 유화가 촉진됩니다. 그러면 반죽이 부드럽고 매끈해지며 유연하게 늘어나고 발효와 굽기 공정에서 반죽이 잘 부풀게 됩니다. 또 전분은 굽기 전까지는 글루텐 층 사이에 입자 상태로 존재하지만, 구우면서 반죽 온도가 60℃를 넘으면 물을 흡수하기 시작해, 전분 입자가 팽윤합니다. 85℃ 정도가 되어 완전히 호화(α화)하면(→**Q36**), 물이 많은 경우 보통은 입자가 붕괴되어 아밀로스가 입자 밖으로 나오고 점성이 강해집니다.

하지만 빵 반죽에 노른자가 배합되면 노른자의 유화 작용 때문에 아밀로스가 전분 입자의 밖으로 나오기 힘들어집니다. 다시 말해 풀 같은 점성이 잘 나오지 않아서 글루텐의 신장성(잘 늘어나는 정도)이 방해받지 않고 잘 부푸는 것입니다(→**Q35**).

③ 완성된 빵을 부드럽게 유지해줘서 시간이 지나도 잘 굳지 않는다

전분의 노화(β화)를 설명할 때도 다루었지만 빵은 전분 입자의 아밀로스와 아밀로펙틴이 원래 결정의 모양으로 돌아가려고(결정화) 하면서 굳어집니다(→**Q38**).

유화제가 작용한 상태에서는 아밀로스가 전분 입자 밖으로 나가기 어려워서 결정화가 전분 입자 안에서만 진행되기 때문에 시간이 지나도 잘 딱딱해지지 않습니다. 이러한 작용은 특히 첨가물로 유화제를 넣을 때 일어나는 효과인데 달걀노른자를 배합해도 같은 현상이 적잖이 일어납니다.

참고 ⇒p.396~397「테스트 베이킹 17 달걀의 배합량 ②」

유화제가 전분 호화, 노화에 미치는 영향

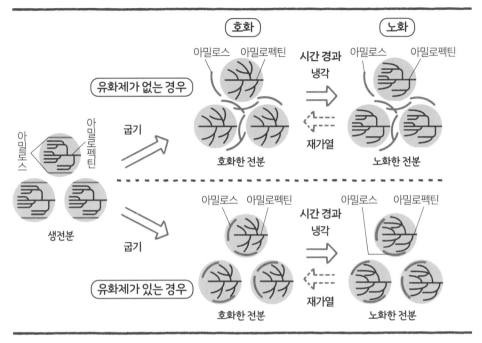

※재가열 화살표가 점선인 이유는 노화한 전분을 재가열해도 원래의 호화로 완전히 돌아갈 수 없음을 나타낸 것이다(→**Q39**)

유화란?

볼에 물과 기름을 넣고 힘껏 휘저어 섞으면 순간적으로는 기름이 미세한 입자가 되어 물에 섞이는 듯 보입니다. 이는 기름이 물에 퍼졌기 때문이지만, 금세 다시 물과 기름층으로 분리됩니다. 여기에 유화제라는, 물에 잘 섞이는 친수성과 기름(지질)에 잘 섞이는 소수성을 모두 가진 물질을 넣으면 이 물질이 물과 기름 사이를 이어줍니다. 예를 들어 드레싱은 수분과 기름이 분리되어 층이 나누어져 있다가 잘 흔들면 수분에 기름이 분산되는 타입도 있고, 처음부터 수분과 기

름이 균일하게 섞여 있어서 흔들지 않고 쓸 수 있는, 크리미하고 걸쭉한 타입이 있습니다. 후자는 물과 수분이 분리되지 않게 유화제로 작용하는 재료를 첨가해 만든 것입니다. 이처럼 원래는 섞이지 않는 두 종류의 액체 중에 한쪽이 미세한 입자가 되어 다른 한쪽에 분산되어 섞이는 것을 「유화」라고 하고, 이렇게 섞인 상태를 에멀션(유탁액)이라고 합니다.

유화하려면 유화제 작용을 하는 물질이 필요한데, 유화제의 친수성 부분은 물, 소수성

부분은 기름과 결합해서 물과 기름이 공존하게 할 수 있습니다.

유화의 종류

유화에는 두 종류가 있는데 수분이 기름보다 많을 때는 물에 기름이 방울 상태로 분산된 「수중유적(O/W)형」으로 유화합니다. 유화제는 소수성 부분이 안쪽에서 기름과 결합해 기름 입자를 에워싸고, 친수성 부분은 바깥쪽에서 물과 결합해 물속에서 기름을 입자 형태로 유지합니다. 반대로 기름이 수분보다 많으면 「유중수적(W/O)형」으로 유화하고, 유화제에 에워싸인 물이 기름에 입자 형태로 분산되어 안정적인 상태가 됩니다.

제빵 재료 자체가 유화에 의해 만들어진 것도 있습니다. 우유와 크림 등은 수중유적형이고, 버터는 유중수적형 에멀션입니다. 여기에도 유화제가 함유되어 있는데, 달걀노른자에 들어 있는 유화제는 유화력이 강한 것이 특징입니다.

유화의 종류

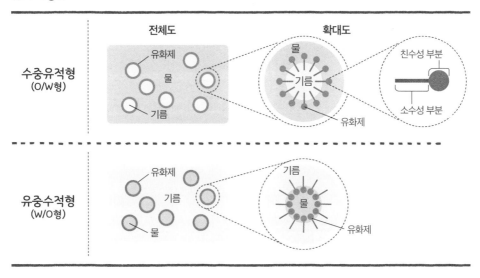

 달걀흰자는 빵의 결과 부풀기에 어떤 영향을 미치나요?
=부푼 빵을 받쳐주는 달걀흰자

 달걀흰자의 단백질은 빵의 뼈대를 보강하고 식감을 좋게 만들어 줍니다.

배합에 달걀노른자를 넣었을 때의 영향은 **Q125**에서 이야기했습니다. 이번에는 달걀흰자가 어떤 영향을 미치는지 알아보겠습니다. 달걀흰자는 빵 반죽에 다음과 같은 영향을 줍니다.

① 부푼 반죽의 뼈대를 보강해준다
② 베어 물었을 때 끊어지는 느낌이 좋은 식감을 만들어내는데, 배합량이 많으면 빵이 딱딱해진다

달걀흰자의 배합량 차이에 따른 완성품 비교

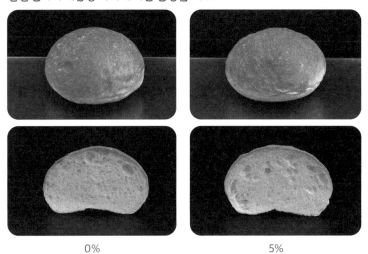

| 0% | 5% |

※기본 배합(**p.365**)인 것과 이 배합에 달걀 흰자를 5% 첨가해 만든 것(물은 59% 줄여서 조절)을 비교

① 부푼 반죽의 뼈대를 보강해준다

달걀흰자도, 노른자도 열에 응고하지만 단백질 구성이 달라서 굳는 방식에 각각 특징이 있습니다.

친숙한 예로 삶은 달걀을 떠올려 봅시다. 달걀흰자는 수분을 함유한 상태로 겔처럼 굳는 반면 노른자는 분질성이 있는 상태로 굳습니다. 완숙 달걀은 노른자 알이 꽉 차서 보슬보슬하게 잘 흩어집니다.

반면 흰자는 단백질이 뭉쳐져 그물처럼 이어져 있고 그 그물이 부드러운 뼈대가 되어, 그 사이에 수분을 가둔 채 젤리처럼 굳어 있습니다.

빵 반죽에 흰자를 섞으면 흰자가 분산되기 때문에 흰자 단독으로 가열했을 때처럼

젤리 상태는 되지 않지만, 단백질이 뼈대 역할을 하는 것은 똑같아서 흰자를 배합하지 않는 경우에 비해 글루텐이 보강되고 부푼 반죽이 잘 꺼지지 않습니다.

② 베어 물었을 때 끊어지는 느낌이 좋은 식감을 만들어내는데 배합량이 많으면 빵이 딱딱해진다

달걀흰자의 성분은 수분이 88.3%, 단백질이 10.1%로 수분 이외의 고형분은 거의 단백질로 이루어져 있습니다. 이 단백질 중 절반 이상을 오브알부민이 점하고 있습니다. 오브알부민은 열을 가하면 응고하고, 씹었을 때 끊어지는 느낌이 좋습니다. 하지만 배합량이 너무 많으면 푸석푸석하고 딱딱한 식감이 됩니다.

참고 ⇒**p.396~397** 「테스트 베이킹 17 달걀의 배합량 ②」

빵에 달걀의 풍미를 입히려면 어느 정도로 배합해야 하나요?
=풍미를 내는 데 필요한 달걀의 배합량

달걀노른자는 밀가루의 6% 정도, 전란은 15% 정도 배합하면 좋습니다.

지금까지 달걀의 역할을 알아보았는데, 빵에 달걀을 배합하는 가장 큰 목적은 완성된 빵에 달걀 특유의 깊은 풍미를 주기 위해서가 아닐까요?

달걀의 깊이 있는 풍미는 주로 노른자가 만들어내는 것입니다. 빵을 먹었을 때 그 풍미를 느끼게 하려면 노른자의 경우 밀가루의 6% 정도, 전란은 15% 정도를 배합하는 것이 좋습니다.

달걀의 풍미를 더 부각하고 싶은 마음에 너무 많은 달걀을 배합하는 것은 좋지 않습니다. 달걀노른자가 너무 많으면 노른자의 점성 때문에 믹싱이 힘들고, 노른자의 성분인 지질이 늘어나 글루텐도 잘 이어지지 않게 됩니다. 그래서 그만큼 오래 반죽하지 않으면 볼륨이 작은 빵이 나올 수 있습니다.

또, 전란이 너무 많으면 그만큼 흰자도 늘어나게 되어 빵이 딱딱해집니다(→**Q126**). 단, 달걀을 배합했을 때 반죽의 특징을 잘 이해하고 만드는 브리오슈처럼 달걀을 많이 배합하는 제품도 있습니다.

전란의 배합량 차이에 따른 완성품 비교

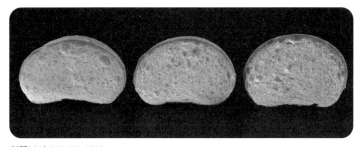

왼쪽부터 0%, 5%, 15%

※기본 배합(**p.365**)인 것과 이 배합에 전란을 5% 첨가해서 만든 것(물은 59%로 줄여서 조절),
15% 첨가해서 만든 것(물은 49% 줄여서 조절)을 비교

참고 ⇒p.394~397 「테스트 베이킹 16, 17 달걀의 배합량 ①, ②」

냉동 보관한 달걀을 쓰면 완성품에 차이가 있나요?
=냉동 달걀의 제빵성

냉동했다가 해동해도 전란은 특별히 문제가 없지만, 노른자는 설탕을 첨가해야 합니다.

달걀을 껍데기째 냉동하면 안이 팽창해서 껍데기가 깨질 수 있지만, 푼 상태라면 전란의 냉동 보관이 가능합니다. 해동 후에 다시 원래 상태로 돌아가기 때문에 제빵에는 별로 문제 되지 않습니다.

달걀흰자도 냉동 보관이 가능한데 해동하고 나면 흰자가 물처럼 됩니다. 흰자의 기포성과 거품의 안정성은 조금 떨어지지만 그래도 제빵에는 크게 문제가 되지 않습니다. 하지만 달걀노른자는 냉동하면 해동한 후에도 뭉친 상태(겔 상태)가 되어서 냉동하지 않았을 때와 똑같이 사용하기는 힘듭니다. 그런데 설탕을 10% 정도 넣고 잘 섞은 다음에 냉동하면 다시 액체 상태로 돌아올 수 있습니다. 단, 냉동했던 만큼 유화성은 떨어집니다.

어쨌든 달걀은 세균이 번식하기 쉬우므로 상업용보다 온도가 높은 가정용 냉장고로 보관하는 것은 추천하지 않습니다. 한편 상업용으로는 살균한 냉동 전란, 냉동 노른자, 냉동 흰자가 있는데 각각 가당도 있고 무가당도 있습니다(제품을 안정화하기 위해 첨가물이 들어 있는 것도 있습니다). 우리나라의 경우 냉동 난백, 냉장 난황, 냉장 전란 모두 가당

되어 있지 않습니다. 우리나라에 유통되는 냉동 난황만 냉동시 단백질 변성을 최소화하기 위해 10% 가당된 제품이 유통되고 있습니다.

가당 냉동 노른자도 설탕의 양을 고려해서 사용하면 그냥 노른자를 썼을 때와 거의 똑같이 빵을 만들 수 있습니다.

 분말 달걀은 무엇인가요?
=분말 달걀의 종류와 용도

 달걀을 분말 형태로 가공한 것으로 제빵을 비롯해 다양한 가공식품에 쓰이고 있습니다.

분말 달걀이란 액란을 살균, 건조해서 분말 또는 과립 형태로 만든 것으로, 편리성과 저장성이 뛰어나다는 특징이 있습니다. 미개봉이면 상온에서 보관 가능하며 전란 분말, 난황 분말, 난백 분말까지 세 종류가 있습니다.

전란 분말과 난황 분말은 주로 제과제빵 제품, 믹스 가루(핫케이크 믹스처럼 케이크, 빵, 가니쉬 등 간편하게 조리 가능한 조제가루), 인스턴트 식품, 면류 등에 쓰입니다.

그리고 난백 분말은 달걀을 거품 내서 만드는 스펀지케이크, 머랭, 빵, 면류 등에 쓰이며 어묵 등 수산물 반죽 제품, 햄이나 소시지 등을 뭉칠 때도 쓰입니다.

유제품

- - - - - - - - -

Q 130 제빵에 사용되는 유제품에는 어떤 것들이 있나요 ?
= 제빵에 쓰는 유제품

A 주로 우유 , 탈지분유를 씁니다 .

소에게서 갓 짠, 가공하지 않은 젖을 「생유」라고 합니다. 생유를 원료로 「우유」를 비롯해 음용유, 요구르트, 버터, 치즈, 크림, 탈지분유 등 다양한 제품을 가공합니다. 그 중에서도 우유와 탈지분유는 소프트 계열 빵의 재료로 빼놓을 수 없습니다.

버터 역시 유제품이지만 버터는 「제빵의 부재료」 중 「유지」 항목(→**p.160~172**)에서 자세히 설명하고 있습니다.

우유

유제품 중 가장 많이 소비하는 것은 우유입니다.

갓 짠 생유는 세균수가 기준 이하이거나 항생물질이 없는 상태로 가열 살균 등의 처리를 해서 「우유」로 제품화하여 유통합니다.

대부분의 우유는 살균 이외에도 균질화(homogenize) 작업을 합니다. 생유는 유청이라는 수분에 유지방이 입자 상태(지방구)로 분산되어 있는데, 잠시 가만히 두면 유지방이 표면에 뜨면서 크림층을 형성합니다. 생유에 든 지방구는 지름 0.1~10㎛로 크기가 불규칙한데 크기가 클수록 부력을 받아 표면에 잘 뜹니다. 그래서 품질을 안정시키기 위해 지방구를 2㎛ 이하로 작게 만들어 수분에 유화시키는 균질화 작업을 합니다. 생유의 지방분은 그대로지만 지방구가 작아지면서, 마시면 산뜻한 느낌이 납니다.

탈지분유

분유제품에는 커피 크리머 등 많은 종류가 있는데, 현재 제빵에 쓰는 것은 주로 탈지분유입니다. 탈지분유는 생유, 우유의 유지방분을 제거한 것(탈지유)에서 거의 모든 수분을 없애고 분말로 만든 것입니다. 유고형분이 95% 이상이고, 수분은 5% 이하로 정해져 있습니다.

분유에는 그 밖에도 유지방분이 함유된 전분유(전지분유)가 있는데, 탈지분유와의 차이점은 말 그대로 유지방분이 함유되어 있는가 아닌가에 있습니다. 전분유는 원료유(생유, 우유)의 유지방분을 제거하지 않은 상태에서 탈지분유처럼 수분을 제거해 분말로 만든 것입니다.

빵을 만들 때는 탈지분유와 전분유 둘 다 똑같이 사용 가능하지만, 이 둘을 비교하면 탈지분유가 더 싸고 전분유는 지방 함유량이 많아 보관 중에 지방이 산화하기 쉬워서 보관성이 떨어지기 때문에 주로 탈지분유를 쓰는 것입니다.

한편 탈지분유의 경우 가정용은 스킴 밀크(skim milk)로 판매하고 있는데, 뜨거운 물 등에 잘 녹을 수 있게 과립 형태로 특수 가공했습니다. 참고로 스킴 밀크는 영어로 탈지유를 뜻하며, 액체 상태입니다. 분말은 스킴 밀크 파우더라고 합니다.

우유팩에 가공유라고 표시되어 있는 경우 우유와 무엇이 다른가요?
=우유의 종류

음용유(마시는 우유)는 성분과 제조법의 차이에 따라 분류하는데, 우유도 가공유도 그중의 한 종류입니다.

음용유(마시는 우유)는 대략 다음의 세 가지로 크게 나눌 수 있습니다.

① 우유… 생유만 원료로 한 것
② 가공유… 우유에 유제품을 첨가한 것
③ 유음료… 우유에 유제품 이외에 다른 요소를 첨가한 것

음용유 중 우유라고 된 것은 생유 100%로 「우유」, 「특별 우유」, 「성분 조정 우유」, 「저지방 우유」, 「무지방 우유」까지 총 다섯 종류입니다. 그밖에는 「가공유」와 「유음료」가 있습니다.

이를 「종류별 명칭」이라고 하며, 제품 용기의 일괄 표시란이나 상품명 부근에 표시되

어 있습니다. 그래서 우유라고 생각하고 마셨는데, 종류별 명칭 내용을 보았더니 사실은 우유가 아니었던 경우도 더러 발생합니다. 유지방분을 일부 제거한 저지방 우유나 수분을 일부 제거하고 고지방으로 만든 성분 조정 우유 등은 큰 분류로는 우유에 속하지만, 사실은 성분을 전혀 건들지 않은 것만이 우유입니다. 또 상품명에 「특농」이라고 되어 있어서 고지방 우유인 줄 알았는데, 사실은 우유에 크림, 버터를 넣어 유지방분을 높인 가공유인 경우도 생기곤 합니다.

그 밖에 칼슘, 철 등을 넣어 영양을 강화한 것은 유음료에 해당합니다.

우유

일반적인 우유로, 생유(갓 짠 소젖)를 가열 및 살균한 것입니다. 생유 100%로 물, 크림 등 다른 원료를 첨가하거나 성분을 줄이지도 조절하지도 않은 그대로의 것을 가리킵니다.

또 유지방분을 3% 이상, 무지유고형분을 8% 이상 함유해야 한다는 조건이 붙습니다.

특별 우유

특별 우유 착취 처리업의 허가를 받은 시설에서 짠 생유를 처리해 제조한 것을 가리키며 우유와 마찬가지로 성분을 전혀 조정하지 않았습니다. 유지방분은 3.3% 이상, 무지유고형분은 8.5% 이상으로 정해져 있고 우유보다 농후합니다.

또 특별 우유는 1㎖당 세균수가 3만 이하로 규정이 엄격한 편인데, 다른 네 종류의 우유는 5만 이하로 정해져 있습니다.

특별 우유는 일본에서 특별 우유 가공 처리업 허가를 받은 시설에서만 제조할 수 있는 무조정 우유인데, 2018년을 기준으로 일본 전국에 총 네 군데밖에 없다고 합니다.

성분 조정 우유

생유에서 유지방분, 수분, 미네랄 등 일부를 제거하고 성분 농도를 조정한 것입니다. 유지방분에 규정은 없고, 다른 성분 규정은 「우유」와 거의 동일합니다.

저지방 우유

유지방분의 일부를 제거하고 유지방분을 0.5% 이상 1.5% 이하로 조정한 것입니다. 다른 성분 규정은 「우유」와 거의 동일합니다.

무지방 우유

저지방 우유보다도 더 유지방분을 제거하고, 유지방분을 0.5% 미만으로 한 것입니다. 다른 성분 규정은 「우유」와 거의 동일합니다.

위의 다섯 종류는 유지방분이 적을수록 깔끔한 맛이 납니다. 우유를 주로 써서 만드는 과자는 어떤 우유를 쓰는가에 따라 완성품의 풍미에 차이가 나기도 하지만, 빵은 그 차이를 알기가 어렵습니다.

하지만 물을 우유로 대체하거나 우유를 무지방 우유로 바꾸는 등과 비교했을 때 미시적인 세계에서는 우유를 넣은 반죽의 경우 우유에 함유된 유지방 때문에 글루텐이 잘 형성되지 않습니다. 그러면 반죽이 늘어지지만, 빵을 만들 때 이 정도는 조정수를 줄이거나 믹싱 시간을 늘리는 등의 방법을 쓰면 조정 가능한 범위에 있습니다.

대부분의 빵은 믹싱 후반에 유지를 첨가하기 때문에 유지가 미치는 영향이 더 크게 느껴질 것입니다.

5종류 우유의 규격

종류별		원재료	성분 조정	무지유고형분	유지방분
우유		생유만 (생유 100%)	성분 무조정	8.0% 이상(일반적으로 판매하는 것은 8.3% 이상)	3.0% 이상(일반적으로 판매하는 것은 3.4% 이상)
특별 우유				8.5% 이상	3.3% 이상
성분 조정 우유	성분 조정 우유		유성분의 일부 (유지방분, 물, 미네랄 등)를 제거한 것	8.0% 이상	규정 없음
	저지방 우유		유지방분의 일부를 제거한 것		0.5% 이상 1.5% 이하
	무지방 우유		유지방분 대부분을 제거한 것		0.5% 미만

(일본 전국 음용 우유 공정 거래 협의회 자료에서 발췌)

〈우리나라 제과제빵에서 사용하는 우유〉

1. 멸균 우유
· 장점 : 보관이 쉽다(실온/냉장). 유통기한이 길다
· 단점 : 개봉후 일반 우유보다 빨리 상한다. 멸균으로 인해 몸에 이로운 유익균도 같이 파괴된다.

2. 일반 우유(100% 원유, 가장 많이 사용한다)
· 장점 : 유익균이 많다. 원유 본연의 신선한 맛을 느낄 수 있다.
· 단점 : 냉장 보관이 필수. 유통기한이 짧다.

우유와 탈지분유는 제빵에서 어떤 역할을 하나요?
=유제품의 역할

유제품을 첨가하면 우유의 풍미가 더해지고 영양가가 올라갑니다.

빵 반죽에 우유와 탈지분유를 넣는 주요 목적은 우유의 풍미를 첨가하고 영양가를 높이는 데 있습니다. 그 밖에도 크러스트에 구움색이 잘 나오게 하거나 전분의 노화(β화)를 늦춰 보존성을 향상하는 효과도 기대할 수 있습니다.

크러스트에 구움색이 잘 나오게 한다

빵의 크러스트에 구움색이 생기는 것은 단백질, 아미노산과 환원당이 고온으로 가열되면서 아미노카르보닐(메일라드) 반응이 일어나 멜라노이딘 색소라는 갈색 물질이 생기기 때문입니다(→Q98). 또 재료에 함유된 당류의 중합에 의한 캐러멜화 반응이 일어나 크러스트에 색이 입혀집니다.

우유와 탈지분유에는 환원당의 일종인 유당이 들어 있는데, 유당은 이스트(빵효모)가 분해할 수 없는 당이어서, 발효에 쓰이지 않고 구울 때까지 그대로 반죽에 남아 있습니다. 그러다 반죽이 가열되면서 일어나는 갈변 반응을 촉진해, 빵의 구움색이 진해집니다.

전분의 노화를 늦춘다

우유와 탈지분유가 수분에 녹으면 콜로이드(미립자가 응고하지 않고 액체에 분산된 상태) 수용액이 되어서 반죽에 넣으면 반죽의 보수력(保水力)이 향상됩니다.

구운 빵이 시간이 지나면서 점점 딱딱해지는 것은 전분이 호화(α화) 상태에서 원래의 규칙성 있는 상태로 돌아가려고, 그 구조에 들어 있던 물 분자를 배출하는 전분의 노화(β화) 현상을 일으키기 때문입니다

보수력이 높은 반죽은 전분의 구조에서 물 분자가 빠져나가기 힘들어서 시간이 지나도 잘 굳지 않고 보존성이 더 높아집니다.

탈지분유의 배합량 차이에 따른 완성품 비교

0%

7%

※기본 배합(**p.365**) 중에서 탈지분유의 배합량을 0%, 7%로 해서 만든 것을 비교

참고 ⇒**p.398~399** 「테스트 베이킹 18 탈지분유의 배합량」

Q 133 탈지분유를 배합하면 빵의 발효에 영향이 있나요?
=탈지분유 사용 시의 발효

A 배합량이 많으면 발효 시간이 길어집니다. 또 저온 처리한 탈지분유를 배합하면 잘 부풀지 않습니다.

빵 반죽에 탈지분유를 배합하면 빵의 발효 공정 때 다음 두 가지 영향을 미칠 수 있습니다.

발효 시간에 영향

탈지분유를 배합한 빵은 배합량이 많을수록 발효 시간이 길어집니다.

일반적으로 반죽의 pH는 발효 시간이 지나면 점점 떨어져 산성에 치우치게 됩니다. 그렇게 이스트(빵효모)가 활발하게 활동할 수 있는 pH가 되면 그와 동시에 산에 의해 글루텐이 적절히 연화해서 반죽이 잘 늘어나고 부풀 수 있는 조건이 갖추어집니다.

그런데 탈지분유는 산도가 지나치게 높아지는 것을 막는 완충 작용을 해서, pH가 떨어지는 데 시간이 걸리기 때문에 그만큼 발효 시간이 길어집니다.

참고로 탈지분유가 완충 작용을 하는 이유는 회분(→Q29)이 많기 때문입니다. 빵의 다른 부재료인 설탕, 유지, 달걀의 회분은 1% 이하인데, 탈지분유의 회분은 약 8%입니다. 이는 칼슘, 인, 칼륨 등의 미네랄이 많이 함유되어 있기 때문입니다.

탈지분유의 배합량을 바꾸고 60분 발효 후 상태를 비교

| 0% | 2% | 7% |

※기본 배합(p.365) 중에서 탈지분유의 배합량을 0%, 2%, 7%로 해서 만든 것을 비교

팽창에 영향

탈지분유는 살균 및 분무 건조 등의 제조 공정에서 열처리를 여러 번 받습니다. 제품에는 85℃ 이상으로 고온 처리된 것과 저온 처리된 것이 있는데, 제빵에서 저온 처리된 탈지분유를 쓰면 발효와 굽기 공정 때 반죽이 잘 부풀지 않게 됩니다. 저온 처리된 탈지분유의 베타락토글로불린이라는 유청 단백질이 글루텐의 형성을 저해해 반죽이 잘 이어지지 않기 때문입니다.

고온(85℃ 이상)으로 가열 처리한 탈지분유는 베타락토글로불린이 복합체를 형성하므로 이러한 현상을 일으키지 않습니다.

참고 ⇒p.398~399 「테스트 베이킹 18 탈지분유의 배합량」

제빵에서 우유보다 탈지분유를 쓸 때가 더 많은 이유는 무엇인가요?
=탈지분유의 이점

탈지분유는 상온에서 보관이 가능한 데다 경제적이기 때문입니다.

경제적인 면과 편리성으로 따지면 우유보다 탈지분유가 제빵에 적합합니다. 무엇보다도 탈지분유가 훨씬 가격이 저렴해 제빵에 들어가는 비용을 줄일 수 있습니다.

또 우유는 냉장 보관이 기본이어서 냉장고 공간을 많이 차지합니다. 게다가 오래 보관할 수도 없어서 낭비하게 되는 경우도 있습니다.

탈지분유는 장기간 상온 보관이 가능하고 값도 싼데다 소량으로도 빵에 우유의 풍미를 줄 수 있다는 이점이 있습니다. 주의해야 할 점은 습기를 빨아들이면 덩어리지기 쉬우므로 건조한 곳에서 보관해야 한다는 것입니다. 그리고 벌레와 먼지 등 이물질이 섞이거나 다른 물질의 냄새가 밸 수 있어서 주의가 필요합니다.

탈지분유 대신 우유를 쓸 때 환산 방법을 알려 주세요.
=탈지분유와 우유의 환산 방법

탈지분유 : 우유 = 1 : 10으로 환산합니다.

빵 레시피에 있는 탈지분유를 우유로 바꾸는 것은 가능하지만, 완전히 똑같이 완성되지는 않습니다. 그래서 대체할 때는 탈지분유:우유=1:10으로 환산해야 합니다. 이는 계산상 탈지분유가 1이라고 할 때 물을 9 더하면 우유와 거의 같다는 뜻입니다.

예를 들어 탈지분유를 10g 쓰는 레시피를 우유로 바꾼다면 우유는 100g을 넣고 물(사용수)을 90g 줄입니다. 즉, 탈지분유의 10배에 해당하는 우유를 넣고, 대신 물(사용수)은 탈지분유의 9배에 해당하는 양만큼 줄입니다. 반죽 공정에서 물을 넣을 때 우유도 같이 넣습니다. 그리고 최종적으로 물(조정수)로 반죽의 군기를 조정합니다.

이렇게 환산하는 것은 다음과 같은 이유 때문입니다. 일반적으로 우유는 소에게서 얻은 생유를 균질화와 살균 과정을 거쳐 제조합니다. 반면 탈지분유는 똑같이 생유가 원료이긴 하지만, 원심 분리기로 지방분이 많은 크림(생크림, 버터로 가공된다)과 지방분이 거의 없는 탈지유로 분리한 후 그 탈지유를 살균, 농축해 분말 형태로 건조시킵니다. 바꿔 말하면 생유에서 유지방분과 수분을 제거하는 것입니다.

다시 우유 이야기로 돌아오겠습니다. 우유팩에 표시된 무지유고형분에 주목해봅시다. 무지유고형분이란 우유에서 유지방분과 수분을 제거한 성분을 말합니다. 그러니까 우유의 무지유고형분은 탈지분유와 성분이 거의 같습니다. 우유의 무지유고형분은 8% 이상으로 정해져 있기 때문에 보통은 약 8~9%입니다. 계산하기 쉽게 편의상 10%라고 하겠습니다.

또 우유에는 일반적으로 약 3~4% 정도의 유지방이 함유되어 있어서 물의 양을 계산할 때 엄밀하게는 무지유고형분뿐 아니라 유지방분의 양도 고려해야만 합니다. 그런데 빵은 조정수 때문에 물의 양이 매번 조금씩 달라진다고 생각하면, 유지방의 분량은 계산에 넣지 않고 탈지분유의 10배로 우유를 넣고 탈지분유의 9배에 해당하는 물의 양을 줄이는 계산이 하기 편합니다.

참고 ⇒p.400~401 「테스트 베이킹 19 유제품의 종류」

우유 조성의 예

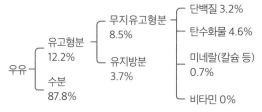

종이팩의 예

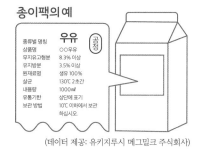

종류별 명칭	우유	
상품명	○○우유	
무지유고형분	8.3% 이상	
유지방분	3.5% 이상	
원재료명	생유 100%	
살균	130℃ 2초간	
내용량	1000㎖	
유통기한	상단에 표기	
보관 방법	10℃ 이하에서 보관 하십시오	

(데이터 제공: 유키지루시 메그밀크 주식회사)

※우유의 조성은 100g당 실측값을 바탕으로 했기 때문에 팩의 표시 성분(무지유고형분 8.3% 이상, 유지방분 3.5% 이상)과는 수치가 다르다

물 대신 우유를 쓸 때 환산 방법을 알려 주세요.
=물과 우유의 환산 방법

물 : 우유 = 1 : 1.1의 비율로 환산합니다.

우유에는 수분 뿐 아니라 다른 성분도 들어 있기 때문에 물의 분량을 그대로 우유로 바꾸면 곤란합니다. 수분 이외에 주요 성분은 우유팩에 표시되어 있듯 유지방분(우유에 함유된 지방분), 무지유고형분(우유 중 유지방분과 수분을 제외한 성분으로 단백질, 탄수화물, 미네랄, 비타민 등)입니다.

우유에는 일반적으로 3.6~3.8% 정도의 유지방이 함유되어 있습니다. 또 우유의 무지유고형분은 8% 이상으로 정해져 있는데 일반적으로는 8~9%입니다. 즉 우유에는 물 이외의 성분이 12% 전후로 함유되어 있다는 점을 꼭 고려해야만 합니다. 그렇지 않고 물의 분량을 그대로 우유로 바꿔버리면 단순히 수분량이 12%에 가깝게 줄어들어 빵이 딱딱해집니다.

그뿐만이 아니라 우유에 함유된 유지방분에는 유지와 같은 효과가 많이 나타나며, 무지유고형분은 탈지분유와 거의 같은 성분이어서 유지와 탈지분유와 같은 영향을 미친다는 것도 꼭 기억해둬야 합니다.

실제로는 물:우유=1:1.1의 수분량으로 생각하고, 반죽의 상태를 보면서 조정수(→**Q171**)로 굳기를 조절하는 것이 좋습니다.

콘덴스 밀크(sweetened condensed milk, 가당연유)를 빵 반죽에 넣을 때 주의할 점을 알려 주세요.
=콘덴스 밀크의 효과와 배합 조정 방법

콘덴스 밀크의 자당과 수분을 계산해서 배합을 조절합니다.

과자빵 등에서 반죽에 우유의 풍미를 강조하고 싶을 때는 콘덴스 밀크(가당연유)를 배합하기도 합니다.

콘덴스 밀크는 원료유에 수크로스를 넣고 가열해 약 1/3로 농축시킨 것으로, 성분은 유고형분 28% 이상, 유지방분 8% 이상, 당분 58% 이하, 수분 27% 이하로 정해져 있습니다.

우리나라는 유고형분 29% 이상, 유지방분 8% 이상, 당분 58% 이하, 수분 27% 이하로 정해져 있습니다. - 식품의약처 식품유형별 기준 및 규격

원료유의 성분이 농축된 데다가 유단백질인 카제인과 소젖의 유당, 제조하면서 첨가한 자당 등의 당류가 가열되면서 아미노카르보닐(메일라드) 반응(→Q98)이 일어나면서, 우유에는 없는 깊이와 풍미가 더해집니다.

콘덴스 밀크를 쓸 때는 당분과 수분의 양에 주의해야 합니다. 이를테면 자당이 45%, 수분이 25%인 가당연유를 밀가루의 10%만큼 사용할 때는 자당 4.5%, 수분 2.5%로 배합을 생각하고 다른 재료의 분량을 조정하는 것입니다.

시판되는 콘덴스 밀크는 제품마다 성분이 조금씩 다르니 실제로 빵을 구워보면서 조정하면 됩니다.

빵에 탈지분유를 배합할 경우 몇 % 정도가 좋나요?
=탈지분유의 배합량

구움색과 발효에 미치는 영향을 고려해 2~7% 정도가 좋습니다.

빵에 탈지분유를 배합할 때 우유의 풍미와 향을 분명하게 내고 싶다면 밀가루의 5% 정도를 배합하는 것이 좋습니다. 다만 다음 사진과 같이 0%, 2%, 7%로 구운 빵의 외

형을 비교해보면 2%일 때 구움색이 진하고 7%에서는 더 진해진 것을 확인할 수 있습니다.

그러니까 향과 풍미만 고려할 것이 아니라 색깔이 얼마만큼 나오길 바라는지도 생각해야 합니다.

한편 탈지분유로 빵에 우유의 풍미를 살려주려 할 때 단맛을 가미하면 효과적이어서 설탕을 배합하는 경우도 많은데, 설탕을 넣으면 구움색이 더 진해진다는 점도 잊지 말아야 합니다(→**Q98**).

탈지분유를 배합하면 발효에도 영향을 미치기 때문에 배합량은 밀가루의 7% 정도가 최대라고 생각하는 것이 좋습니다(→**Q133**)

탈지분유 배합량의 차이에 따른 완성품 비교

| 0% | 2% | 7% |

※기본 배합(**p.365**) 중에서 탈지분유의 배합량을 0%, 2%, 7%로 해서 만든 것을 비교

참고 ⇒**p.398~399**「테스트 베이킹 18 탈지분유의 배합량」

첨가물

 빵에 들어가는 첨가물에는 어떤 것들이 있나요?
=제빵에 쓰는 식품 첨가물

 주요 첨가물에는 이스트 푸드(제빵 개량제)와 유화제가 있습니다.

일본 식품위생법은 「식품의 제조 공정에서, 또는 식품의 가공과 보존 목적으로 식품에 첨가, 혼화 등의 방법을 통해 사용하는 것」이라고 식품 첨가물을 정의하고 있습니다.
(우리나라의 경우는 「"식품첨가물"이란 식품을 제조·가공·조리 또는 보존하는 과정에서 감미 甘味, 착색着色 표백漂白 또는 산화방지 등을 목적으로 식품에 사용되는 물질을 말한다. 이 경우 기구器具·용기·포장을 살균·소독하는 데에 사용되어 간접적으로 식품으로 옮아갈 수 있는 물질을 포함한다.」라고 식품위생법에서 정의하고 있다)

식품 첨가물은 크게 네 개로 분류할 수 있는데, 안전성과 유효성을 확인해 후생노동 대신이 지정한 「지정 첨가물」, 식품에 오랜 세월 사용되어 온 천연 첨가물로 품목이 지정되어 있는 「기존 첨가물」 이외에도 「천연 향료」와 「일반 음식물 첨가물」이 있습니다.

빵의 재료로 직접 쓰이는 주요 첨가물은 이스트 푸드(제빵 개량제)와 유화제입니다. 또 직접 첨가하는 것이 아니라, 빵의 재료에 첨가물이 미리 함유되어 있기도 합니다. 예를 들어 인스턴트 드라이이스트 중에는 비타민 C(L-아스코르빈산)가 들어 있는 것이 있습니다. 이 인스턴트 드라이이스트를 쓴 빵 반죽은 비타민 C를 첨가한 것과 똑같이 글루텐 조직이 강화됩니다(→**Q78**).

이처럼 자신은 첨가물을 넣지 않았는데 간접적으로 쓰게 되는 경우도 있으니 재료에 첨가물이 있는지, 있다면 그 첨가물에는 어떤 특성이 있는지 알아둬야 합니다.

이스트 푸드 (제빵 개량제)가 무엇인가요? 어떨 때 사용하나요?
=이스트 푸드 (제빵 개량제)의 역할

이스트의 작용을 활발하게 해줍니다. 또 반죽 개량제로도 쓰입니다.

이스트 푸드(제빵 개량제)란 아주 간단히 말하면 이름대로 이스트(빵효모)의 먹이입니다. 빵 반죽에 배합하면 이스트의 작용이 활발해지기 때문에 이런 이름이 붙었습니다. 또 제빵 전반의 품질을 개량하는 반죽 조정제(dough conditioner) 등으로도 사용됩니다

이스트 푸드(제빵 개량제)는 총칭으로, 한 종류의 물질이 아니라 목적에 맞는 효과를 발휘하기 위해 여러 가지 물질이 조합되어 있습니다. 이 물질들은 종류에 따라 이스트의 영양원 보급, 물의 경도 조정, 글루텐 강화, 발효를 촉진하는 효소 보급, 빵의 노화(β화) 늦추기 등 빵 반죽에 미치는 효과가 저마다 다 다릅니다.

기본적으로 빵은 이스트 푸드(제빵 개량제) 없이도 만들 수 있지만 이스트 푸드(제빵 개량제)는 품질의 안정과 기계화에 따른 대량 생산, 광역 유통 등의 목적으로 쓰이고 있습니다.

이스트 푸드(제빵 개량제)는 그 구성면에서 봤을 때 크게 아래의 세 종류로 나눌 수 있습니다.

① 무기질 푸드 : 산화제, 무기질소제, 칼슘제 등을 배합한 것
② 유기질 푸드 : 주로 효소제를 배합한 것
③ 혼합형 푸드 : ①과 ②의 중간형. 무기질 푸드에 효소제를 배합한 것

이스트 푸드 (제빵 개량제)에는 무엇이 들어 있나요? 또 어떤 효과를 얻을 수 있나요?
=이스트 푸드 (제빵 개량제)의 원료 소재와 그 효과

이스트의 영양분이 될 뿐만 아니라 빵 반죽을 안정적인 상태로 유지하기 위한 다양한 소재가 들어 있습니다.

제빵은 반죽하면서 수분량을 바꾸거나 믹싱, 발효 시간을 조정하는 것이 중요한데, 리

테일(retail) 베이커리(주로 개인 빵집, 중소 규모로 가게에서 직접 빵을 만드는 베이커리)에서는 각 공정을 그때의 상황에 맞게 조절해가며 빵을 만들 수 있습니다.

반면 홀세일(wholesale) 베이커리(빵을 공장에서 제조해 슈퍼 등에서 판매하는 베이커리)는 제조량이 많기도 하고 제조 관리와 위생 관리라는 면에서 믹서, 발효기 안의 반죽을 만지지 않고 기계의 데이터와 외관을 통해 상태를 판단하는 것이 대부분이어서 반죽의 성질과 상태를 일정 수준으로 안정시켜야 합니다. 이럴 때 보통 이스트 푸드(제빵 개량제)를 활용합니다.

그래서 이스트 푸드(제빵 개량제)는 한 가지가 아니라 복합적인 작용을 기대하며 목적에 맞게 다양한 성분을 조합해서 만듭니다.

다음은 이스트 푸드(제빵 개량제)를 첨가하는 목적과 빵에 미치는 효과, 주요 성분입니다.

이스트의 영양원 보급

이스트(빵효모)는 밀가루와 부재료로 넣는 설탕 등에 함유된 당류를 분해 흡수해서 알코올과 탄산가스(이산화탄소)를 발생시키는 알코올 발효를 합니다(→Q65). 하지만 발효를 계속하면 후반에는 당류가 부족하게 됩니다.

이스트는 자당(설탕의 주성분), 포도당, 과당은 쉽게 다 써버리기 때문에 발효 후반에 가서는 맥아당(말토오스)을 이용해 발효를 계속 이어갑니다.

맥아당은 이스트 내에서 말타아제에 의해 포도당으로 분해된 다음 알코올 발효에 쓰입니다. 이스트 내에서 말타아제를 생성할 때 질소원이 영양분으로 쓰이는데 발효 후반으로 가면 이 질소원이 부족해집니다. 그런데 이스트 푸드(제빵 개량제)에 포함된 암모늄염이 질소원이 되어주기 때문에, 맥아당을 써서 알코올 발효를 계속할 수 있는 것입니다.

특히 린한 무가당 빵의 경우에는 부재료로 설탕이 첨가되지 않는 만큼 자당을 쓸 수 없습니다. 그래서 밀가루에 함유된 전분을 아밀라아제로 분해한 맥아당이 이스트 내에 흡수됩니다. 그 맥아당을 포도당까지 분해하면 비로소 이스트의 영양원이 됩니다. 이 때 분해에 관여하는 효소의 활성이 크게 영향을 미쳐서 이스트 푸드(제빵 개량제)를 넣으면 그 효과를 얻기 쉽습니다.

물의 경도 조정

경도란 물 1ℓ 속에 함유된 미네랄 중 칼슘과 마그네슘의 양(㎎)으로 표시하는 지표로, 제빵에서는 경도 50~100㎎/ℓ 정도의 물이 적합하며 그중에서도 높은 편이 좋다고 일반적으로 알려져 있습니다.

물의 경도가 극단적으로 낮으면 믹싱할 때 글루텐이 연화하여 반죽이 끈적거리고 빵이 제대로 부풀지 않습니다. 경도를 올리려면 칼슘이나 마그네슘을 첨가해야 하는데, 제빵에서는 이스트 푸드(제빵 개량제)에 칼슘염을 넣어 조정합니다.

칼슘염을 넣으면 물의 경도를 올릴 뿐 아니라 글루텐을 강화하고 동시에 빵 반죽의 pH를 조정해주는 효과도 기대할 수 있습니다.

빵 반죽의 pH 조정

빵 반죽은 믹싱부터 굽기까지 pH 5.0~6.5의 약산성을 유지하면 이스트가 활발하게 작용합니다(→**Q63**). 또 산에 의해 글루텐이 적절하게 연화해서 반죽이 잘 늘어나고 발효가 원활히 진행됩니다.

게다가 잡균 번식을 막고 발효와 숙성에 관여하는 효소도 약산성~산성일 때 활성이 높아집니다.

한국과 일본의 수돗물은 지역마다 pH에 차이가 있기는 하나 대부분 pH 7.0 전후입니다(→**Q91**). 이 물을 써도 되지만 주로 칼슘염인 인산이수소칼슘(제일인산칼슘)을 이스트 푸드(제빵 개량제)에 배합해 빵 반죽을 적절한 pH로 조정할 수 있습니다.

빵 반죽의 물성을 조정해 품질을 개량한다

주로 산화제, 환원제가 빵 반죽의 물성을 조정하고 품질을 개량하는 목적으로 첨가됩니다. 제조 공정마다 다양한 효과가 있는데 그중 몇 가지 예를 소개해보겠습니다.

산화제

주로 L-아스코르빈산(비타민 C), 글루코스옥시다아제 등이 쓰입니다.

L-아스코르빈산은 글루텐에 들어 있는 아미노산에 작용하여 S-S 결합(시스틴 결합)을 촉진합니다. 이 결합이 글루텐의 구조 내에 가교 역할을 해서 글루텐의 그물 조직을

강화시킵니다(→**Q78**).

글루코스옥시다아제는 글루코스, 물, 산소에서 과산화수소와 글루콘산을 발생시킬 때 작용하는 효소인데 이때 생성된 과산화수소가 빵 반죽에 산화제로 작용해 글루타티온(→**Q69**)을 산화시킵니다.

글루타티온은 이스트의 세포 안에 있는 성분인데, 일부 세포가 손상되면 반죽에 녹아 나와 글루텐의 그물 구조를 이루는 S-S 결합을 환원해 끊어버립니다. 그런 글루타티온을 과산화수소가 산화시켜서 S-S 결합이 끊어지지 않게 합니다. 그리고 이미 끊겨버린 S-S 결합은 산화시켜 다시 결합하도록 작용해서 글루텐이 강화됩니다.

산화제 덕에 반죽이 수축하고 표면의 끈적거리는 느낌이 줄어들며 탄력과 신장성(잘 늘어나는 성질)의 균형이 개선되기 때문에, 반죽 속에 탄산가스를 유지하는 힘이 강화되고 오븐 스프링도 좋아집니다.

환원제

환원제에는 위의 「산화제」에서 설명했던 글루타티온이 함유되어 있습니다. 산화제에 의해 글루타티온이 S-S 결합을 끊어버리는 것을 막는다고 했는데, 잘 늘어나는 반죽으로 개량하려면 글루텐을 강화해 반죽을 조이는 것뿐 아니라 반죽을 연화시켜 신장성을 높이는 것도 중요합니다. 이 균형을 유지하기 위해서 이스트 푸드(제빵 개량제)에는 산화제와 함께 환원제인 글루타티온, 마찬가지로 반죽의 연화에 작용하는 시스테인도 들어 있습니다.

그 결과 반죽의 신장성이 좋아져서, 믹싱 시간과 발효 시간이 단축됩니다.

효소제를 보급한다

주로 아밀라아제가 들어 있는데, a-아밀라아제와 β-아밀라아제라는 효소가 손상전분(→**Q37**)을 분해해 맥아당을 생성합니다. 이스트는 맥아당을 포도당으로 분해해 알코올 발효에 이용하므로 발효가 촉진됩니다.

또 프로테아제도 소량 첨가되어 있습니다. 프로테아제는 단백질 분해 효소로 이스트의 질소원인 아미노산과 펩티드를 생성합니다. 그 아미노산에 의해 아미노카르보닐(메일라드) 반응이 촉진되어 구움색이 잘 나오게 됩니다(→**Q98**).

또 단백질인 글루텐에 쓰여 반죽을 연화시키고 환원제와 같은 작용으로 반죽의 물성 개량에도 공헌합니다. 반죽이 연화하면 믹싱 시간과 발효 시간이 단축됩니다.

이스트 푸드(제빵 개량제)의 성분과 효과

성분	원료 소재명	사용 목적	효과
암모늄염	염화암모늄, 황산암모늄, 인산이수소암모늄	이스트의 영양원	발효 촉진
칼슘염	탄산칼슘, 황산칼슘, 인산이수소칼슘 (제일인산칼슘)	물의 경도 조정, 빵 반죽의 pH 조정	발효 촉진, 발효 안정, 가스 포집력 강화
산화제	L-아스코르빈산 (비타민 C), 글루코스옥시다제	빵 반죽의 산화, 글루텐 강화	가스 포집력 강화, 오븐 스프링 증대
환원제	시스테인, 글루타티온/ 빵 반죽의 환원, 글루텐의 신장성 향상	빵 반죽의 환원, 글루텐의 신장성 향상	믹싱 시간 단축, 발효 시간 단축
효소제	아밀라아제	당 생성→발효 촉진	빵의 부피 증대, 색깔 향상, 믹싱 시간 단축, 발효 시간 단축
	프로테아제	아미노산 생성→이스트의 영양원	
분산제	염화나트륨, 전분, 밀가루	혼합의 균일화, 증량, 분산 완충	계량의 간편화, 보존성 향상

유화제가 무엇인가요? 또 어떤 효과를 얻을 수 있나요?
=유화제의 역할

물과 기름이 섞이도록 작용하는 물질로, 반죽이 잘 늘어나는 등의 효과를 얻을 수 있습니다.

유화란 원래 섞이지 않는 물과 기름(지질)이 섞이는 현상을 말합니다(→p.180~181 「유화란?」). 물과 기름이 섞이게 하려면 둘을 이어주는 물질이 필요한데, 이를 유화제라고 합니다. 달걀노른자와 유제품 등도 천연 유화제 성분을 함유하고 있어서 유화의 성질을 가지고 있지만, 지금 말하는 유화제는 식품 품질을 개선하기 위한 첨가물을 가리킵니다.

빵의 재료에는 물에 잘 섞이는 것(밀가루, 설탕, 분유 등)과 기름에 잘 섞이는 것(버터, 마가린, 쇼트닝 등)이 있는데, 양쪽 모두 물에 잘 섞이는 성분과 잘 섞이지 않는 성분을 다 가지고 있습니다. 유화제를 반죽에 넣으면 유화제의 기능인 유화, 분산, 가용화, 습윤, 윤활 등이 발휘되어 재료의 성분이 균일하고 세밀하게 퍼지고 섞이면서, 물과 기름의 분포가 안정적인 반죽이 되도록 작용합니다.

유화제로 쓰이는 물질은 종류가 상당히 많습니다. 지금은 각 공정에서 유화제가 어떻게 작용하는지 알아보겠습니다.

믹싱 공정

유화제는 단백질과 복합체를 만들어서 글루텐을 강화합니다. 또 글루텐 층 사이에 퍼져 윤활유처럼 작용하고, 잘 섞인 유지가 글루텐 층 사이에서 필름 형태로 늘어나는 것을 도와주며, 반죽의 신장성(잘 늘어나는 성질)을 높입니다.

기계로 대량 생산할 때 믹서에 반죽이 너무 붙어 버리면 믹싱 효율이 떨어지는데, 유화제가 그것을 방지해 작업성이 향상됩니다.

결과적으로 반죽의 성질과 상태를 일정한 수준으로 안정시켜 믹싱 시간도 단축됩니다.

발효 공정

글루텐이 강화되고 신장성이 좋아지며, 전분과 지질 등과의 상호 작용으로 반죽 구조가 개선되어 가스 포집력이 커집니다. 반죽에 긴장과 이완의 균형(→**p.234** 「**구조의 변화**」)이 잘 유지되게 해서 팽창 촉진, 발효 시간 단축을 기대할 수 있습니다.

굽기 공정

구우면 반죽 속 전분이 물과 함께 가열되고, 60℃ 이상이 되면 물을 흡수해 팽윤(물질이 용매를 흡수하여 부푸는 현상)을 시작합니다(→**Q36**). 이때 유화제는 전분 속 아밀로스에 작용해 팽윤·붕괴하기 시작하는 전분 입자에서 아밀로스가 녹아 나오지 않도록 합니다. 그래서 완성된 빵이 부드러움을 유지할 수 있습니다(→**Q125**).

또 통상적으로는 전분이 팽윤하면서 글루텐의 수분을 빼앗아 글루텐이 신장성을 잃게 되는데, 앞에서 말한 유화제의 작용으로 글루텐의 신장성이 향상되고 오븐 스프링이 좋아져 빵의 볼륨이 커집니다. 빵 속 기포막의 점탄성(점성과 탄력)과 기포가 개선되면서, 원하는 식감에 가까워 질 수 있습니다.

몰트 시럽이란 무엇인가요? 반죽에 첨가하면 어떤 효과가 있나요?
=몰트 시럽의 성분과 효과

보리의 맥아로 만든 시럽입니다. 빵의 발효를 촉진하고 글루텐 형성을 억제해 반죽의 신장성이 좋아집니다.

몰트 시럽(몰트 엑기스)은 보리의 맥아를 당화해 농축시킨 것으로 독특한 풍미와 단맛이 나고 점성이 있는 갈색 시럽입니다. 보리가 맥아할 때 아밀라아제가 활성화해서 보리의 전분을 맥아당으로 분해합니다.

몰트 시럽은 이 원리를 이용한 제품으로, 주성분은 맥아당과 아밀라아제입니다. 주로 설탕이 들어가지 않는 프랑스빵 등 린한 하드 계열 빵에 쓰입니다(사용 방법→**Q179**).

한편 물트 시럽과 같은 목적으로 쓸 수 있는 것으로 맥아를 건조시켜 분말로 만든 몰트 파우더가 있습니다.

몰트 시럽(왼쪽)과 몰트 파우더(오른쪽)

몰트 시럽의 효과

빵 반죽에 몰트 시럽을 넣으면 다음과 같은 효과를 기대할 수 있습니다. 다만 지나치게 많이 쓰면 글루텐이 잘 형성되지 않아 반죽이 연화하면서 늘어지기 쉽습니다.

이스트의 알코올 발효를 촉진한다

빵 반죽에 몰트 시럽을 넣으면 성분 중 아밀라아제가 밀가루 속 손상전분(→**Q37**)을 맥아당으로 분해합니다. 그 맥아당이 원래 몰트 시럽에 들어 있던 맥아당과 함께 이스트

(빵효모)에 흡수되어 알코올 발효에 쓰입니다(→**Q65**).

반죽의 신장성(잘 늘어나는 성질)이 향상된다

당류의 흡습성(공기 중 습기를 빨아들이는 성질) 때문에 글루텐이 잘 생기지 않으면서 반죽의 신장성이 향상됩니다. 발효해서 볼륨이 커지고 구울 때는 오븐 스프링이 잘됩니다(→**Q100**).

구움색이 잘 나오고 풍미가 좋아진다

당류가 늘어나면서 아미노카르보닐(메일라드) 반응이 잘 일어납니다(→**Q98**).

빵이 잘 굳지 않는다

당류의 보수성 때문에 전분의 노화(β화)가 늦춰집니다(→**Q101**).

완성품의 볼륨 비교

몰트 시럽을 첨가한 것(왼쪽)과 첨가하지 않은 것(오른쪽)

구움색 비교

몰트 시럽을 첨가한 것(왼쪽)과 첨가하지 않은 것(오른쪽)

 프랑스빵에 몰트 시럽을 쓰는 이유는 무엇인가요?
=발효를 촉진하는 몰트 시럽

 프랑스빵은 설탕을 배합하지 않기 때문에 대신 알코올 발효에 필요한 당과 효소를 넣기 위해서입니다.

프랑스빵은 밀가루, 이스트(빵효모), 소금, 물이 주재료인 심플한 배합으로 만드는 하드 계열의 대표적인 빵입니다. 이스트 사용량을 줄이고 천천히 시간을 들여 발효·숙성시켜서 가루가 가진 맛과 이스트가 산출한 알코올, 유기산 등에 의한 풍미를 살린 반죽을 만듭니다.

설탕을 배합한 빵에서 이스트는 설탕의 주성분인 수크로스를 포도당과 과당으로 분해한 다음 이것들을 신속하게 흡수해 알코올 발효를 합니다. 그런데 프랑스빵처럼 설탕이 들어가지 않는 빵은 이스트가 주로 밀가루 속 전분을 분해해 알코올 발효에 필요한 당류를 얻습니다. 밀가루의 전분은 분자가 크기 때문에 일단은 아밀라아제에 의해 전분이 맥아당으로 분해되고, 그 후에 이스트에 흡수되어 포도당으로 분해된 다음 알코올 발효에 쓰이기 때문에 발효가 시작될 때까지 시간이 필요합니다(→Q65).

몰트 시럽에는 맥아당이 함유되어 있어서 반죽에 넣으면 이스트가 전분의 분해를 기다리지 않고 맥아당을 받아 원활하게 알코올 발효를 시작할 수 있습니다. 또 몰트 시럽에 들어 있는 아밀라아제가 전분 분해를 촉진해 반죽 속에 서서히 맥아당이 늘어납니다. 그래서 계속 안정적인 상태로 발효를 이어갈 수 있습니다.

라우겐 용액이란 무엇인가요? 어떨 때 쓰나요?
=라우겐 용액의 성분과 용도

알칼리 수용액입니다. 성형한 빵의 표면에 묻혀서 구우면 독특한 풍미와 크러스트 색이 나옵니다.

「라우겐 용액」이란 독일어로 「알칼리용액」을 가리킵니다. 한국과 일본에서는 수산화나트륨(가성 소다)을 물에 녹여 사용합니다. 강알칼리성을 띠는 독극물이기 때문에 취급할 때는 충분한 주의가 필요합니다.

주로 라우겐 브레첼(Laugen Brezel)이라는 독일 빵을 만들 때 쓰는데, 굽기 직전에 알칼리 용액(수산화나트륨 3% 정도인 것)을 반죽 표면에 발라 굽습니다. 알칼리용액 때문에 빵에 독특한 풍미와 크러스트 색이 나옵니다. 한편 알칼리용액은 굽기 공정에서 가열하면 무해한 성질로 바뀝니다.

알칼리용액을 담는 용기는 금속제를 피하고 플라스틱이나 유리제를 써야 합니다. 또 알칼리용액 자체는 물론이고 용액이 묻은 반죽과 용기도 맨손으로 만지지 않도록 주의해야 합니다. 작업할 때는 고무장갑과 고글, 마스크를 착용해야 합니다.

수산화나트륨은 최종식품 완성 전에 중화 또는 제거하여야 합니다(굽는 과정에서 제거됩니다).

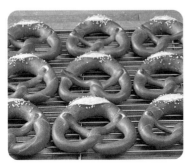

알칼리용액으로 독특한 크러스트 색이 생긴 브레첼

사용할 때는 알칼리용액을 맨손으로 만지지 않도록 조심해야 한다.

Chapter 5

빵의 제법

빵을 만드는 제법에는 어떤 것들이 있나요?
=빵의 제법

 기본적인 제법으로 스트레이트법과 발효종법이 있습니다.

빵은 인류의 역사에 등장해 지금에 이르기까지 다양한 방법으로 만들어져 왔습니다. 재료를 손으로 반죽해 그대로 굽기만 한 것에서 출발해 자연의 힘을 빌린 발효빵의 탄생, 도구의 사용과 여러 연구를 토대로 한 작업의 효율화, 근대화로 인한 기계의 힘을 빌린 반죽 등 다양한 진화를 거듭해왔습니다. 과학(화학)이 진보하고 연구·개발한 약품 등의 힘을 빌려 반죽하게 되면서 빵의 대량 생산이 가능해졌고, 그렇게 지금까지 많은 제법이 탄생했습니다.

하지만 기본적으로는 반죽하고, 살아 있는 이스트(빵효모)를 이용해 발효·숙성시킨 후 최종적으로 구워서 '식품'으로서의 빵을 만드는 것은 예나 지금이나 다르지 않습니다.

현재 일본에서 만들어지는 빵의 다양함은 세계에서도 손꼽힐 정도입니다. 빵의 제법도 유럽, 미국을 비롯해 세계 각지의 방식을 도입해가며 발전해왔습니다. 게다가 오랜 세월 동안 이어진 제법뿐 아니라 제빵 과학의 발달에 따라 새로 개발된 제법 등도 더해져서, 지금은 다양한 이론과 만드는 이의 철학에 따라 많은 제법이 있습니다.

이 책에서 그 모든 제법을 다루기란 불가능하므로 기존에 있는 제법 중 가장 기본적인 제법 두 개를 골라 지금부터 소개하겠습니다. 바로 스트레이트법과 발효종법입니다. 수많은 제법도 크게는 이 두 가지 제법에 포함됩니다.

스트레이트법

스트레이트법이란 발효종을 쓰지 않는 제법을 말합니다. 믹싱한 반죽을 그대로 발효·숙성시켜서 빵을 만듭니다. 「직접 반죽법」 또는 「직접법」이라고도 하는데, 영어로 「straigt dough method」라고 해서 현재는 주로 스트레이트법이라고 부릅니다 (→**Q147**).

발효종법이란 미리 가루, 물 등을 반죽해 발효·숙성시킨 것(발효종)을 다른 재료와 함께 믹싱해서 반죽을 만들고 발효·숙성시켜 빵을 만드는 방법입니다. 발효종은 「효모종」, 「빵종」, 「종」이라고도 부르며 종류가 아주 많습니다(→**Q148, 150**).

소규모 빵집에 어울리는 것은 어떤 제법인가요?
=스트레이트법의 특징

완성까지 걸리는 시간이 비교적 짧고, 반죽 상태도 컨트롤하기 쉬운 스트레이트법을 주로 씁니다.

스트레이트법은 믹싱한 반죽을 그대로 발효·숙성시켜서 굽는 것이 기본 공정입니다. 가루, 물 등을 섞고 치댄 후(믹싱) 발효·숙성시킨 종을 기타 재료와 함께 믹싱해서 반죽을 만드는 발효종법과 달리 믹싱 공정은 한 번뿐입니다. 스트레이트법 이외에 「직접 반죽법」, 「직접법」이라고 부르기도 합니다.

19세기 중반 무렵에 이스트(빵효모)가 대량 생산되기 시작했으며 품질이 향상된 20세기에 들어와 개발된 제법으로, 재료에 이스트를 넣어 반죽합니다. 현재 소규모 빵집, 이른바 리테일 베이커리(윈도우 베이커리, 반죽에서 굽기, 판매까지 가게에서 모두 이루어지는 빵집)에서 주로 씁니다.

주요 특징은 아래와 같습니다.

[스트레이트법의 장점]

① 비교적 단시간에 만들 수 있어서 재료(소재)의 풍미를 살리기 쉽다.

② 작업 공정이 심플하고 쉬우며, 비교적 빨리 완성된다.

③ 발효종법에 비해 사람이 직접 관리할 수 있는 부분이 많아, 빵의 식감과 볼륨을 잘 조절할 수 있다.

① 전분의 노화(β화)가 발효종법에 비해 빨리 일어나기 때문에 빵이 더 빨리 굳는다.

② 유산균 등이 만드는 유기산류의 양이 발효종법보다 적어서, 반죽이 그다지 연화하지 않아 반죽의 신장성(잘 늘어나는 성질)이 나쁘다. 그래서 반죽이 손상되기 쉬워 기계로 분할, 성형 등을 하기에 별로 적합하지 않다.

③ 반죽이 환경의 영향(작업 장소의 온도, 습도, 공기의 흐름 등)을 받기 쉬워서 각 공정의 오차, 특히 발효 시간의 오차가 빵의 완성도에 직접적인 영향을 미친다.

스트레이트법의 공정

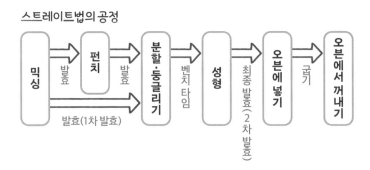

발효종법은 어떤 제법인가요?
=발효종법의 특징

미리 준비한 발효종을 다른 재료와 섞어서 만드는 제법입니다.

발효종법은 「발효종=미리 발효·숙성시킨 종」을 다른 재료와 믹싱해서 반죽을 만들고 (본반죽), 발효시킨 후 완성하는 제법을 총칭합니다.

자연계에 존재하는 효모를 이용한 자가제 효모종(→**Q155**)을 쓰는 제빵도 여기에 속합니다. 주요 특징은 아래와 같습니다.

① 발효종을 만드는 만큼 발효 시간이 길고 유산균 등이 만드는 유기산류의 양이 많아지기 때문에 반죽의 신장성이 향상되어 빵에 볼륨이 잘 나온다.

② 발효종을 만드는 동안 이스트(빵효모)와 유산균 등이 이미 충분히 작용하고 있어서 반죽의 발효가 안정적이고 빵의 향과 풍미에 좋은 영향을 미친다.

③ 발효종을 만드는 동안에 가루의 수화(水和)가 충분히 진행되어, 수분 증발량이 적어진다. 그 결과 반죽의 보수성이 높아져 빵이 빨리 굳지 않는다.

발효종법의 단점

① 발효종의 관리, 보관이 번거롭다.

② 발효종을 미리 만들어두어야 해서 갑자기 추가로 필요할 때 대처할 수 없다.

③ 발효종의 믹싱부터 빵의 완성까지 시간이 많이 든다.

발효종법의 공정

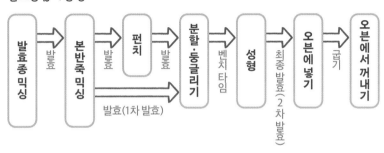

반죽과 종은 무엇이 다르나요?
=반죽과 종

종은 반죽을 부풀리는 토대입니다. 그리고 반죽은 모든 재료를 믹싱한 것으로 발효와 성형, 굽기를 거쳐 빵이 됩니다.

「반죽」과 「종」은 제빵을 하다 보면 자주 접할 수 있는 단어입니다. 그 차이를 아래에 간단히 정리했습니다.

반죽과 종의 차이

반죽	구우면 빵이 되는 것(=모든 재료를 섞고 치댄 것. 발효~굽기 과정을 거쳐 빵이 된다)
종	주로 가루와 물과 효모를 섞어 치대고 미리 발효시킨 것으로, 반죽을 부풀리는 토대가 된다. 여기에 가루와 물 등 기본 재료 및 부재료를 더 넣고 치대서 반죽을 만든다

Q **발효종에는 어떤 것이 있나요?**
150 =발효종의 분류

 A **발효종에는 많은 종류가 있는데, 사용하는 효모와 반죽의 수분량에 따라 분류할 수 있습니다.**

세계 각지에는 자연계에 존재하는 효모(야생 효모)를 이용한 발효종이 예부터 많이 있어서, 그 지역과 빵집 특유의 빵을 만들어 왔습니다.

시대가 바뀌면서 이스트(빵효모)를 안정적으로 생산할 수 있게 되자 감에 의지해 시간과 노력을 들여 만들던 기존의 방법 대신 이스트를 써서 발효종을 만들게 되었습니다. 프랑스의 르방 르뷔르나 폴리쉬종, 독일의 포아타이크 등이 이에 해당합니다.

주로 대형 빵집에서 쓰는 중종(→**Q153**)도 발효종의 일종이라고 할 수 있습니다.

이렇게 이스트로 안정적이고 간편하게 빵을 만들 수 있게 되었는데, 그렇다고 자연계에 존재하는 효모를 쓴 빵종(자가제 효모종)을 쓰는 옛날 방식이 아예 사라진 것은 아닙니다. 지금도 전통적인 방법을 고수하며 빵을 만드는 곳도 있습니다. 이스트에는 없는 특유의 풍미와 산미를 지닌 빵의 수요가 있다는 점 때문에 자가제 효모종으로 빵을 만들고 있는 것입니다(→**Q155**).

한편 발효종은 그 상태에 따라 유동성이 없는 반죽종와 유동성이 있는 액종으로 분류할 수 있습니다(→**Q151, 152**).

 발효종의 분류

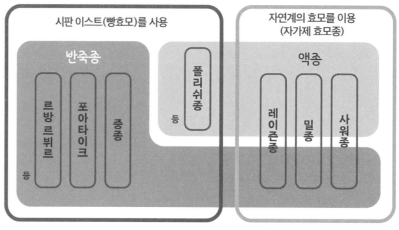

액종은 어떤 빵에 적합한가요?
=폴리쉬법의 장단점

 하드 계열이나 린한 배합의 빵에 많이 쓰입니다.

액종이란 가루에 물을 많이 배합해서 유동성이 있는 발효종을 총칭합니다. 자연계에 존재하는 효모(야생 효모)를 이용한 것과 시판 이스트(빵효모)를 쓴 것이 있습니다.
이 책에서는 프랑스에서 폴리쉬법이라고 부르는, 이스트를 써서 만드는 액종을 이용한 제법을 소개합니다. 일본(한국)에서도 하드 계열이나 린한 배합의 빵에 많이 쓰는 제법 중 하나입니다.

폴리쉬법

1840년대에 유럽에서 처음 등장한, 이스트를 쓴 제법입니다. 발상지는 폴란드이고 오스트리아의 빈에서 발전해 프랑스에 전해졌다고 합니다. 그 후 간편하면서 안정적으로 빵을 만들 수 있는 스트레이트법(프랑스에서는 다이렉트법이라고도 합니다)이 주류가 되면서 점점 사라지다가, 특징이 뚜렷한 빵을 만들 수 있다는 점과 제조 기간이 짧다는 등의 이점 때문에 최근에 다시 주목받고 있습니다.
폴리쉬법은 우선 가루 총량의 20~40%에 같은 양의 물과 적정량의 이스트를 넣고 섞어 페이스트 상태로 만든 다음 발효·숙성시킨 종(폴리쉬종)을 만듭니다. 그리고 그 종과 나머지 재료를 합해 본반죽을 만듭니다.
부드러운 종은 발효·숙성이 빠르기 때문에 3시간 정도 발효하면 사용할 수 있습니다. 제조 기간에 맞춰서 장시간 발효시키고 싶을 때는 이스트의 양을 줄이거나 소금을 첨가해 조정하면 됩니다(→**Q81**). 또 발효 온도를 낮춰(냉장) 장시간 발효시키는 것도 가능합니다. 폴리쉬종을 비롯한 액종의 주요 특징은 아래와 같습니다.

> ### 액종의 장점

① 향미 성분을 많이 포함하고 있어서 빵의 풍미가 깊어진다.
② 빵 반죽의 신장성(잘 늘어나는 성질)이 향상되어 빵의 볼륨이 잘 나온다.

③ 유산균 등이 만드는 유기산류 때문에 빵 반죽의 pH가 떨어지고 알맞게 연화해서 작업
성이 좋아진다.

액종의 단점

① 종의 온도 관리를 적절하게 하지 않으면 숙성 부족, pH의 과도한 저하로 이어져서 종
의 산미가 심해지고 빵의 풍미가 나빠진다.
② 빵의 볼륨이 지나치면 맛이 싱거워질 수 있다.

반죽종에는 어떤 특징이 있나요?
=반죽종의 장단점

발효·숙성으로 생긴 향미 성분이 있어서 개성 있는 빵을 만들 수 있습니다.

액종이 유동성 있는 액상 발효종인 반면, 반죽종은 고형이어서 유동성이 없는 발효종
입니다. 자연계에 존재하는 효모(야생 효모)를 이용한 것과 시판 이스트(빵효모)를 사용
한 것이 있는데, 여기서는 이스트를 쓴 일반 반죽종에 대해 살펴보겠습니다.
반죽종을 만들 때는 재료인 가루의 총량 중 20~50%를 쓰는 경우가 많은데, 이스트와
물, 소금을 넣고 반죽한 다음 12~24시간 정도 발효·숙성시킵니다. 그 후 남은 재료를
마저 넣고 다시 반죽하면 본반죽이 완성됩니다. 주요 특징은 아래와 같습니다.

반죽종의 장점

① 숙성하면서 향미 성분이 많이 생겨 빵의 풍미가 늘어난다.
② 종의 발효 시간이 긴 만큼 글루텐의 연결이 촘촘해진다. 또 유산균 등이 만드는 유기산
류의 양이 많아 반죽의 신장성이 향상되어 빵의 볼륨이 잘 나온다.
③ 유기산류의 영향으로 빵의 pH가 떨어져 알맞게 연화하기 때문에 작업성이 좋다.

반죽종의 단점

① 종의 온도 관리를 적절히 하지 않으면 pH가 과도하게 떨어져 종의 산미가 심해지고 빵

의 풍미가 나빠진다.

② 빵의 볼륨이 과하면 맛이 싱거워질 수 있다.

프랑스와 독일에서는 19세기 무렵부터 이스트가 들어가는 반죽종을 쓰기 시작했는데, 이윽고 스트레이트법을 쓴 제빵이 보급되면서 그 수가 점점 감소했습니다. 그러다가 지금은 폴리쉬법과 마찬가지로 개성 있는 빵이 나오고 당일에 빨리 만들 수 있다는 장점을 주목받아 다시 쓰이고 있습니다.

중종법에는 어떤 이점이 있나요?
=중종법의 장단점

중종법은 스트레이트법보다 볼륨 있는 빵을 만들 수 있습니다.

중종은 반죽종의 일종인데, 일반 반죽종과 비교했을 때 종에 들어가는 가루의 양이 가루 총량의 50~100%로 많은 것이 특징입니다. 시판 이스트(빵효모)로 만들고 그 사용량도 많습니다.

종 단계일 때 소금을 넣지 않아 발효가 빨리 되고, 탄산가스 발생량도 많아서 반죽이 연화됩니다. 또 밀가루의 수화도 충분히 이루어집니다. 이 종을 나머지 재료와 합해 믹싱을 강하게 하면 신장성이 있는 글루텐이 형성됩니다. 따라서 가스를 붙잡는 힘이 강해져 볼륨 있는 빵을 만들 수 있습니다.

원래는 1950년대에 미국에서 개발된 제법(스폰지 도우법, sponge dough method)으로, 이후 일본에 기술과 공장 설비가 들어와 「중종법」이라는 이름으로 정착되었습니다. 주로 양산형 공장, 제과제빵 대기업에서 많이 쓰이는 제법이지만, 리테일 베이커리에서도 쓰이고 있습니다. 중종법의 주요 특징은 다음과 같습니다.

중종법의 장점

① 종을 발효시키는 만큼 전체 발효 시간이 길어서 가루가 충분히 수화하기 때문에 구울 때 수분 증발량이 적다. 그 결과 빵의 수분량이 많아져 빨리 굳지 않는다.

② 종을 발효시키는 만큼 전체적 발효 시간이 길어서 유산균 등이 만드는 유기산류의 양이 많다. 그래서 반죽의 신장성이 향상되고 기계로 한 믹싱이어도 반죽이 덜 손상된다 (기계 내성이 뛰어나다).

③ 스트레이트법보다 강한 믹싱이 가능하다. 그래서 신장성이 좋으면서도 탄력이 강한 반죽이 되어 부드럽고 볼륨 있는 빵이 나온다.

중종법의 단점

① 종의 사용량이 많아, 그 상태가 빵의 완성도에 큰 영향을 미친다. 종의 온도 관리를 적절하게 하지 않으면 본반죽의 발효가 잘되지 않는다.

② 종 만들기를 포함한 모든 공정을 하루 만에 다 하는 경우가 많아서 빵을 만드는 데 시간이 많이 든다(일반 발효종법은 종을 다른 날에 미리 만들어둬서, 본반죽 믹싱부터 시작하는 경우가 많다).

Q 154 천연 효모빵이 무엇인가요?
= 자가 배양 효모로 만드는 빵

A 자연계에 존재하는 야생 효모를 써서 만드는 빵입니다.

천연 효모라는 단어를 흔히 들을 수 있게 되었는데, 효모는 자연계에서 생식하는 미생물로 원래 전부 천연입니다. 그 천연 효모(야생 효모) 중에서 제빵에 적합한 것을 찾아내 순수 배양하여 공장에서 생산하게 된 것이 시판 이스트(빵효모)로, 원래는 다 천연 효모인 것입니다.

하지만 일반적으로 「천연 효모」라고 하면 제빵사가 직접 효모를 배양한 것을 가리키고 시판 이스트와는 구별하기 때문에 이 명칭을 쓰게 되었습니다.

이 책에서는 「천연 효모」라는 모호한 단어를 사용하는 대신 「자가 배양 효모」라고 표기했습니다.

참고 ⇒Q155

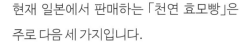

「천연 효모빵」은 안전? 안심?

현재 일본에서 판매하는 「천연 효모빵」은 주로 다음 세 가지입니다.

① 자연계에 생식하는 효모를 이용해 전통 방식으로 만든 효모종을 쓴 빵

② 「천연 효모」라는 명칭으로 판매하는 효모종(그 제조원으로 배양된 것)을 써서 만든 빵

③ ①과 ②의 발효종과 시판 이스트를 병용해서 만든 빵

①은 고대의 제빵과도 이어지며 장단점이 있습니다. (→Q157)

②는 시판품을 이용하는 것으로 ①의 단점을 보완해줍니다. ③은 주로 ①과 ②의 발효력을 보완하는 목적으로 이스트(빵효모)를 첨가합니다. 하지만 「천연 효모」라고 표기하면 소비자에게 「안전」, 「안심」, 「건강 지향」 등 자가제 효모종으로 빵을 만드는 원래의 목적(직접 효모종을 만듦으로써 시판 이스트로 만든 빵에는 없는 특유의 맛과 식감, 풍미를 불러일으키는 것)과는 다른 이미지, 시판 이스트는 인공적으로 만든 만큼 몸에 좋지 않을 것이라는 이미지를 심을 위험이 있어서, 이러한 점을 제빵업계에서도 염려하고 있습니다.

(2007년 「천연 효모 표기 문제에 관한 견해」 일반 사단법인 일본 빵 기술연구소)

자가제 효모종이 무엇인가요?
=자가 배양 효모를 이용한 발효종

자연계에 존재하는 효모(야생 효모)를 이용해 만든(배양한) 종을 자가제 효모종이라고 합니다.

자가제 효모종이란 발효종을 만들 때 시판 이스트(빵효모)를 쓰지 않고 자연계에 존재하는 효모(야생 효모)로 만든 종을 가리킵니다. 자가제 효모종처럼 곡물, 과일, 채소의 표면 또는 공기 중에 자연적으로 떠다니는 효모와 균류를 이용할 경우, 제빵에 필요한 발효력을 얻으려면 우선 효모와 균류를 배양해 수를 늘려야 합니다.

효모를 배양하려면 효모가 붙어 있는 재료와 물을 섞고, 때에 따라서는 효모의 영양분이 되는 당류를 첨가해 적정 온도를 유지합니다. 그렇게 하면 발효가 촉진되고 효모가 증식합니다. 이 작업을 종 만들기(종 배양하기)라고 합니다. 여기에 새로 가루와

물을 추가로 넣고 반죽하는 종 잇기(계대 배양)라는 작업을 수일에서 일주일 정도 반복하면서 제빵에 쓸 수 있는 종을 만듭니다.

이 책에서는 이렇게 빵을 만드는 사람이 직접 배양한 효모를 「자가 배양 효모」 그리고 종을 만들고 종을 잇는 과정을 거쳐서 제빵에 쓸 수 있는 상태가 된 것을 「자가제 효모종」이라고 표기했습니다. 또 「밀종」이나 「레이즌종」과 같은 명칭은 종을 만들 때 들어간 소재의 이름을 딴 것으로 전부 자가제 효모종입니다. 즉, 호밀로 효모를 일으킨 사워종(→**Q159**)도 자가제 효모종 중 하나인 셈입니다.

과일로 자가제 효모종을 만들고 싶은데, 종을 만드는 (배양하는) 방법을 가르쳐 주세요.
=자가제 효모종 만드는 방법

과일과 물을 섞은 액체를 발효시켜 종을 만듭니다.

자가제 효모종을 만들려면 우선 효모를 얻기 위한 바탕인 재료(곡물, 과일, 채소 등)가 필요합니다. 그 재료로 종을 만들고, 종 잇기(계대 배양)를 반복하면서 배양한 효모(자가 배양 효모)로 효모종을 만듭니다(→**Q155**).

자가 배양 효모를 만드는 대표적인 소재는 밀과 호밀 같은 곡물, 레이즌(건포도)과 사과 등입니다. 효모는 그 밖에도 다양한 재료를 써서 배양할 수 있는데, 그렇게 만든 효모로 그 빵집 고유의 특별한 빵을 만들 수 있답니다.

일반적으로 종 만들기는 곡물의 경우 곡물가루와 물을 섞어 반죽하는 것부터, 또 레이즌이나 사과의 경우 그것들과 물을 섞는 것부터 시작합니다.

사과종을 예로 들어보면 사과는 우선 껍질째 믹서기에 갈고 그 5배 정도의 물을 부어 잘 섞습니다. 그리고 비닐랩(구멍을 몇 군데 뚫는다)을 씌우고 25~28℃에서 60~72시간 정도 둬서 배양합니다. 그 과정에서 몇 번 저어서 산소가 들어가게 해 효모 증식을 돕습니다. 이것을 걸러 배양액을 만들고 이 배양액에 밀가루를 넣어 반죽, 발효합니다. 그렇게 완성한 종으로 몇 번의 종 잇기를 해서 효모종을 완성합니다.

사과종 배양액 만들기

사과를 믹서기에 갈고 물을 넣는다.

60~72시간 배양한다. 효모 증식을 돕기 위해 도중에 몇 번 휘저어가며 산소를 넣는다.

탄산가스가 발생하면 걸러서 사용한다.

자가제 효모종을 쓰면 어떤 특징을 가진 빵이 만들어지나요?
=자가제 효모종을 쓴 빵의 특징

독자적인 식감과 풍미(특히 산미)가 있는 빵을 만들 수 있습니다. 다만 안정적인 품질을 유지하기 어려운 면이 있습니다.

자가제 효모종을 써서 빵을 만드는 것은 시판 이스트(빵효모)로 빵을 만드는 것보다 훨씬 많은 수고와 시간이 드는 데다가 빵이 잘 만들어진다는 보장도 없습니다. 무엇으로 종을 만들었는가에 따라 빵의 풍미가 달라지고 반죽의 상태도 다양(연화하기 쉽고 발효력이 약한 것 등)해지므로 종의 관리와 제조 공정을 컨트롤하려면 경험과 기술이 필요합니다.

하지만 그 수고와 위험성을 알고서도 많은 제빵사가 자가제 효모종만의 개성 넘치는 빵에 매료되었습니다.

또 자연계의 다양한 물질에 효모가 붙어 있는 만큼, 희귀한 재료를 쓴 효모종으로 도전해서 특징 있는 제품을 만드는 것도 가능합니다. 다만 먹거리인 이상 희귀하다는 점뿐 아니라 「맛이 있어야 한다」는 점도 잊어서는 안 됩니다.

자가제 효모종을 쓴 빵의 특징은 다음과 같습니다.

[**자가제 효모종의 장점**]

① 시판 이스트로 만든 빵에는 없는 특유의 맛과 식감, 풍미(특히 산미)를 낼 수 있다.

② 유일무이한 자기만의 빵을 만들 수 있다.

③ 직접 효모를 「키우는」 재미가 있다.

자가제 효모종의 단점

① 매번 같은 품질의 빵을 안정적으로 만들기가 어렵다.

② 효모종 관리(종 만들기, 종 잇기, 온도 관리 등)를 잘 하지 않으면 맛있는 빵을 만들 수 없다.

③ 유익한 균(제빵에 적합한 효모와 유산균 등) 이외의 균(잡균)이 번식하면 효모종을 못 쓰게 된다(이상한 냄새, 이상 발효 등).

자가제 효모종에 잡균이 들어가면 종에 어떤 변화가 나타나나요? 잡균이 들어가 버린 종으로도 빵을 만들 수 있나요?
=자가제 효모종의 잡균 혼입

썩은 냄새가 나고 평소와 다른 색깔이 되거나 끈적하게 늘어진다면 사용하면 안됩니다.

잡균이 종에 섞이더라도 종 잇기를 거듭하면서 효모와 유산균 등 유익한 균이 작용하는 환경으로 바뀌면 잡균이 번식할 수 없습니다. 하지만 종 잇기가 잘되지 않아 잡균이 번식하면 보통은 썩은 냄새가 납니다. 또 색깔이 평소와 다르고, 연화해서 끈적하게 늘어나기도 합니다. 이런 종으로 빵을 만들면 열에 약한 잡균은 굽는 과정에서 사멸하더라도 빵이 맛있게 구워질 수는 없습니다.

또 포자를 형성하는 곰팡이와 균의 경우, 곰팡이와 균 자체는 열에 사멸하지만 열에 강한 포자는 빵에 남을 수 있습니다.

평소 종과 냄새, 색깔이 다르거나 반죽했을 때의 상태가 다른 등 이상한 부분을 느낀다면 사용하지 않는 것이 좋습니다.

사워종의 종 만들기와 종 잇기 방법을 알려 주세요.
=사워종 만드는 방법

밀가루나 호밀가루를 물에 반죽해 종을 만든 다음 종 잇기를 해서 사용합니다.

사워종은 밀 또는 호밀로 종을 만드는 자가제 효모종의 일종입니다.

밀가루나 호밀가루와 물을 반죽한 종을 발효·숙성시킨 것으로 종 잇기(새로운 가루와 물을 보충해 넣으면서 반죽하는 작업)를 여러 차례 하면서 4~7일 정도 들여 만듭니다. 이렇게 완성한 종을 「초종」이라고 합니다.

이 초종을 바탕으로 사워종을 완성합니다. 완성될 때까지 몇 번의 종 잇기가 필요한데, 그 횟수에 따라 1단계법(종 잇기 1회), 2단계법(종 잇기 2회), 3단계법(종 잇기 3회) 등으로 부릅니다. 이렇게 만든 사워종을 써서 본반죽을 만들면 마침내 빵이 되는 것입니다.

종 잇기를 거듭하면서 종은 서서히 산을 축적하고 그동안에 일어나는 발효·숙성에 의해 생성된 부산물(주로 유산과 초산)이 사워종을 첨가한 빵에 독특한 산미와 풍미를 만들어냅니다.

한편 사워종은 호밀을 쓴 호밀사워종과 밀을 사용한 화이트사워종으로 나눌 수 있는데, 둘 다 반죽종과 액종이 있습니다.

호밀사워종과 화이트사워종을 어떻게 구분해서 쓰는지 알려 주세요.
=사워종의 종류

호밀사워종은 호밀빵의 발효종이고 화이트사워종은 밀빵의 발효종입니다. 둘 다 산미가 있는 것이 특징입니다.

사워종에는 호밀가루로 만드는 호밀사워종과 밀가루로 만드는 화이트사워종이 있습니다. 주로 호밀사워종은 호밀빵에, 화이트사워종은 밀빵에 사용합니다.

호밀사워종

호밀사워종은 주로 호밀 배합이 많은 빵을 만들 때 씁니다. 호밀사워종은 빵에 풍미를 첨가할 뿐만 아니라 반죽의 볼륨을 개선하는 역할도 하기 때문입니다.

호밀사워종은 나라, 지역, 토지에 따라 다양한 종류가 있습니다. 전통적으로 호밀빵을 만드는 곳은 독일, 오스트리아를 비롯한 북유럽과 러시아인데 이 지역은 한랭지라도 비교적 안정적으로 자라는 호밀을 주식으로 하는 역사가 있습니다.

화이트사워종

화이트사워종에도 여러 종류가 있는데 대표적으로는 이탈리아 밀라노의 전통 크리스마스 과자인 파네토네, 겉모양이 프랑스빵과 유사하고 미국 샌프란시스코에서 탄생한 샌프란시스코 사워도우 브레드 등이 있습니다.

호밀로 빵을 만들 때와 달리 밀로 만드는 빵은 원래 사워종이 필요하지 않습니다. 그렇지만 독특한 산미와 풍미가 있고 오래 두고 먹을 수 있는 빵이 나오기 때문에 예부터 제빵에 써온 것입니다. 사워종은 그 토지의 공기와 물, 밀뿐 아니라 기후 풍토에 따라서도 달라져, 지금도 개성 넘치는 빵이 만들어지고 있습니다.

호밀빵에 호밀사워종을 첨가하는 이유는 무엇인가요?
=호밀사워종의 역할

탄산가스를 포집하는 힘이 생겨 빵이 잘 부풀고, 독특한 식감과 풍미를 지닌 호밀빵이 만들어지기 때문입니다.

밀에는 글루텐의 바탕인 글리아딘과 글루테닌이라는 두 종류의 단백질이 들어 있는데, 호밀의 단백질에는 글리아딘이 많고 글루테닌은 거의 들어 있지 않습니다. 그래서 호밀가루로 반죽을 만들면 밀가루로 만들 때보다 글루텐이 잘 형성되지 않아 빵에 볼륨이 잘 나오지 않습니다.

실제로 호밀가루에 물을 넣고 반죽해 보면 탄력이 없고 점성만 강해 끈적끈적한 반죽이 됩니다. 그 원인으로 다음과 같은 점을 생각해볼 수 있습니다.

자가제 효모종을 쓴 빵의 특징은 다음과 같습니다.

> **호밀가루로 만든 반죽이 끈적한 원인**

① 글리아딘은 물과 결합하면 점성이 강해진다.

② 호밀에는 세칼린(프롤라민의 일종)이라는 단백질이 들어 있는데, 글리아딘과 유사하게 점성을 내는 성질이 있다.

③ 호밀에는 펜토산이라는 다당류가 있는데, 이것이 물과 결합해서 점성이 강해진다.

점성만 지나치게 강하고 글루텐이 생기지 않으면 하나도 부풀지 않는 게 아닌가? 하는 생각이 들 수도 있겠지만 실제로는 약간은 부풀어 오릅니다.

이러한 호밀 반죽에 호밀사워종을 넣으면 어떻게 될까요? 여기에는 효모 이외에도 호밀에 많이 붙어 있는 유산균이 큰 영향을 미칩니다.

호밀가루에 물을 붓고 종을 만들면 유산 발효가 활발하게 일어나고, 종 잇기가 반복되는 동안 유산균, 효모의 수가 증가합니다. 처음에는 유산균 이외의 균이 우세하더라도 유산 발효가 진행되면서 점점 유산균의 수가 더 많아지고, 그 유산 때문에 반죽의 pH가 떨어져 산성이 강해집니다.

그동안 유리아미노산(분자 상태로 존재하는 아미노산)이 늘어나거나 효모의 증식이 활발해지는 등 각종 균과 효소가 작용해 서로 영향을 미치면서 4~7일 정도에 걸쳐 호밀사워종이 만들어집니다. 최종적으로 pH가 4.5~5.0까지 떨어지면 호밀의 글리아딘은 점성이 억제되어서 조금이나마 가스를 붙잡는 힘이 생깁니다.

그래서 산을 충분히 비축한 호밀사워종을 배합해 반죽을 만들면 산이 반죽에 작용합니다. 글루텐에 의해 반죽이 이어지지 않는 만큼 반죽이 무르고 잘 부풀지 않아 크럼의 결이 촘촘해지기는 하지만, 그것이 특징적인 식감이 되어 맛 좋은 빵이 됩니다.

풍미도 독특한데, 유산과 초산 등의 유기산이 산미가 느껴지는 풍미를 만들어내고 유리아미노산이 고소함과 감칠맛을 만들어냅니다.

노면(老麵)이 무엇인가요?
=노면이란

이스트를 써서 장시간 발효한 반죽종 또는 전날 만든 반죽을 일부 남겨서 장시간 발효시킨 것을 말합니다.

노면이란 원래는 중국에서 만두나 딤섬 등을 반죽할 때 쓰는 발효 반죽(종)을 말합니다. 만든 반죽을 일부 남겨 두었다가 다음 반죽을 만들 때 발효종으로 쓰는 「남은 반죽」이기에 시중에서 살 수는 없고 레스토랑이나 가게마다 대물림해서 씁니다.

반면 제빵에서 노면은 이스트(빵효모)를 써서 만든 린 반죽을 장시간 발효시킨 프랑스의 르방 르뷔르와 유사하거나 프랑스빵처럼 린 배합의 빵을 만들 때 발효 후 반죽을 조금 떼어내 남겨 두었다가 저온 또는 냉장으로 장시간 발효시킨 것을 가리킵니다.

이것은 본반죽을 만들 때 10~20% 정도 사용합니다. 장시간 발효시킨 반죽이 들어가면 본반죽의 발효 시간이 단축되고 빵의 풍미 개선을 기대할 수 있지만, 반죽이 끈적거리고 늘어질 수 있으니 주의가 필요합니다.

현재는 노면이라는 단어는 잘 쓰지 않고 대신 「묵은 반죽」이라는 단어를 많이 씁니다.

Q 163 왜 빵 반죽을 냉동하나요? 또 잘 냉동시키려면 어떻게 해야 하나요?
=빵 반죽에 적합한 냉동 방법

A 냉동 보관하면 수고를 덜 수 있고 갓 구워 따끈따끈한 빵을 제공할 수 있습니다. -30~-40℃ 이하로 급속 냉동한 다음 -20℃에서 보관하세요.

매일 빵을 구워 판매하는 빵집에서는 늦은 밤이나 새벽부터 빵을 만들어 이른 아침에는 진열대를 채워야 합니다. 갓 구운 빵은 좋은 냄새를 풍기고 보기에도 먹음직스러워 손님들의 구매 욕구를 마구 자극하는데 갓 구운 빵을 고집하는 데는 그런 이유만 있는 것은 아닙니다.

빵은 구운 후 시간이 지나면 바삭바삭하던 크러스트가 습기를 머금어 눅눅해지고, 부드러운 크럼은 전분의 노화(β화)가 일어나 굳고(→**Q38**) 퍼석해져서 맛이 점점 떨어지는데 이것도 이유 중 하나입니다. 그렇지만 갓 구운 빵을 매번 제공하려면 그만큼 수고가 많이 들 수밖에 없습니다.

그 수고를 덜기 위한 방법 중 하나로 「냉동」이 있습니다. 빵집에서 동일한 품질의 빵을 갓 구워 제공할 수 있도록 냉동 반죽에 관한 연구가 계속 진행되어 왔습니다.

여기서 말하는 「냉동 반죽」은 가정용 냉장고에서 냉동한 반죽이 아닙니다. 가정용 냉장고의 냉동실 온도는 JIS 규격에 따라 -18℃ 이하로 정해져 있습니다. JIS는 일본 공업 규격이고 한국의 KS 규격으로도 -18℃입니다. 이 온도는 시판 냉동식품 등 이미 냉동 상태인 것의 품질을 유지하면서 보관하는 데에는 적합하지만, 상온 식품을 중심부까지 급속도로 얼리는 것(급속 냉동)은 불가능합니다. 가정용 냉장고의 냉동실에서 상온 식품을 얼리면 식품의 온도가 천천히 내려가면서(완만 동결) 조직 속의 얼음 결정이 커지고 세포가 손상을 입는 등 품질이 떨어지는 요인이 됩니다.

빵 반죽은 글루텐 막이 얼음 결정에 손상되면 해동 후에 반죽이 늘어져서 구워도 빵이 잘 부풀지 않습니다. 또 이스트(빵효모) 역시 발효하기에 적합하지 않은 환경이 됩니다. 따라서 가정에서는 반죽 냉동을 추천하지 않습니다.

공장에서 생산된 냉동 빵 반죽은 -30℃~40℃ 이하로 급속 냉동하기 때문에 얼음 결정이 작은 상태로 빵 반죽 속에 퍼집니다. 작은 결정은 이스트의 세포에 별로 영향을 주지 않아서, 빵 반죽의 품질 저하를 최대한 방지할 수 있습니다. 그런데 급속 냉동 후에도 이 온도로 보관하게 되면 이스트의 활성을 크게 방해하게 되니 -20℃에서 보관해야 합니다(→**Q166**).

요즈음에는 냉동 반죽에 대한 수요가 점점 증가하고 있어서, 냉동 빵 반죽의 제빵성을 높이는 연구 개발이 이어지고 있습니다.

급속 냉동과 완만 동결

물은 천천히 얼면 큰 결정이 됩니다. 이를 「완만 동결」이라고 합니다. 물을 넣은 페트병을 얼렸을 때 페트병의 부피가 커지는 것은 이 때문입니다. 특히 온도가 내려갈 때 -1~-5℃의 온도대가 길게 이어지면 그만큼 얼음의 결정이 커집니다. 이 온도대를 최대 얼음 결정 생성 온도대라고 합니다.

완만 동결 때는 식품의 세포 안팎에 있는 수분이 크기가 큰 얼음 결정이 되면서 세포와 식품 조직이 손상됩니다. 그것을 해동하면 손상된 세포로부터 수분이 유출되고, 수분을 유지하지 못한 식품은 품질이 떨어집니다.

한편 「급속 냉동」은 최대 얼음 결정 생성 온도대를 단시간에 통과하기 때문에 얼음 결정이 작게 분산되어 세포에 크게 영향을 주지 않아서 동결 전의 품질을 유지합니다.

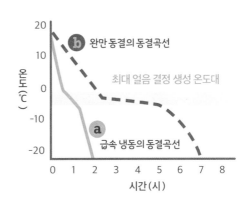

빵집에서는 냉동 반죽을 어떻게 활용하나요?
=냉동 반죽의 이점

 공간과 비용, 노동력 절감, 제품의 다양성 등에 도움이 됩니다.

대형 베이커리의 경우 각종 냉동 반죽을 공장에서 생산해 적절히 동결한 다음 보존 및 유통 과정을 거쳐 각 점포마다 공급합니다. 그곳에서 냉동 보관하다가 필요할 때 해동하고 구워서 동일한 품질의 다양한 빵을 진열대에 올리는 것입니다.

이렇게 공장과 점포로 역할을 나누면 각각에 필요한 설비, 공간을 줄일 수 있고 비용 도 절약하는 데다가 기술자도 많이 있을 필요가 없어 노동 시간의 단축 및 효율화를 도모할 수 있습니다.

한편 소규모 빵집에서는 다양한 종류의 빵을 갖추기 위해 냉동 반죽을 활용하는 경우 가 많은데, 직접 만든 반죽을 단기간 냉동 보관하거나 공장에서 생산된 냉동 반죽을 판매업자에게서 사들이는 방법을 씁니다.

 냉동 반죽 제품에는 어떤 종류가 있나요?
=냉동 반죽의 종류

 제조 공정마다 그에 맞는 냉동 반죽 제품이 있어서 각 빵집의 용도에 맞게 사용할 수 있습니다.

현재 제빵업계에서 쓰는 냉동 반죽 제품은 크게 아래의 세 종류로 나눌 수 있습니다.

① 믹싱 후에 냉동한 것

• 반죽을 큰 덩어리로 분할해서 냉동한 것(해동 후에 분할·둥글리기~굽기)
• 반죽을 제품의 크기(무게)에 따라 분할하고 둥글린 후 냉동한 것(해동 후에 성형~굽기)
• 크루아상이나 데니시와 같은 접기형 반죽을 냉동한 것. 사각형 모양(해동 후 자르기·성형~굽기)

② 성형 후에 냉동한 것

③ 최종 발효(2차 발효) 후에 냉동한 것

냉동 반죽은 기본적으로 해동해서 사용하는데, 최종 발효(2차 발효) 후에 냉동한 제품 중에는 언 상태에서 바로 구울 수 있는 것도 있습니다.

빵 반죽을 냉동하면 제빵성이 떨어지는 이유가 무엇인가요?
=반죽 조직과 효모의 냉동 장애

냉동할 때와 보존할 때 일어나는 냉동 장애 때문에 이스트의 탄산가스 발생력이 떨어지는데, 반죽이 가스를 포집하는 힘까지 약해지기 때문입니다.

냉동 반죽의 제빵성이 떨어지는 원인에는 두 가지가 있는데, 냉동 과정에서 반죽 조직이 손상되어서, 그리고 발효의 핵심인 이스트(빵효모)가 냉동(동결) 장애를 일으켜서입니다. 이렇게 되면 이스트의 탄산가스 발생력이 떨어지고, 반죽이 가스를 포집하는 힘도 약해집니다

냉동 장애에는 동결 과정에서 일어나는 장애, 동결한 것을 보관하는 과정에서 일어나는 장애가 있습니다.

반죽 조직의 냉동 장애

빵 반죽의 조직이 동결 과정에서 받는 손상에는 아래와 같은 것들이 있습니다.

얼음 결정이 커지면서 일어나는 글루텐 막 손상

식품을 동결하면 세포 안팎에 있는 수분이 얼면서 부피가 커져 식품의 세포와 조직을 망가뜨립니다. 특히 빵 반죽의 경우 얼음 결정이 커지면서 글루텐 막이 손상되어, 해동 후 반죽이 처지고 발효 때와 구울 때 잘 부풀지 않습니다.

이런 현상은 무발효 상태인 반죽 덩어리보다 발효 후 반죽을 동결했을 때 현저히 나타납니다. 발효하면서 글루텐 막이 얇은 층처럼 퍼지기 때문에 얼음 결정이 커지면서 망가지기가 더 쉽습니다.

단백질의 변성

단백질은 얼면 입체 구조가 변하면서 성질이 달라집니다(변성). 고기나 생선을 냉동하면 표면의 일부가 스펀지처럼 되는데, 이런 현상이 빵 반죽에서도 적잖이 일어납니다.

글루텐은 단백질이므로 얼음 결정이 커지면서 손상될 뿐만 아니라 글루텐 자체에 변성이 일어나 기능이 떨어집니다.

얼음 결정이 커지면서 일어나는 반죽의 수화 성분 탈수

빵 반죽 속 성분 중에는 친수성이 있어 물에 녹아 있는 것도 있는데, 동결하게 되면 그물이 큰 얼음 결정으로 변하면서 빵 반죽의 조직이 손상됩니다. 그러다가 반죽을 해동하면 다시 물이 되어 빠져나가 버리기 때문에 냉동 전과 해동 후에는 반죽 속 수분 분포 상태가 다릅니다.

냉동 장애가 온 효모에서 유출된 글루타티온의 영향

동결로 인해 이스트 세포가 손상되면서 환원형 글루타티온이라는 물질이 유출됩니다. 글루타티온은 글루텐의 연결(S-S 결합)을 끊어버리기 때문에 반죽이 처지고 가스를 잡아두는 힘이 떨어지게 됩니다(→**Q69**).

이스트의 냉동 장애

일반적으로 쓰는 이스트의 경우, 이스트를 제품 그대로 냉동한 것과 이스트로 발효시킨 반죽을 냉동한 것을 비교해보면 반죽한 쪽이 이스트의 냉동 장애가 훨씬 잘 일어나는 것을 알 수 있습니다.

다시 말해, 이스트는 휴면 상태가 되면 냉동 내성이 높아집니다. 그런데 이스트가 발효해 곧바로 대사 활동을 시작하고 세포가 활성화 상태가 되면 냉동 장애가 일어나기 쉬워집니다.

그래서 반죽 동결 전에 이스트가 최대한 활성화하지 않게 활동을 억제시켜야 합니다. 다만 이스트의 발효를 억제하면 그와 함께 일어나는 반죽의 숙성(→**p.287~288「발효 ~반죽 속에서는 어떤 일이 일어날까?~」**)이 부족해져서 반죽의 풍미가 약해지는 문제가 생깁니다.

그래서 반죽이 발효한 이후에도 냉동 내성이 높고 저온 환경 스트레스에 대한 내성도 뛰어난 냉동 내성 효모(동결 내성 효모)를 연구·개발하여 제품화하고 있습니다.

재료를 통해 반죽이 냉동 장애를 입지 않게 할 수 있나요?
=냉동 장애를 완화하는 배합

 냉동 내성이 있는 이스트나 밀가루를 선택하거나 설탕을 넣으면 효과가 있고, 일반적으로는 첨가물도 씁니다.

냉동 반죽에는 냉동 내성 효모를 쓰고, 그 밖에도 단백질의 양이 많고 손상전분(→**Q37**)이 적은 냉동 반죽용 밀가루를 씁니다.

또 부재료로 설탕을 넣으면 반죽 상태를 개선할 수 있습니다. 냉동(동결) 장애는 수분과 관련된 문제도 있습니다. 이를테면 반죽 속 수화 성분이 냉동 과정에서 탈수해 반죽 속 수분 분포에 변화가 생기기도 합니다. 그런데 설탕의 흡습성과 보수성(→**Q100, 101**)이 수분과 관련된 장애의 개선에 도움이 됩니다.

그리고 일반적으로는 첨가물(→**Q139~142**)을 넣어서 반죽의 물성과 품질을 조정, 개량하는 방법을 씁니다. 첨가물은 그 종류와 효과가 다양해서 연구 및 개발이 진행되고 있고 새로운 제품도 나오고 있습니다.

Chapter 6

빵의
공정

공정을 따라 살펴보는
구조의 변화

- - - - - - - - - - -

빵의 제법은 반죽에 물리적인 힘을 가해 반죽을 다잡는 공정(믹싱, 펀치, 둥글리기, 성형)과 반죽을 휴지시키는 공정(발효, 벤치 타임, 최종 발효(2차 발효))이 교대로 일어나는데 이는 「긴장」과 「이완」의 반복이라고도 할 수 있습니다.

예를 들어 둥글리기 공정 때 물리적인 힘을 가하면 글루텐의 구조가 촘촘해지면서 강화됩니다. 이렇게 글루텐이 「긴장」하면 반죽의 점탄성(점성과 탄력)과 항장력(잡아당기는 힘의 세기)이 강해집니다. 그리고 그다음 공정인 벤치 타임에서는 반죽을 휴지시켜 글루텐을 「이완」시켜 반죽의 신장성(잘 늘어나는 성질)을 회복하게 만듭니다. 그러면 그다음 공정인 성형 때 다시 물리적인 힘을 가해도 반죽이 뚝 끊기거나 찢어지지 않고 잘 늘어납니다. 그리고 벤치 타임에서 글루텐이 「이완」되었다고 해서, 반죽의 점탄성과 항장력이 둥글리기 공정 전 상태로 다시 돌아가는 것은 아닙니다. 어디까지나 다음 성형 작업이 수월해지도록 글루텐의 「긴장」을 조금 풀어주는 이미지라고 할까요.

이렇게 반죽은 「긴장」과 「이완」을 반복하면서 서서히 점탄성, 항장력, 신장성이 균형을 이루는 형태가 되어가고 그렇게 볼륨 있는 결과물에 조금씩 가까워집니다. 마지막 공정인 굽기에서 오븐 스프링이 잘 된 결과물이 나오는 것은 다 그 전 공정에서 반죽의 상태를 계속 확인해가며 「긴장」과 「이완」을 조절한 덕분입니다.

지금부터 각 공정에서 어떤 작업을 하고, 그때 반죽에서 어떤 구조의 변화가 일어나는지 순서대로 살펴보겠습니다.

믹싱

1단계 재료를 섞는다
재료가 수화해 이스트가 활성화된다. 아직 끈적끈적한 상태

● **작업과 반죽 상태**

밀가루, 이스트(빵효모), 소금, 물 등의 재료를 섞는다. 반죽의 상태는 아직 끈적끈적하고 뭉쳐지지 않는다.

● **과학으로 보는 반죽의 변화**

물이 반죽 전체에 분산되어 물에 잘 녹는 성분이 수화한다. 이스트는 물을 흡수해 활성화하기 시작한다.

2단계 반죽한다
글루텐이 형성되고 점성이 늘어난다.

● **작업과 반죽 상태**

재료를 섞고 나면 반죽을 작업대에 비비듯이 치댄다. 처음에는 재료가 균등하게 섞이지 않아 반죽이 잘 찢어진다. 또 아직 물이 완전히 다 스며들지 않은 상태라 표면이 끈적거린다. 계속 치대다 보면 점점 전체적으로 균일하게 부드러워지고 나중에는 점성이 늘어나며 탄력이 생기기 시작한다.

● **과학으로 보는 반죽의 변화**

밀가루에 함유된 단백질 중 글리아딘과 글루테닌은 반죽을 치대는 물리적 자극에 의해 점성과 탄력을 지닌 글루텐으로 변한다. 소금은 글루텐을 강화하는 작용을 한다.

3단계 ❶ 더 반죽한다
글루텐이 얇은 막을 형성하고 탄력과 윤기가 생긴다.

● **작업과 반죽 상태**

반죽을 작업대에 치면서 더 반죽한다. 그렇게 하면 탄력이 늘어나고 반죽 표면이 더는 끈적거리지 않고 매끈해진다.

● **과학으로 보는 반죽의 변화**

치댐으로써 반죽이 끊기는(글루텐의 구조가 일시적으로 붕괴) 현상과 이어지는(글루텐끼리 다시 연결되는) 현상이 반복되고, 그 과정에서 글루텐이 강화되어 탄력이 늘어난다. 계속 열심히 치대면 글루텐이 그물 구조로 반죽에 퍼진다. 이것이 점차 층을 이루어 글루텐이 전분을 감싸면서 얇은 막을 형성한다.

3단계 ❷ 버터를 섞는다 ※버터를 넣는 반죽이 아니면 생략하는 공정

버터가 글루텐 막을 따라 퍼지면서 매끄러운 반죽이 된다.

● 작업과 반죽 상태

버터를 쓰는 경우 이 단계에 넣는다. 처음에는 반죽에 탄력이 있어서 잘 섞이지 않지만, 반죽을 잘게 찢어 표면적을 늘리거나 버터를 작게 만들어 섞으면 반죽과 버터가 접하는 면이 늘어나 버터가 섞여들기 쉬워진다. 끝날 때쯤에는 반죽이 매끄러워지고 윤기가 난다.

● 과학으로 보는 반죽의 변화

여기까지 치댄 반죽은 탄력이 강해서 버터가 잘 섞이지 않지만, 이미 글루텐이 층을 형성한 후에 버터를 넣는 것이기에 글루텐의 형성을 방해하지 않고 유지 덕분에 반죽이 잘 늘어나고 매끄럽다.

버터에는 가소성(可塑性, 외력에 의해 형태가 변한 물체가 외력이 없어져도 원래의 형태로 돌아오지 않는 물질의 성질)이 있어서 반죽을 누르면 점토처럼 모양이 바뀌면서 얇은 막처럼 되고 글루텐 막을 따라(또는 전분 입자 사이에) 반죽에 넓게 분산된다. 그 상태에서 반죽을 잡아당기면 얇은 막 상태가 되었던 버터가 글루텐이 당겨지는 방향으로 같이 늘어나면서 글루텐끼리 달라붙는 것을 막는 윤활유 역할을 한다. 그래서 반죽에 신장성(잘 늘어나는 성질)이 생겨, 버터를 넣기 전보다 반죽이 훨씬 잘 늘어난다.

4단계 반죽을 늘려 상태를 확인한다

글루텐의 그물 구조가 촘촘해지고 탄력 있는 막 형태로 얇게 늘어난다.

● 작업과 반죽 상태

반죽에 탄력이 충분해진 것 같다면 반죽의 일부를 떼어내 손가락 끝으로 잡고 늘려서 반죽의 상태를 확인한다(윈도우 테스트). 그러면 탱탱한 막 상태가 되어 얇게 늘어난다. 버터를 넣었을 때는 더 얇게 늘어난다.

● 과학으로 보는 반죽의 변화

글루텐이 강화되어 그물 구조가 촘촘해진 반죽은 탱탱하고 얇은 막 상태로 늘어난다. 또한, 버터가 들어가면 버터가 글루텐 막 사이에서 윤활유 역할을 하기 때문에 반죽이 더 매끈하고 얇게 늘어난다.

5단계 표면을 탱탱하게 다듬은 후 발효 용기에 넣는다

표면을 탱탱하게 다듬으면 글루텐이 강화된다.

● 작업과 반죽 상태

반죽이 끝나면 표면을 탱탱하게 다듬고 매끈한 면이 위에 오게 해서 발효 용기에 넣는다.

● 과학으로 보는 반죽의 변화

반죽의 표면이 탱탱하면 특히 그 부분의 글루텐이 강화되어 긴장 상태가 된다. 그래서 발효 공정 때 발생하는 탄산가스를 붙잡을 수 있게 되어 반죽이 늘어지지 않고 잘 부풀어 오른다.

발효(1차 발효)

1단계 발효 전반

알코올 발효가 일어나 반죽이 팽창하기 시작한다.

● **작업과 반죽 상태**

발효 용기에 넣은 반죽을 25~30℃의 발효기에 넣고 발효시킨다.

● **과학으로 보는 반죽의 변화**

이스트(빵효모)의 알코올 발효로 탄산가스와 알코올이 발생한다. 반죽 속에 무수한 탄산가스 기포가 생기고, 그 기포가 커지면 주위 반죽이 밀려나면서 반죽이 전체적으로 부풀어 오른다.

2단계 ❶ 발효 중반

유기산과 알코올에 의해 반죽이 연화(軟化, 단단한 것을 부드럽고 무르게 하는 것) 되어 느슨해지고 탄력이 약해진다.

● **작업과 반죽 상태**

발효가 진행되어 반죽이 부풀면 적당히 탱탱하면서도 탄력이 약해져 부드러워지고 느슨해진다.

● **과학으로 보는 반죽의 변화**

반죽에 혼입된 유산균과 초산균이 유산 발효, 초산 발효를 하며 유기산(유산, 초산 등)을 만든다. 이것들과 이스트의 알코올 발효로 생긴 알코올이 글루텐을 연화시켜서 반죽이 느슨해진다.

2단계 ❷ 발효 중반

글루텐의 형성과 연화가 동시에 일어나 볼륨이 더욱 커진다.

● **작업과 반죽 상태**

반죽이 더욱 유연하게 늘어나 크게 부풀어 오른다.

● **과학으로 보는 반죽의 변화**

탄산가스의 힘에 반죽이 밀리는 것이 글루텐에 조금이나마 자극이 되어서 자연스럽게 글루텐이 형성된다. 한편으로는 유기산과 알코올에 의해 글루텐이 연화하는 작용도 동시에 일어나기 때문에 반죽에 신장성이 생긴다.

3단계 발효 후반

알코올과 유기산이 방향(芳香) 성분으로도 작용하여 반죽이 숙성된다.

● **작업과 반죽 상태**

발효 시간이 길어지면 향과 풍미가 생긴다.

● **과학으로 보는 반죽의 변화**

이스트가 만드는 알코올, 세균과 이스트가 만드는 유기산 등은 빵의 향과 풍미의 바탕이 된다. 이것들이 더 많이 산출됨으로써 향과 풍미도 더욱 강해진다.

4단계 발효 상태를 확인한다

글루텐의 강화와 연화의 균형이 잘 유지되면서 부풀어 오르는 현상이 최고조에 도달한다.

● **작업과 반죽 상태**

반죽이 충분히 부풀면서도 살짝 누르면 흔적이 남을 정도로 느슨한 상태.

● **과학으로 보는 반죽의 변화**

반죽의 글루텐이 강화되면서 생기는 탄력, 유기산과 알코올에 의한 연화 작용이 균형을 이루면서 느슨하면서도 충분히 부푼 상태가 된다.

펀치

1단계 반죽을 눌러 가스를 뺀다

가스가 빠지면 반죽 속 기포가 촘촘하게 분산된다. 이스트가 활성화되고 글루텐은 강화된다.

● **작업과 반죽 상태**

발효가 최절정일 때 발효 용기에서 반죽을 꺼내 손바닥으로 누르고 접으면서 탄산가스를 뺀다. 그렇게 하면 발효해서 부풀고 느슨해진 반죽에서 탄산가스가 빠지고 반죽이 수축한다.

● **과학으로 보는 반죽의 변화**

펀치에 의해 반죽 속 탄산가스의 큰 기포가 꺼지고 무수하고 작은 기포가 되어 분산된다. 그래서 완성된 크럼의 결이 조밀해진다.

또 이스트(빵효모)가 발효 중에 알코올을 만들면서 반죽 속 알코올 농도가 올라간 결과로 활성이 떨어지는데, 펀치를 하면 탄산가스와 함께 알코올도 빠져나가고 동시에 산소가 조금 들어와 다시 활성화한다.

그리고 '누르는' 행동이 강한 자극이 되어 반죽 속 글루텐이 강화된다.

2단계 표면을 탱탱하게 다듬어 발효 용기에 넣는다
반죽 표면의 글루텐이 강화된다.

● 작업과 반죽 상태

형태를 잡고 표면을 탱탱하게 다듬은 후 발효 용기에 넣는다. 반죽 표면은 매끄러우면서 긴장된 상태.

● 과학으로 보는 반죽의 변화

표면을 탱탱하게 다듬으면 특히 그 부분의 글루텐이 강화된다.

3단계 다시 발효시킨다
알코올 발효로 반죽이 부푼다.

● 작업과 반죽 상태

25~30℃의 발효기에 넣어 발효시킨다. 반죽이 다시 부푸는데 그 활동이 최고조에 달했을 때 발효 상태를 확인한다. 살짝 눌러보고 흔적이 남는 정도로 느슨한 상태가 되면 된다.

● 과학으로 보는 반죽의 변화

이스트가 알코올 발효를 활발하게 해서 탄산가스를 만들고, 글루텐이 강화된 반죽이 그 탄산가스를 잡아둔 채 부푼다.

분할

1단계　반죽을 나눈다
절단면이 뭉개지면서 글루텐의 배열이 흐트러진다.

● 작업과 반죽 상태

만들고 싶은 빵의 무게대로 반죽을 분할한다. 그때 반죽이 손상되지 않도록 스크레이퍼를 사용한다. 깔끔하게 자르려고 해도 절단면 쪽 반죽이 뭉개져 조금 딸려 나오면서 끈적한 상태가 된다.

● 과학으로 보는 반죽의 변화

절단면의 글루텐이 끊어져 배열이 흐트러진 상태.

둥글리기

1단계　절단면을 안으로 집어넣고 둥글린다
표면의 글루텐이 강화되고 내부 글루텐 배열이 점점 정리된다.

● 작업과 반죽 상태

반죽의 절단면을 안으로 집어넣고 반죽을 조이듯이 둥글린다. 둥글리기가 끝난 반죽의 표면은 매끈하고 탱탱한 탄력이 생긴다.

● 과학으로 보는 반죽의 변화

반죽을 분할하면 절단면의 글루텐 배열이 흐트러지지만, 절단면을 안으로 집어넣고 둥글리면 시간이 지나면서 점차 자연스럽게 배열이 다시 정리된다. 또 둥글리기라는 물리적 자극으로 반죽 표면의 글루텐이 강화된다.

벤치 타임

1단계 반죽을 적정 온도에서 휴지시킨다

알코올 발효가 조금씩 진행되면서 한층 부풀고 반죽이 느슨해진다.

● **작업과 반죽 상태**

둥글린 반죽을 잠시 놔두면(크기가 작은 빵은 10~15분, 큰 빵은 20~30분) 한층 크게 부풀고, 공처럼 볼록하던 반죽이 느슨해져서 조금 편평해진다.

● **과학으로 보는 반죽의 변화**

비록 가스는 적게 발생하지만 이스트의 알코올 발효가 계속되면서 반죽이 조금 부푼다. 동시에 유산 등이 만드는 유기산과 이스트의 알코올 발효로 생긴 알코올에 의해 글루텐이 연화해서 반죽이 느슨해진다. 또 글루텐의 그물 구조가 흐트러진 부분은 자연스럽게 배열이 정리된다.

이러한 변화를 통해, 잡아당기는 등 힘을 가해도 잘 수축하지 않고 성형하기 쉬운 반죽이 된다.

성형

1단계 완성품의 형태로 만든다

매끄럽고 탱탱하게 형태를 다듬으면 표면의 글루텐이 강화된다.

● **작업과 반죽 상태**

반죽을 늘리고 접고 감고 둥글리는 등 원형 또는 막대 모양으로 형태를 잡는다. 반죽의 표면이 탱탱해지게 다듬으면서 완성품의 형태를 만든다.

● **과학으로 보는 반죽의 변화**

반죽의 표면이 탱탱해지면 글루텐이 강화되어 긴장 상태가 된다. 그리하여 다음 공정인 최종 발효(2차 발효) 때 반죽 속에 탄산가스를 가두어 반죽을 부풀리고, 부푼 반죽은 늘어지지 않고 모양과 탄력을 잘 유지한다.

최종 발효(2차 발효)

1단계 **최종 발효(2차 발효) 전반**

알코올 발효가 활발히 일어나고 반죽이 팽창하기 시작한다.

● **작업과 반죽 상태**

30~38℃의 발효기에 넣고 발효시킨다. 높은 온도에서 발효시켜, 반죽이 더욱 팽창한다.

● **과학으로 보는 반죽의 변화**

최종 발효(2차 발효) 때는 믹싱 후의 발효보다 더 높은 온도에서 발효시킨다. 그렇게 하면 반죽 내부 온도가 이스트(빵효모)가 제일 잘 활성화하는 40℃에 가까워져 알코올 발효가 활발히 일어나고, 탄산가스가 발생해서 반죽이 밀려 늘어나게 된다.

2단계 **최종 발효(2차 발효) 중반**

유기산과 알코올이 반죽을 연화시켜서, 반죽이 느슨하면서도 형태와 탄력을 유지한다.

● **작업과 반죽 상태**

발효 온도가 높아서 크게 부풀어 반죽이 밀려 늘어난다.

● **과학으로 보는 반죽의 변화**

이스트와 효소가 높은 온도에서 활성화해 유기산과 알코올을 많이 만듦으로써 반죽이 연화한다. 그리하여 반죽의 신장성이 향상되고 탄산가스가 많아져 더 유연하게 팽창한다.

3단계 **최종 발효(2차 발효) 후반**

유기산과 알코올이 방향 성분으로도 작용하여 반죽이 숙성된다.

● **작업과 반죽 상태**

반죽의 향과 풍미가 깊어진다.

● **과학으로 보는 반죽의 변화**

유산균과 초산균이 만드는 유기산, 이스트가 만드는 알코올과 유기산은 반죽을 연화시킬 뿐만 아니라 빵의 향과 풍미의 바탕이 되기도 한다.

4단계 발효 상태를 확인한다

반죽을 적당히 느슨하게 해서, 부풀기가 최고조에 이르기 조금 전 상태로 만든다.

● **작업과 반죽 상태**

최종 발효(2차 발효)는 부풀기가 최고조에 이르기 조금 전, 반죽에 긴장을 남겨 둔 상태에서 끝낸다. 손가락으로 살짝 눌렀을 때 탄력이 어렴풋이 느껴지는 상태를 목표로 한다.

● **과학으로 보는 반죽의 변화**

다음 공정인 굽기 초반에 이스트의 알코올 발효가 최대로 활성화해서 대량의 탄산가스가 발생하는 만큼, 최종 발효(2차 발효)는 부풀기가 최고조에 달하기 조금 전에 마무리 지어서 반죽에 긴장을 남겨, 늘어지지 않고 부푼 상태를 계속 유지하게 한다.

굽기

1단계 굽기 전반

알코올 발효가 활발히 일어나 반죽이 크게 팽창한다.

● **작업과 반죽 상태**

180~240℃에서 굽는다. 오븐에 넣고 조금 지나면 반죽이 크게 부풀어 오른다.

● **과학으로 보는 반죽의 변화**

이 단계에서는 이스트의 알코올 발효가 왕성하게 일어나 탄산가스 발생량이 늘어나고 반죽이 팽창한다. 내부 온도가 55~60℃가 되면 열에 의해 이스트가 사멸하고 알코올 발효에 의한 반죽 팽창은 거의 끝난다.

2단계 굽기 중반

크럼이 완성되고 크러스트가 생기기 시작한다.

● **작업과 반죽 상태**

반죽이 더 부풀다가 글루텐이 열응고(단백질 등이 열을 받아 굳어지는 현상)하면 팽창을 멈춘다.

● **과학으로 보는 반죽의 변화**

이스트가 사멸하고 나면 열에 의해 탄산가스 등이 팽창하고 알코올의 기화가 일어나며, 이어서 물이 기화한다.

그러면서 반죽이 더욱 팽창한다.

글루텐은 75℃ 전후일 때 완전히 응고하고 전분은 85℃일 때 호화(α화)를 완료한다. 그 후 호화한 전분에서 수분이 증발하고 스펀지 같은 크럼지 된다(→**p.244 「크럼의 형성」**).

3단계 굽기 후반

크러스트가 완성되어 구움색이 나오고 고소한 냄새가 난다.

● 작업과 반죽 상태

노릇노릇한 구움색이 생기기 시작하고 고소한 냄새가 난다.

● 과학으로 보는 반죽의 변화

반죽에 수분 증발이 적어지면 표면이 마르고 온도가 올라간다. 표면 온도가 140℃ 정도에 이르면 크러스트에 색이 나오기 시작하고 160℃부터 색이 진해지면서 고소한 냄새가 난다. 표면 온도는 180℃ 정도까지 올라가고 크러스트가 완성된다.

크럼의 형성

40℃ ~	·이스트(빵효모)의 알코올 발효는 40℃일 때 가장 활발해지고 탄산가스의 발생량이 많아진다.
50℃ ~	·이스트의 활동은 50℃ 정도까지 이어지며 탄산가스를 계속 만들다가 약 55~60℃일 때 사멸한다. 여기까지는 알코올 발효로 반죽이 부푼다. ·탄산가스의 열팽창, 알코올과 반죽 속 물에 녹아 있던 탄산가스의 기화가 일어나고 이어서 물이 기화한다. 이 과정에서 부피가 커지면서 반죽이 팽창한다. ·전분 분해 효소가 작용해 손상전분이 분해된다. 또 단백질 분해 효소가 작용해 글루텐의 연화가 일어난다. 이러한 변화로 인해 50℃ 정도부터 반죽이 액화하면서 오븐 스프링(oven spring)이 잘 일어난다.
60℃ ~	·글루텐의 단백질이 열에 굳기 시작하면서, 붙잡고 있던 물과 분리되기 시작한다. ·전분의 치밀한 구조가 열에 파괴되고 단백질에서 분리된 물, 반죽 속 물을 흡수해 호화하기 시작한다.
75℃ ~	·글루텐의 단백질이 변성해서 완전히 응고하고, 그로 인해 글루텐 막도 굳어서 반죽의 팽창이 느려진다.
85℃ ~	·전분의 호화가 끝나고 빵에 폭신한 식감이 생긴다.
~100℃ 직전	·호화한 전분에서 수분이 증발하고 단백질의 변성과의 상호 작용으로 반고형 구조로 바뀌면서 빵 조직이 형성된다.

크러스트의 형성

굽기 전반	오븐 안에 가득한 수분이 반죽 표면에 응집하면서 수증기 막으로 뒤덮인 상태가 된다. 이때는 구움색이 나오지 않고 크러스트도 아직 생기지 않는다.
굽기 중반	오븐 열에 의해 반죽 표면이 마르고 크러스트가 생기기 시작한다.
굽기 후반	단백질과 아미노산과 환원당이 고온에 가열됨으로써, 갈색 색소와 고소한 냄새를 만드는 반응(아미노카르보닐〈메일라드〉반응)이 일어나고, 140℃ 정도부터 크러스트에 색이 나오기 시작하며 160℃부터 본격적으로 구움색이 나온다. 거기서 온도가 더 올라가면 당류의 중합에 의한 반응(캐러멜화 반응)이 일어나 진한 갈색이 나오고 캐러멜 향을 맡을 수 있다. 반죽의 표면은 180℃ 정도까지 온도가 올라가면서 크러스트가 완성된다.

사전 준비

- - - - - - - - - -

빵을 만들 준비

과자를 만들 때 "계량과 도구 준비는 작업에 들어가기 전에 전부 마치세요"라는 말을 흔히 들을 수 있는데, 빵을 만들 때도 마찬가지입니다. 미리 준비해두지 않으면 제빵을 시작할 수 없다고 해도 과언이 아닙니다.

이 단계에 이미 제빵이 시작되었다고 생각하고 놓치는 부분 없이 잘 준비하도록 합시다.

계량

어떤 빵이든 상관없이 중요한 작업입니다. 재료 계량은 기본적으로 제빵을 시작하기 전에 전부 끝마쳐야 합니다. 정확성을 기하기 위하여 액체까지 포함한 모든 재료는 「무게(질량)」로 잽니다 (→**Q170**).

수온 조절

빵을 만들 때 중요한 요소 중에 반죽을 마쳤을 때의 온도(반죽 완료 온도)가 있는데, 빵의 종류에 따라 적절한 온도가 정해져 있습니다. 같이 반죽하는 이스트(빵효모)는 빵이 구워지는 대부분의 시간 동안 계속 작용하는데, 이스트가 원활하게 활동하려면 영양분과 물 그리고 적절한 온도가 필요하기 때문입니다.

다 된 반죽은 발효기 등 이스트가 활동하기 편한 환경에 두는데, 우선은 시작할 때의 반죽 온도가 중요합니다. 반죽 완료 온도는 주로 사용수(→**Q171**)의 온도로 조절하는 만큼, 준비 단계일 때 수온 조절은 절대 빼놓아서는 안 되는 작업입니다(→**Q172**).

유지의 온도 조절

버터, 마가린, 쇼트닝 등 유지는 대부분 냉장고 등 온도가 낮은 곳에 보관합니다. 그런데 빵 반죽을 만들 때 유지의 온도가 낮아서 딱딱하면 잘 섞이지 않아 균질한 반죽이 나오지 않습니다. 이를 방지하기 위해 미리 상온에 꺼내 두어서, 반죽에 잘 섞일 수 있는 굳기로 조절해야 합니다.

버터는 13~18℃ 전후, 마가린과 쇼트닝의 경우는 제품에 따라 10~30℃로 가소성을 발휘하는 온도에 폭이 조금 있지만, 눌렀을 때 저항감이 살짝 있으면서도 손가락이 무리 없이 들어가는 상태를 목표로 합니다(→**Q109, 112, 114**).

냉장고에서 꺼낸 직후의 차가운 유지를 써야만 하는 상황이라면 반죽에 잘 섞이도록 밀대 등으로 때려서 강제로 부드럽게 만들 수는 있습니다.

분유 준비

분유는 공기와 접한 상태로 얼마간 두면 습기를 흡수해 덩어리지기 쉽습니다. 그러면 반죽에 잘 분산되지 못하고 덩어리가 그대로 남게 됩니다. 따라서 계량 후 곧바로 배합할 가루 또는 그래뉴당에 섞거나 비닐랩 등으로 싸서 덩어리지는 것을 방지해야 합니다.

또 분유에 상백당 등 촉촉한 설탕을 섞어도 덩어리지기 쉬우므로 피해야 합니다. 만약 분유가 덩어리졌다면 믹싱 때 배합할 물의 일부로 녹인 다음 사용합니다.

분유를 그래뉴당에 섞은 것(왼쪽), 상백당에 섞어서 덩어리진 것(오른쪽)

오븐 팬 또는 틀 준비

오븐 팬이나 식빵틀 등의 틀을 쓸 경우 빵 반죽의 성형 전까지는 준비해놓아야 합니다. 미리 유지(쇼트닝이나 이형유 등)를 발라두세요(→**Q181**).

쇼트닝
솔(붓) 등을 써서 전체적으로 골고루 바른다

이형유
(제품이 틀에서 잘 떨어지게 하기 위해 바르는 기름)
오븐 팬이나 굽는 틀에 쓰는 전용 유지. 고체형과 액체형이 있다. 액체형은 스프레이로 된 제품도 있다

빵을 만들려면 어떤 환경이 필요한가요?
=제빵에 적합한 온도와 습도

작업할 때 실내 온도는 25℃ 정도, 습도는 50~70% 정도가 좋습니다.

미생물인 이스트(빵효모)의 작용을 이용해 만드는 빵은 환경(주로 온도와 습도)이 결과물에 큰 영향을 미치는데, 특히 발효 공정 때 온도와 습도 관리가 중요합니다. 하지만 실제로는 온도, 습도 조절 기능이 있는 발효기가 많아 관리 자체는 그리 어렵지 않습니다.

한편 믹싱, 분할·둥글리기, 성형 공정은 실온에서 하는 경우가 많은데 그때에도 온도(실내 온도)와 습도에 세심한 주의가 필요합니다.

실내 온도는 믹싱할 때 반죽 완료 온도에 크게 영향을 미치며, 분할·둥글리기와 성형 때도 반죽 온도의 저하 및 상승과 밀접한 관련이 있습니다.

습도가 너무 높으면 믹싱 때 반죽이 끈적거리고 반죽 완료 온도가 높아질 수 있습니다. 그리고 분할·둥글리기, 성형 때 습도가 너무 낮으면 반죽이 말라버립니다. 또 빵을 만드는 사람에게도 작업 환경은 중요한 요소입니다.

그러면 어느 정도의 온도, 습도가 제빵에 적합할까요? 대체로 온도는 25℃ 정도, 습도는 50~70% 정도면 별문제 없이 빵을 만들 수 있습니다.

하지만 지역과 계절 등의 이유로 이런 환경을 설정하기 힘들 수도 있을텐데 그럴 때는 분할·둥글리기와 성형 등의 작업을 신속하게 마쳐서 반죽의 온도 변화를 최소한으로 합니다. 또 반죽의 과도한 건조를 막기 위해 바람이 직접 닿는 것을 피하고 비닐랩 등으로 싸는 등 방법을 고민하는게 좋습니다.

베이커스 퍼센트가 무엇인가요?
=베이커스 퍼센트로 생각하기

빵의 배합을 나타낸 것입니다.

베이커스 퍼센트란 빵의 배합을 나타내는 편리한 표기법 중 하나로 사용할 가루의 양을 기준으로 잡고 각 재료의 배합 비율을 표시한 것입니다. 원래 퍼센트(백분율)는 전체가 100일 때의 비율을 나타내지만, 베이커스 퍼센트는 배합하는 가루의 총량을 100이라고 하고 다른 재료를 가루에 대한 퍼센티지로 나타냅니다.

이렇게 독특한 표기법을 쓰는 이유는 빵을 만들 때 가장 많이 사용하는 필수 재료인 가루의 양을 기준으로 삼고 간단한 곱셈만 하면 모든 재료의 분량을 알아낼 수 있어 합리적이기 때문입니다.

빵집에서는 날마다 만들 반죽의 양이 달라질 수도 있고 그날 만들고 싶은 빵의 개수에서 역산해 준비할 분량을 계산하고 싶을 때도 있습니다. 그리고 제빵에 익숙해지면 베이커스 퍼센트에 표시된 각 재료의 비율만 봐도 그 빵이 얼마나 부드러울지, 먹었을 때 느낌은 어떨지, 얼마나 보관 가능할지와 같은 특징을 짐작할 수 있게 됩니다.

예)

① 밀가루 2㎏으로 반죽하고 싶을 경우

강력분과 박력분의 합계가 2㎏이므로, 베이커스 퍼센트의 비율에 대입하면 강력분은 1800g, 박력분은 200g이 된다(오른쪽 표 빨간색 숫자 부분). 나머지 재료의 분량은 가루 총량인 2㎏에 베이커스 퍼센트를 곱해서 산출한다.

② 40g씩 분할해서 빵 95개를 만들고 싶을 경우

반죽의 총 중량은 40g×95개=3800g(오른쪽 표 파란색 숫자 부분). 이는 베이커스 퍼센트의 합계인 190%에 해당한다. 이를 기준으로 베이커스 퍼센트를 써서 각 재료의 필요한 분량을 계산한다.

재료	베이커스 퍼센트(%)	분량(g)
강력분	90	1800
박력분	10	200
설탕	8	160
소금	2	40
탈지분유	2	40
버터	10	200
달걀	10	200
생이스트	3	60
물	55	1100
합계	190	3800

다만 실제로 빵을 만들 때는 반죽이 발효하면서 무게가 줄어들고(발효 손실), 작업 과정에서도 손실 등이 일어나기 때문에 보통은 반죽 총 중량의 계산이 딱 맞아떨어지지는 않습니다.

계량할 때는 어떤 계량기(저울)가 필요한가요?
=제빵에 쓰는 저울

정확하게 중량을 잴 수 있고, 최소 단위가 0.1g인 저울이 편합니다.

재료 계량은 빵을 만들 때 무척 중요합니다. 계량이 정확하지 않으면 빵을 제대로 만들 수 없습니다. 액체를 ㎖나 cc 등 「액체량(부피)」으로 계량할 수도 있지만, 기본적으로는 액체까지 포함해 모든 재료는 g, ㎏과 같은 「무게(질량)」로 계량합니다.

재료 계량에 쓰는 저울은 최소 단위가 0.1g인 것이 편리한데, 가루를 1㎏ 이상 써야 한다면 최소 단위가 1g인 것이 좋습니다.

기계식 윗접시 저울

디지털 윗접시 저울. 0.1g 단위로 계량할 수 있는 것도 있다

부등비 접시저울. 왼쪽에 추가 달려 있다. 오른쪽 접시에 반죽을 올려서 저울대의 진폭을 확인해 무게를 잰다

디지털 윗접시 저울은 정확한 계량에 적합합니다. 최소 단위가 0.1g 단위까지 계량 가능한 것도 있고 최대 10kg 이상 계량 가능한 저울도 있습니다. 가정용으로는 최소 1g부터 최대 1~2kg까지 잴 수 있는 저울이면 충분합니다.

한편 빵 반죽을 분할할 때 빵집에서는 부등비 접시저울이라는 특수 저울을 많이 씁니다. 부등비 접시저울은 저울대의 한쪽에 추를 매달고 반대편 접시에 분할한 반죽을 올려서 무게가 같아지면 저울대가 수평을 이루는 구조입니다.

예를 들어 반죽을 100g씩 분할한다고 할 때 디지털 윗접시를 쓴다면 반죽을 접시에 올릴 때마다 「85g이니까 15g 부족하다」, 「110g이니까 10g 초과했다」 하고 숫자를 읽어서 차이를 파악해야 합니다.

반면 부등비 접시저울은 100g의 추를 달아버리면 숫자를 의식하지 않아도 저울대의 진폭이 균등하다면 무게가 같다고 판단하고 작업을 계속 이어갈 수 있으므로, 익숙해지기만 한다면 이 저울을 쓰는 것이 더 작업성이 좋다는 이점이 있습니다.

사용수, 조정수(바시나주, 2차급수)가 무엇인가요?
=제빵에 사용하는 물

사용수는 배합표에 나와 있는 물을 가리키고, 조정수는 사용수를 일부 빼놓은 것입니다.

사용수는 빵 반죽을 만들 때 쓰는 물(배합표에 표시된 재료)을 가리킵니다. 그리고 조정수란 반죽의 되기를 조절하는 물로, 반죽할 때 사용수 중 일부를 따로 빼놓은 것입니다.

항상 같은 가루를 쓴다고 해도 날씨와 계절, 방의 온도와 습도, 가루의 건조 정도 등의 요소 때문에 흡수량은 그때그때 다릅니다. 그래서 언제나 품질이 동일한 빵을 구우려면 반죽의 되기를 조절해야 합니다.

믹싱 초반에 사용수를 전부 넣었다가 반죽이 심하게 물러지면 그때는 돌이킬 수 없습니다. 그래서 반죽의 상태를 확인하며 조정수를 추가로 붓는 것입니다. 조정수는 다 사용하지는 않거나 더 추가해서 넣을 수도 있습니다.

사용수의 온도는 어느 정도가 적절한가요? 어떻게 정하면 되나요?
=사용수의 온도 계산식

적정 온도는 계산으로 산출할 수 있습니다.

사용수의 온도를 조절하는 이유는 반죽 완료 온도를 목표치에 가깝게 하기 위해서입니다(→Q192, 193). 반죽 완료 온도는 발효에 큰 영향을 미치는 만큼 목표치에 최대한 가까워야 하기 때문입니다. 그래서 믹싱 전에 사용수의 온도를 미리 정해두어야 합니다. 기본적으로는 다음 식으로 수온을 구합니다.

반죽 완료 온도
=(사용수의 온도+가루의 온도+실내 온도)÷3+마찰에 의한 반죽의 온도 상승분

이 식은 믹서로 반죽할 경우 목표 반죽 완료 온도를 구할 때 주로 사용하는데, 여기서 사용수의 온도를 구하는 식으로 바꾼 것이 다음 ②입니다.

사용수의 온도
=3×(반죽 완료 온도-마찰에 의한 반죽의 온도 상승분)-(가루의 온도+실내 온도)

마찰에 의한 반죽의 온도 상승분은 믹서, 반죽의 작업량, 배합 등에 따라 달라지기 때문에 실제로 계속해서 같은 반죽을 같은 양으로 작업하며 찾아내야 합니다. 또, 그 값을 축적하면 ②의 식을 다음 ③으로 바꿀 수 있습니다.

③ 사용수의 온도
=작업할 반죽의 상수-(가루의 온도+실온)

작업할 반죽의 상수는 목표 반죽 완료 온도와 마찰에 의한 반죽 온도 상승분으로 정하는데, ②식의 전반 부분, 그러니까 「3×(반죽 완료 온도-마찰에 의한 반죽의 온도 상승분)」을 상수화한 것입니다. 대부분의 반죽이 대략 50~70 범위 안에 들어갑니다.

하지만 위의 계산만으로 다 잘되지는 않습니다. 반죽할 때마다 그때의 데이터(실내 온도, 가루 온도, 수온, 반죽 완료 온도 등)를 기록해 쌓아가는 것이 무엇보다도 중요합니다.

데이터가 아예 없다면 우선 실내 온도와 가루 온도를 잽니다. 그리고 사용수의 온도를 잰 후 반죽합니다. 반죽 완료 온도까지 잰 다음 그때의 반죽 상태와 함께 기록해서 적절한 수온을 찾아가면 됩니다.

다만 이스트(빵효모)에는 활동 온도대가 있다는 전제가 깔려 있으므로(→**Q63, 64**), 수온은 대략 5~40℃의 범위가 바람직합니다.

조정수(바시나주, 2차급수)는 사용수와 같은 온도면 되나요? 그리고 분량은 얼마나 필요한가요?
=조정수의 온도와 분량

온도를 조절한 사용수를 가루의 2~3% 정도 따로 빼둡니다.

온도를 조절한 사용수를 어느 정도 빼두었다가 조정수로 사용합니다. 사용수에서 따로 빼는 분량은 반죽 가루에 대해 베이커스 퍼센트로 2~3% 정도면 됩니다.

조정수를 다 썼는데 더 추가하고 싶다면 사용수와 같은 수온으로 조절한 다음에 넣으세요.

늘 똑같은 배합으로 빵을 만드는데도 반죽의 되기가 그때그때 달라지는 이유는 무엇인가요?
=가루의 흡수량

 가루의 글루텐 양과 손상전분량, 실내 습도 등의 영향으로 흡수량이 달라지기 때문입니다.

늘 똑같은 배합으로 빵을 만들어도 밀가루의 상태나 작업 장소의 습도 등 여러 조건에 따라 반죽의 되기는 달라집니다. 반죽의 되기는 흡수량이 큰 영향을 미치는데, 믹싱 시점에서 가루의 흡수와 관련 있는 것은 다음과 같은 조건들입니다.

단백질의 양

반죽에 글루텐(→**Q34**)을 만들려면 물이 필요합니다. 밀가루에 함유된 글리아딘과 글루테닌이라는 단백질이 물을 흡수한 후, 치대는 물리적 자극을 받아 글루텐이 형성되기 때문입니다. 사용하는 밀가루에 따라 단백질의 양에 차이가 나는데, 단백질이 많이 든 밀가루를 쓰면 흡수량이 늘어납니다.

손상전분의 양

밀을 제분할 때 밀알을 롤러로 분쇄하는 공정에서 「손상전분」이 생깁니다(→**Q37**). 원래 믹싱할 때 전분은 물을 흡수하지 않지만, 손상전분은 일반 전분(건전전분)과 달리 치밀한 구조가 무너진 상태이기 때문에 상온에서도 물을 흡수합니다.
그래서 사용하는 밀가루에 손상전분이 많으면 빵 반죽이 처지고 반죽이 늘어지거나 심하면 풀처럼 끈끈하게 늘어나 빵이 제대로 나오지 않습니다.

방의 습도

방의 습도가 높아 가루류가 습기를 흡수했을 때 사용수를 줄이기도 합니다. 반대로 가루류가 건조하면 흡수량을 늘립니다.
물 조절은 믹싱 때 합니다. 반죽의 되기를 도중에 조절할 수 있도록 준비한 사용수를 처음부터 다 넣지 않고 일부를 조정수로 빼두었다가 반죽의 상태(되기)를 확인하며 추가로 넣습니다.

흡수량이 제빵에 미치는 영향

		너무 적게 흡수했을 때	너무 많이 흡수했을 때
믹싱	시간	짧아진다	길어진다
	반죽의 온도	쉽게 상승한다	잘 상승하지 않는다
	작업성	반죽이 단단해서 치대기 어렵다	반죽이 끈적해서 치대기 어렵다
발효	시간	길어진다	길어진다
분할·둥글리기	작업성	반죽이 잘 끊겨서 둥글리기 어렵다	반죽이 끈적해서 둥글리기 어렵다
성형	작업성	반죽이 잘 늘어나지 않아 작업성이 나쁘다	반죽은 잘 늘어나지만 끈적해서 작업성이 나쁘다
굽기	부피	작다	작다
	크러스트의 상태	두껍고 색이 진하다	두껍고 색이 잘 나오지 않는다
	크럼의 상태	기공이 거칠고 퍼석하다	기공은 거칠지만 촉촉하다

개봉 직후인 밀가루와 다 써가는 밀가루는 사용수의 양을 달리하는 편이 좋나요?
=사용수의 분량 조절

다 된 반죽의 감촉과 빵의 완성도를 보고 판단합니다. 만들 때마다 수치 데이터를 모으는 것이 중요합니다.

밀가루의 유통기한과 상관없이 빵은 만들 때마다 사용수를 조절해야 합니다.

밀가루 속 수분량은 계절, 작업 장소의 온도와 습도에 따라서도 달라질 수 있습니다. 또 밀가루가 언제 만들어졌고, 어디에서 얼마나 보관했는지(건조한 장소, 습도가 높은 곳, 온도가 높은 곳 등)와 같은 조건에도 좌우됩니다.

실제로 사용수를 얼마나 증감할지는 믹싱하면서 반죽을 만져 보고 지금까지 쌓아온 경험을 토대로 정하는 수밖에 없습니다. 그리고 최종적으로는 결과물을 보고 그 수분량이 적절했는지 판단합니다.

그렇게 할 수 있으려면 같은 빵을 여러 번 만들어보면서 데이터를 모아야 합니다. 최소한으로 필요한 데이터는 실내 온도, 가루의 온도, 수온, 반죽 완료 온도인데 이러한 정보와 더불어 그날의 작업량과 날짜, 날씨 등도 기록해두면 좋습니다.

생이스트 덩어리는 어떻게 쓰면 되나요 ?
=생이스트 사용법

잘게 부숴서 사용수에 녹여 씁니다 .

생이스트는 고형이어서 그 상태로는 믹싱에 적합하지 않습니다.

기본적으로는 잘게 부숴서 쓰는데, 가루에 직접 섞기보다는 사용수에 녹인 다음 써야 잘 분산됩니다.

구체적으로는 온도를 조절해 조정수를 따로 뺀 다음 사용수에 생이스트를 부숴 넣고 잠시 놔두었다가 거품기로 저으면서 녹입니다. 이 물을 믹싱 때 쓰면 생이스트가 물과 함께 반죽 전체에 고루 퍼집니다.

생이스트를 물에 부숴 넣고 잠시 놔두는 이유는, 바로 저으면 생이스트가 거품기에 달라붙어 잘 녹지 않기 때문입니다.

생이스트를 부숴 넣는다   잠시 놔두었다가 풀어서 녹인다

드라이이스트의 예비 발효란 무엇인가요 ?
=드라이이스트의 예비 발효 방법

휴면 상태에 있던 빵효모를 활성화시키는 방법입니다 .

드라이이스트의 예비 발효란 드라이이스트에 수분과 영양, 적절한 온도를 만들어줘서, 건조되어 휴면 상태에 있던 빵효모에 다시 수분을 주고 활성화시켜 반죽에 쓸 수 있게 하는 것입니다.

구체적인 예를 들어보면, 설탕을 드라이이스트 중량의 1/5만큼 녹인 따뜻한 물(드라이이스트 무게의 5~10배 양을 약 40℃로 조정한 것)에 드라이이스트를 뿌려 넣고 온도가 떨어지지 않게 조심하면서 10~20분 정도 놔두어서, 수분을 흡수하게 하여 발효력을 회복시킵니다.

예비 발효는 반죽을 시작하는 시간에서 역산해 준비해둡니다. 또 예비 발효에 쓴 물의 양은 반죽에 사용하는 물에서 뺍니다.

드라이이스트를 따뜻한 물에 뿌린 직후(왼쪽), 15분 놔둔 것 (오른쪽)

드라이이스트의 예비 발효

따뜻한 물에 설탕을 넣고 거품기로 잘 섞어 녹인다.

드라이이스트를 뿌린다.

섞지 말고 그대로 10~20분 정도 놔둔다.

발효해서 수면이 부풀고 아주 작은 기포들이 올라온다.

거품기로 잘 섞은 다음 사용한다.

Q 인스턴트 드라이이스트를 사용수에 녹여 쓰기도 하나요?
178 =인스턴트 드라이이스트 사용법

 A 믹싱 시간이 짧은 반죽 등에 씁니다.

가루에 섞어 사용할 수 있어서 편리한 인스턴트 드라이이스트는 사용수에 녹여서 써도 상관없습니다. 이렇게 쓰면 반죽에 잘 분산된다는 장점이 있습니다.

특히 믹싱 시간이 짧은 반죽의 경우 인스턴트 드라이이스트를 그대로 넣으면 반죽에 골고루 퍼지지 않으므로 미리 물에 녹여둡니다.

이때 사용수의 온도가 낮으면(약 15℃ 이하) 발효력이 떨어지니 사용수의 일부를 따로 빼두고 수온을 15℃ 이상으로 만들어 녹입니다.

가루에 직접 섞든, 물에 녹여 넣든 빵의 완성도에 차이는 없습니다.

 Q 몰트 시럽은 끈적끈적해서 다루기 어려운데 어떻게 쓰면 되나요?
179 =몰트 시럽 사용법

 A 물에 녹여 씁니다.

몰트 시럽(몰트 엑기스)(→**Q143**)은 점성이 몹시 강해서 그대로 쓰면 믹싱 때 반죽 전체에 균일하게 퍼지기 어렵기 때문에 보통은 사용수에 녹여 첨가합니다.

또 그 점성 때문에 계량하기도 어려워서 몰트 시럽 사용 빈도가 높은 빵집 등에서는 몰트 시럽을 같은 양의 물에 희석한 「몰트액」을 쓰기도 합니다. 몰트 시럽은 물에 희석하면 오래 보관할 수 없으므로 몰트액으로 만들어 쓸 경우는 냉장 보관하고 최대한 빨리 써야 합니다.

한편 몰트 시럽과 같은 목적으로 사용할 수 있는 것으로 몰트 파우더가 있습니다. 몰트 파우더는 맥아를 말려 가루 내고 정제한 제품인데, 분말인 만큼 계량하기 편하고 믹싱할 때 가루에 직접 섞어 쓸 수 있습니다.

몰트 시럽(왼쪽), 몰트 파우더(오른쪽)

몰트 시럽에 같은 양의 물을 넣고 섞어서 쓰기 편하게 희석한다. 오른쪽은 희석
한 몰트액

 제빵에 쓰는 틀에는 어떤 종류가 있나요?
=빵틀

 굽기용 틀과 발효용 틀이 있습니다.

제빵에 쓰는 틀은 오븐에 넣어 사용하는 것과 오븐에 넣지 않고 사용하는 것으로 크
게 나눌 수 있습니다.

오븐에 넣는 것

성형에서 굽기 종료 때까지 사용하는 오븐 틀입니다. 식빵틀과 브리오슈틀 등이 여기
에 해당합니다. 주로 금속제인데, 종이 재질이나 실리콘 재질 제품 등도 있습니다. 기본
적으로 금속으로 된 오븐 틀은 쓰기 전에 유지를 발라둡니다(→**p.248「오븐 팬 또는 틀 준비」**).

오븐에 넣지 않는 것

성형에서 최종 발효(2차 발효) 종료 때까지 사용합니다.

주로 하드 계열로, 굽기 공정에서 오븐 팬 없이 바로 굽는 하스브레드(hearth bread →**Q223**)에 사용하며, 「발효 바구니」, 「바네통(Banneton)」 등으로 부릅니다. 주로 등나무 재질을 많이 쓰지만, 플라스틱 제품도 있습니다.

틀(발효 바구니) 안에 가루를 뿌린다

사용하기 전에 가루(밀가루, 호밀가루 등)를 뿌려서 성형한 반죽이 달라붙지 않게 합니다. 바구니에 뿌린 가루가 반죽 표면에 붙어서, 다 구운 빵에 바구니 무늬가 남습니다.

식빵을 틀에서 깔끔하게 빼려면 어떻게 해야 하나요?
=틀 준비

틀 안쪽에 미리 유지를 발라둬요.

빵 반죽을 오븐 틀에 넣어 만드는 대표적인 빵은 누가 뭐라 해도 식빵일 것입니다. 그 밖에도 브리오슈 아 테트(brioche a tete)처럼 특수한 모양의 틀을 사용하는 빵도 있지만, 준비 과정은 거의 같습니다.

오븐 틀은 주로 금속 재질입니다. 그래서 그대로 쓰면 반죽이 달라붙기 때문에, 빵을 잘 뺄 수 있도록 금속 틀 안쪽에 미리 유지를 발라둡니다. 그때는 구석구석 빠지는 부분 없이 균일하게 바르는 것이 중요합니다.

보통은 부드럽게 만든 고형 유지를 나일론 소재 등으로 된 솔을 써서 바릅니다. 솔을 쓰면 틀 구석구석까지 빠짐없이 잘 바를 수 있습니다. 또 틀 전용 유지인 이형유도 있습니다. (→**p.248 「오븐 팬 또는 틀 준비」**)

한편 수지 가공되어 반죽이 잘 달라붙지 않는 틀은 기본적으로 유지를 바를 필요가 없습니다.

왼쪽·중간 : 고형 유지는 부드럽게 만든 다음 솔로 바른다
오른쪽 : 스프레이 타입인 이형유는 균일하게 뿌릴 수 있다

 가지고 있는 틀의 크기가 레시피와 다를 때는 어떻게 하면 되나요?
Q 182 =틀에 넣는 반죽 중량 계산법

 A 사용할 틀의 용적을 계산해서 반죽의 양을 정합니다.

레시피의 틀과 같은 크기가 없을 때는 가진 틀에 맞는 반죽의 중량을 아래와 같이 계산하면 됩니다.

① 사용할 틀의 용적(cm^3 또는 ml)을 구한다
사각형 틀 : 가로 (cm)×세로 (cm)×높이 (cm)
원형 틀 : 반지름 (cm)×반지름 (cm)×3.14(원주율)×높이 (cm)

위의 계산식을 적용할 수 없는 다른 모양의 틀은 물을 붓고 그 무게를 재서 용적을 구하면 됩니다. 물 1g=1㎤=1㎖이므로 잰 수치가 그대로 용적이 됩니다. 물이 새지 않는지 잘 확인한 후에 계량합니다.

② 비용적을 구한다
레시피에 나온 틀의 용적 (cm^3 또는 ml)÷레시피에 나온 반죽의 중량 (g)

비용적이란 틀에 반죽을 얼마나 넣고 구우면 그 빵에 적정한 볼륨을 줄 수 있는지 나타내는 지수입니다.

③ 실제로 필요한 반죽의 중량(g)을 구한다
사용할 틀의 용적 (①에서 구한 값)÷비용적 (②에서 구한 값)

이렇게 하면 사용할 틀에 대한 적정 반죽량을 알아낼 수 있습니다.

믹싱

믹싱이란?

재료를 「섞고 치대는 것」을 「반죽」이라고 합니다. 영어 「니딩(kneading)」도 같은 뜻인데, 제빵 업계에서는 「믹싱(mixing)」이라는 단어를 많이 사용합니다. 모두 「빵 재료를 섞고 치대 반죽을 완성한다」라는 의미입니다.

말로 표현하면 간단하지만, 믹싱은 최종 제품의 질과 이어지는 아주 중요한 공정입니다. 빵 종류는 물론이고 계절, 날씨, 만드는 사람이 생각하는 완성품의 이미지 등에 따라서도 믹싱 방법은 달라집니다. 믹싱은 그야말로 제빵사가 가장 처음으로 실력을 발휘하는 공정이라고 할 수 있습니다.

믹싱의 목적은 각 재료를 균일하게 분산시키고 공기와 섞이고 물을 흡수하게 해서 적절한 점탄성(점성과 탄력), 신장성(잘 늘어나는 성질), 가스 포집력이 있는 반죽을 만들어내는 데 있습니다. 믹싱은 진행 정도에 따라 크게 다음 네 단계로 나눌 수 있습니다. 여기서는 반죽 상태를 확인하기 쉽도록 손반죽을 예로 들어보겠습니다.

믹싱 순서

1 재료의 분산 및 혼합 단계 : **혼합 단계(blend stage)**

재료를 분산시키고 섞는다

각 재료가 균일하게 분산되도록 섞어줍니다. 주재료인 밀가루의 입자 사이에 다른 재료가 골고루 퍼지게 하는 공정입니다.

각 재료와 물이 서서히 섞이면서 끈적한 상태가 된다. 반죽은 아직 이어지지 않았다

2 반죽을 잡는 단계 : **픽업 단계(pick up stage)**

밀가루의 수화가 진행된다

밀가루 입자 사이에 확산된 설탕, 분유 등 물에 잘 녹는 부재료와 밀가루의 손상전분(→**Q37**) 등에 물이 흡수되면서 반죽 전체에 물이 퍼져갑니다. 물이 흡수된 밀가루의 단백질에 믹싱이라는 물리적 자극이 가해지면 글루텐 조직이 서서히 생기기 시작합니다(→**Q34**).
반죽을 잡아당기면 쉽게 찢어지고 표면은 끈적한 점착성(粘着性, 끈끈하게 달라붙는 성질)이 나타납니다.

작업대에서 잘 떨어지지 않던 반죽이 서서히 떨어진다.

3 반죽에 물기가 없어지는 단계 : **클린업 단계(clean up stage)**

글루텐 조직이 형성된다

믹싱을 계속하면 글루텐 조직이 더욱 강화되어 점탄성과 신장성이 커지고, 그물 구조가 생깁니다. 반죽 표면이 더 이상 끈적거리지 않습니다.

반죽이 잘 뭉쳐지고 작업대에서 쉽게 떨어진다.

4 반죽의 결합·완성 단계 : **발전 단계(development stage)·최종 단계(final stage)**

빵 반죽이 완성된다

글루텐 조직이 더욱 강화되어 반죽 중에 일부를 손으로 뜯어 펼치면 얇고 매끄러운 막처럼 늘어나는 글루텐을 확인할 수 있습니다. 반죽의 표면은 물기가 없고 윤기가 나는 상태입니다. 글루텐 막의 적절한 얇기와 잘 늘어나는 정도를 파악할 수 있습니다.

펼치면 얇은 막처럼 늘어나고(왼쪽), 뭉치면 반죽 표면이 매끄럽다(오른쪽).

반죽 상태를 확인하기 위해 늘리는 방법

❶ 달걀 1개 크기 정도의 반죽을 떼어 낸다.

❷ 반죽이 손상되지 않게 조심하면서 양손 손가락 끝으로 잡고 중심부에서 바깥쪽으로 잡아당긴다.

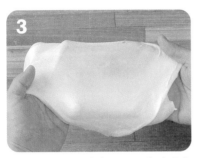

❸ 반죽을 잡는 위치를 조금씩 바꿔가 면서 ❷와 같이 반죽을 늘린다.

❹ ❸을 몇 차례 반복하면서 찢어질 때 까지 점점 더 얇게 펴지도록 늘려나간 다.

소프트 계열과 하드 계열의 믹싱 비교

믹싱은 제빵에 있어서 처음이자 최대의 포인트가 되는 공정입니다. 소프트 계열과 하드 계열은 믹싱의 단계마다 반죽 상태가 다릅니다. 지금부터 소프트 계열은 버터롤, 하드 계열은 프랑스빵을 예로 들어서 믹서를 이용한 각 믹싱의 4단계를 순서대로 비교해보겠습니다.

반죽의 종류에 따라 단계마다 상태가 다르지만 중요한 것은 최종적으로 글루텐이 얼마나 이어 지는가입니다. 이상적인 빵의 모습을 상상하면서 믹싱 공정에 임하는 것이 빵을 더 잘 만들기 위한 결정적인 첫 번째 요소입니다.

소프트 계열(버터롤)/ 버티컬 믹서

1 재료의 분산 및 혼합 단계

재료를 믹싱볼에 넣고 믹싱을 시작한다.

각 재료와 물이 섞이면서 분산된다. 조정수는 이 단계에 넣는다.

반죽이 아직 잘 뭉쳐지지 않고 표면이 거칠며 굉장히 끈적거린다

② 반죽을 잡는 단계

글루텐이 서서히 이어지기 시작한다. 반죽 표면은 조금 매끄러워지지만 여전히 끈적거리는 상태.

반죽을 잡아당기면 쉽게 찢어진다. 점성과 탄력이 느껴진다.

③ 반죽에 수분이 없어지는 단계

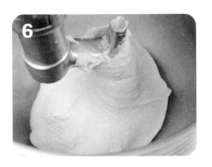

글루텐의 연결이 강해지고 점탄성(점성과 탄력)과 신장성이 커지며 반죽 표면이 더 이상 끈적거리지 않는다.

글루텐의 그물 구조가 생겨서 잡아당기면 막 상태로 늘어난다.

소프트 계열의 빵은 기본적으로 이 단계에 유지를 넣는다.

4 반죽의 결합·완성 단계

글루텐의 연결이 더욱 강해지고 반죽이 한 덩어리로 뭉쳐진다. 표면은 매끈하고 조금 건조하다.

반죽을 늘린 다음 밑에 손가락을 대보면 지문이 비칠 만큼 몹시 얇고 매끈한 막 형태로 늘어난다.

하드 계열(프랑스빵)/ 스파이럴 믹서

1 **재료의 분산 및 혼합 단계**

믹싱 시작. 각 재료와 물이 섞이면서 분산된다. 조정수는 이 단계에서 넣는다.

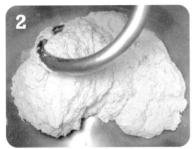

반죽이 아직 잘 뭉쳐지지 않고 표면이 거칠며 굉장히 끈적거린다.

2 반죽을 잡는 단계

글루텐이 서서히 이어지기 시작한다. 반죽 표면은 조금 매끄러워지지만 여전히 끈적거리는 상태.

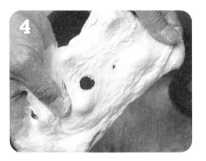

반죽을 잡아당기면 쉽게 찢어진다. 점성과 탄력이 느껴지지만 표면은 끈적거린다.

3 반죽에 수분이 없어지는 단계

글루텐의 연결이 강해지고 점탄성(점성과 탄력)과 신장성이 커지며 반죽 표면이 조금만 끈적거린다.

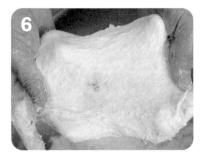

글루텐의 그물 구조가 생겨서 잡아당기면 막 상태로 늘어난다.

※유지를 배합하는 경우에는 기본적으로 이 단계에서 넣는다. 단, 3% 이하일 경우에는 1~2 때 넣어도 상관없다.

4 **반죽의 결합·완성 단계**

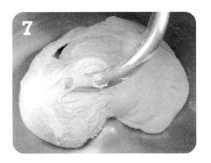

글루텐의 연결이 더욱 강해지고 반죽이 한 덩어리로 뭉쳐진다. 표면은 매끈하고 조금 건조하다.

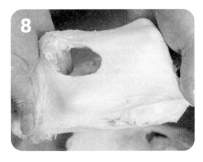

반죽을 늘리고 밑에서 손가락을 대도 소프트 계열처럼 지문이 비칠 만큼 얇은 막은 생기지 않지만, 표면은 매끈하다.

프랑스빵의 믹싱과 발효 시간의 관계

프랑스빵, 팽 드 캉파뉴 등과 같이 린한 배합의 하드 계열 빵은 이스트(빵효모)의 양을 줄이고 발효 시간을 길게 잡습니다. 가루의 맛을 최대한으로 살리면서도 반죽의 숙성으로 얻을 수 있는 향과 풍미를 강하게 내고 싶기 때문입니다. 숙성된 향과 풍미는 주로 재료에 붙어 있거나 공기 중에 있다가 반죽에 섞인 유산균, 초산균 등이 반죽이 발효되는 동안에 유기산(유산, 초산 등)을 만듦으로써 형성됩니다. 발효 시간이 길수록 유기산이 생기므로 빵의 향과 풍미가 커진다고 할 수 있습니다.

소량의 이스트로 발효를 오래하게 되면 믹싱 때 반죽의 글루텐이 필요 이상으로 강화되어 반죽이 잘 부풀지 않게 됩니다. 프랑스빵은 심플한 배합에 씹는 맛이 좋은 빵이라고는 하지만, 그래도 어느 정도의 볼륨이 없으면 프랑스빵이 지닌 독특한 식감도 반감됩니다. 그래서 프랑스빵은 단백질량이 조금 적은 밀가루를 사용하고 믹싱은 최대한 억제합니다.

Q 버티컬 믹서와 스파이럴 믹서는 어떻게 구분해서 사용하나요?
183 =버티컬 믹서와 스파이럴 믹서

 A 버티컬 믹서는 소프트 계열, 스파이럴 믹서는 하드 계열 반죽의 믹싱에 적합합니다.

제빵에 쓰이는 믹서는 그 종류가 다양합니다. 여기서는 일반적인 리테일 베이커리에서 쓰이는 두 가지 믹서에 대해 알아보겠습니다.

버티컬 믹서

주로 소프트 계열 빵의 믹싱에 씁니다. 반죽을 치대는 날 부분이 「갈고리(훅)」 모양이고, 믹싱볼 안에 빵 반죽을 때리듯이 반죽합니다.

글루텐 형성이 충분히 이루어져야 하는 소프트 계열 반죽에 적합한데 하드 계열 빵 믹싱 때도 믹싱 시간과 강도를 조정한다면 사용 가능합니다.

또 날을 휘퍼(거품기) 등으로 교체할 수도 있어서 반죽 이외의 용도로도 사용 가능합니다.

스파이럴 믹서

주로 하드 계열 빵의 믹싱에 씁니다. 반죽을 치대는 날 부분이 「나선」 모양이어서 「스파이럴 믹서」라고 합니다. 날 회전에 맞춰서 믹싱볼도 회전하기 때문에 효율적으로 반죽할 수 있습니다.

버티컬 믹서에 비해 글루텐 형성이 부드럽게 되기 때문에 믹싱을 강하게 해야 하는 반죽에는 적합하지 않지만, 믹싱 시간을 길게 하면 소프트 계열 빵 믹싱도 가능합니다.

버티컬 믹서(왼쪽), 스파이럴 믹서(오른쪽)

버티컬 믹서는 날이 갈고리 모양(왼쪽), 스파이럴 믹서는 나선 모양(오른쪽)

Q
184
최적의 믹싱이란 어떤 상태를 말하나요?
=빵의 특징을 좌우하는 믹싱

A **만들려고 하는 빵의 특징을 잘 살릴 수 있는 믹싱입니다.**

최적의 믹싱은 빵의 종류, 제법, 재료, 배합, 나아가 만드는 이의 의도에 따라 얼마든지 달라질 수 있습니다. 하드 계열 빵과 소프트 계열 빵이 크게 다르고, 크루아상과 같은 접기형 반죽도 또 완전히 다릅니다.

믹싱만으로 빵의 특징이 결정되는 것은 아니지만 여기서는 네 가지 빵을 예로 들어서 주로 사용하는 밀가루와 일반적인 믹싱 포인트, 반죽이 완성된 상태를 간단히 알아보 겠습니다.

실제로는 만드는 이가 생각한 대로 빵이 잘 나왔을 때야말로 최적의 믹싱이라고 할 수 있습니다.

반죽별 완성 상태

 식빵(약간 린하고 소프트한 빵)

【사용한 밀가루】 강력분

【믹싱】 빵에 충분한 볼륨을 만들고, 촘촘한 기공을 만들어야 하므로 강력한 믹싱을 해야 한다. 글루텐이 제대로 이어지게 반죽한다.

【완성된 반죽】 글루텐 막이 몹시 얇게 늘어나서 손가락을 대면 지문이 비칠 정도(왼쪽). 손가락으로 반죽을 찢은 면이 깔끔하다(오른쪽).

2 버터롤(리치하고 소프트한 빵)

【사용한 밀가루】 준강력분 또는 강력분과 박력분을 섞은 것

【믹싱】 빵에 적절한 볼륨과 씹는 느낌이 좋고 입안에서 살살 녹게 만들도록 믹싱은 조금 억제해서 짧은 시간에 한다.

【완성된 반죽】 글루텐 막이 몹시 얇게 늘어나서 손가락을 대면 지문이 비칠 정도(왼쪽). 손가락으로 반죽을 찢은 면이 깔끔하지 않고 억지로 뜯은 듯한 느낌이다(오른쪽).

3 프랑스빵(린하고 하드한 빵)

【사용한 밀가루】 프랑스빵 전용 밀가루

【믹싱】 최대한 억제해서 믹싱한다. 최소한의 글루텐을 형성하는 선에서 그친다.

【완성된 반죽】 글루텐 막이 두꺼워서 별로 얇게 늘어나지 않는다(왼쪽). 손가락으로 반죽을 찢으면 억지로 잡아 뜯는 것 같은 느낌이다(오른쪽).

4 크루아상(접기형 반죽 빵)

【사용한 밀가루】프랑스빵 전용 밀가루 또는 준강력분

【믹싱】빵 반죽으로 유지를 감싸고 파이 롤러로 미는 공정이 있는데 이것이 일반적 믹싱과 같은 효과를 내기 때문에 믹싱은 재료가 하나로 뭉쳐지는 선(**반죽을 잡는 단계→p.263**)에서 멈춘다.

【완성된 반죽】글루텐이 제대로 형성되지 않아서 글루텐 막이 거의 없다.

 Q 185 **믹싱할 때 주의해야 할 점은 무엇인가요?**
=믹싱의 요령

 A **균일하게 섞였는지 확인하고 목표로 한 반죽 완료 온도가 되도록 조절합니다.**

반죽을 믹싱하는 과정에서 주의해야 할 점은 다음과 같습니다.

믹싱볼 안에서 재료가 잘 섞였는지 확인한다.

재료가 균일하게 섞였는지 눈으로 확인합니다. 예를 들어 도중에 고형 유지를 넣는 반죽의 경우, 유지의 굳기가 적절하지 않으면 반죽 전체에 골고루 섞이지 못합니다.

고형 유지가 지나치게 굳었다면 손에 쥐고 으깨 부드럽게 만든 다음에 넣습니다. 적절한 굳기보다 조금 더 부드러워지고 말았다면 빵 반죽을 손으로 찢어 유지가 잘 섞이게 한 후 작업을 진행합니다.

필요에 따라 반죽을 긁어낸다

믹싱 중에 반죽이 믹서 날에 엉겨 붙어 반죽이 잘되지 않을 때가 있습니다. 그럴 때는 카드 등을 써서 반죽을 긁어내세요. 그리고 반죽이 무르면 믹싱볼 안에 달라붙어 잘 섞이지 않으니 이때도 마찬가지로 긁어냅니다.

반죽을 긁어낼 때는 믹서가 완전히 멈춘 것을 확인한 후 믹싱볼 안에 손을 넣어 신속하게 처리합니다.

반죽 온도에 주의한다

믹싱이 끝났을 때 반죽 온도(반죽 완료 온도)를 목표치에 맞추는 것은 제빵에 있어서 무척 중요합니다. 믹싱 도중에도 반죽 온도를 신경 써야 합니다.

예를 들어 반죽을 마쳤을 때 온도가 높을 것 같다면 믹싱볼 밑에 물(얼음물)을 대서 반죽 온도를 낮추고, 그 반대일 때는 따뜻한 물을 대서 반죽 온도를 올립니다.

조정수(바시나주, 2차 급수)는 언제 넣는 것이 좋나요?
=조정수를 넣는 타이밍

반죽의 되기를 파악했다면 최대한 빨리 넣는 것이 좋습니다.

조정수는 기본적으로 믹싱 시작 후에 최대한 빠른 단계(재료의 분산 및 혼합 단계→**p.263**)때 넣습니다.

그 이유는 믹싱 초반에는 반죽의 연결이 약하고 글루텐 형성도 아직 일어나지 않아서, 나중에 넣은 물도 균일하게 섞일 수 있기 때문입니다. 또 글루텐 형성에는 수분이 필요하므로 최대한 일찍 넣는 편이 좋습니다.

하지만 믹싱 초반에 반죽의 되기를 파악하지 못했다면 조금 더 있다가 조정수를 넣어도 상관없습니다. 다만 반죽이 끝나기 직전에 넣을 경우 믹싱 시간을 더 가지지 않으면 글루텐이 충분히 형성되지 않으니 주의가 필요합니다.

고형 유지를 믹싱 초반에 넣어도 되나요?
=고형 유지를 넣는 타이밍

글루텐 형성을 억제하고 싶다면 이른 단계에 넣어 믹싱 시간을 단축합니다.

고형 유지를 넣어 빵을 만들 때 반죽 초기에는 유지를 넣지 않습니다. 믹싱 중반이 되어 반죽에 글루텐이 형성되고 반죽이 어느 정도 뭉쳐진 이후에 유지를 넣습니다. 처음부터 유지를 넣으면 유지가 밀가루의 단백질끼리 결합하는 것을 방해해서 글루텐이 잘 형성되지 않기 때문입니다(→**Q117**).

그렇지만 예외도 있습니다. 하드 계열 빵 중에서도 소량의 이스트(빵효모)로 장시간 발효하는 빵의 경우 소프트 계열 빵 만큼은 글루텐이 필요하지 않습니다. 그래서 유지 배합량이 3% 정도까지라면 믹싱 초반부터 유지를 넣어도 괜찮습니다.(→**p.269~271**「하드 계열(프랑스빵)/ 스파이럴 믹서」)

또 크루아상 등 접기형 반죽은 글루텐 형성을 억제하면서 믹싱하는 것이 특징입니다. 그 이유는 접기 공정과 관련이 있습니다.

접기형 반죽은 냉장 발효시킨 빵 반죽으로 사각형 모양의 고형 유지(버터)를 감싼 후 파이 롤러로 얇게 밀어서 3절 접기하고 다시 늘리는 접기 작업을 여러 차례 반복합니다 (→**Q120, 212**). 이렇게 반죽을 여러 번 늘리는 것이 물리적 자극이 되어 글루텐이 강화됩니다. 글루텐의 힘이 강해지면 늘린 반죽이 원래 형태로 돌아가려고 수축해버리기 때문에 믹싱할 때는 글루텐 형성을 최대한 억제해두는 것입니다.

따라서 접기형 반죽은 믹싱 초반에 유지를 넣고 저속으로 반죽하며 믹싱 시간도 짧습니다. 그리고 일반 빵보다 유지를 많이 넣어서 신장성을 더욱 높여, 얇게 늘어날 수 있게 만듭니다. 한편 **p.275**의 크루아상 반죽은 유지 배합량이 10%로 일반 빵의 거의 두 배 가까이 됩니다.

레이즌(건포도)이나 견과류 등을 반죽에 넣으려면 언제가 좋나요?
=레이즌, 견과류를 섞는 타이밍

 반죽이 완성된 후에 섞습니다.

기본적으로 빵 반죽이 완성된 후에 넣습니다. 반죽 전체에 골고루 섞여야 하니, 양이 많다면 2회 이상 나눠서 넣는 것이 좋습니다.

믹서를 쓸 때는 대부분 저속으로 섞습니다. 손반죽을 한다면 작업대에 반죽을 펼치고 섞을 재료를 전체적으로 뿌려준 후 반죽과 함께 접거나 작업대에 가볍게 비비듯이 섞어줍니다.

한편 반죽에 넣는 재료의 온도도 반죽 온도에 영향을 미치므로 최대한 반죽 완료 온도와 같게 조절해야 합니다. 너무 낮으면 발효기 등에 넣어 온도를 올리고, 너무 높으면 냉장고에 넣어 온도를 낮추면 좋습니다.

 믹싱 종료 시점은 어떻게 판단하나요?
=믹싱 종료 시점의 기준

 반죽이 부드럽게 늘어나고, 만들고 싶은 빵에 맞게 글루텐이 형성되면 끝입니다.

믹싱을 할 때는 반죽이 어느 정도로 뭉쳐졌는지, 요컨대 글루텐이 얼마나 형성되어 있는지가 무척 중요합니다.

글루텐에는 점성과 탄력이 있기 때문에 믹싱을 충분히 하면 반죽을 잡아당겼을 때 얇게 늘어납니다. 이 성질을 이용해서 반죽이 얼마나 뭉쳐졌는지를 눈과 손으로 확인해가며 믹싱을 진행하면 종료(반죽 완성) 시점을 파악할 수 있습니다(→Q184).

빵 반죽에 글루텐이 충분히 형성되어 반죽이 잘 뭉쳐지면 반죽을 얇게 늘릴 수 있습니다. 강력분이나 준강력분처럼 단백질 함유량이 많은 밀가루는 글루텐이 많이 생기기 때문에 꼼꼼히 반죽하면 반죽이 투명해질 정도로 얇게 늘어납니다. 잡아당기는 도중에 끊겨버린다면 글루텐 형성이 아직 부족한 것이므로 조금 더 믹싱을 이어갑니다.

반죽을 잡아당겼을 때 생기는 막을 「글루텐 막」이라고 하는데, 믹싱 초반에는 당기면 어떻게든 막 형태로 늘어나기는 해도 반죽 표면이 까슬까슬하고 두껍기만 합니다. 또 쉽게 구멍이 뚫리고 찢어집니다. 글루텐의 연결이 아직 약한 상태이기 때문입니다.

하지만 믹싱을 계속하다 보면 부드럽고 얇게 늘어나게 됩니다. 이 상태가 되면 글루텐의 연결이 충분해졌다고 볼 수 있습니다. 다만 글루텐이 단단히 연결되는게 좋은 빵만 있는 것은 아닙니다. 빵에 따라서는 믹싱 종료 타이밍이 다릅니다.

처음에는 반죽 상태가 변화하는 과정을 알기 위해서라도 믹싱 도중에 반죽 일부를 여러 차례 만져 보고 확인하도록 하세요. 글루텐 막뿐 아니라 반죽을 잡아당겼을 때 느껴지는 저항감이 커지는 것, 끈적거리는 느낌이 점점 사라지는 것 역시 반죽의 연결 정도를 판단하는 기준이 됩니다.

 반죽에 적합한 발효 용기의 크기와 모양을 알려 주세요.
=발효 용기의 크기

Q
190

 반죽보다 3배 정도 큰 용량을 준비합니다.

A

다 된 반죽은 발효 용기에 넣고 발효시키는데, 이때 용기의 크기가 빵 반죽의 발효에 영향을 미칩니다. 너무 작으면 비좁아서 반죽이 충분히 발효하지 못하고, 너무 크면 반죽이 축 늘어질 염려가 있습니다.

발효 용기는 빵 반죽의 3배 정도 용량이 적절합니다. 볼처럼 둥근 모양이면 반죽이 균등하게 부풀 수 있어서 좋습니다. 하지만 실제로는 발효 설비, 환경에 따라 각진 용기도 많이 쓰고 있으니 특별히 문제 될 것은 없습니다.

반죽 양보다 용기가 지나치게 작다(왼쪽), 적합(가운데), 지나치게 크다(오른쪽)

Q 믹싱이 끝난 반죽을 다듬을 때 주의해야 할 점이 있나요?
191 =다 된 반죽 다듬는 법

 A 표면 전체를 탱탱하게 다듬고, 매끄러운 부분이 위에 오도록 해서 발효 용기
로 옮깁니다.

믹싱이 끝나면 다 된 반죽을 믹싱볼에서 꺼내 표면이 탱탱해지도록 다듬은 후 발효
용기로 옮깁니다. 잘 다듬어진 반죽은 표면에 매끄러운 껍질 한 장이 덮여 있는 듯한
상태가 됩니다.

반죽 표면을 살짝 잡아당기듯이 다듬어서 탱탱하게 만들면 그 부분의 글루텐 구조가
긴장하면서 발효로 이스트(빵효모)가 만드는 탄산가스를 포집하기 쉬워집니다. 또 이
렇게 두면 발효 상태를 확인하기도 편합니다.

볼에 넣고 발효시킬 경우에는 둥근 모양으로 다듬습니다. 각진 용기라도 기본적으로
는 둥글게 다듬는데, 용기 형태에 맞게 다듬기도 합니다.

일반적으로 반죽 다듬는 방법

다 된 반죽을 꺼낸다

반죽을 믹싱볼에서 꺼내 무게 때문에 아래로 늘어지는 원
리를 이용해서 양손으로 반죽을 바꿔 잡아가면서 표면이
매끄러워질 때까지 둥글게 다듬습니다.

표면이 탱탱해지도록 다듬는다

반죽 표면 전체가 매끄러우면서 탱탱하게 될 때까지 둥
글게 다듬습니다.

발효 용기에 넣는다

유지를 바른 발효 용기에, 매끄러운 부분이 위로 오도록
해서 넣습니다.

부드러운 반죽 다듬는 방법

다 된 반죽을 꺼낸다

반죽을 믹싱볼에서 꺼내 발효 용기로 옮깁니다.

표면이 탱탱해질 때까지 다듬는다

반죽 한쪽 가장자리를 들어 올리듯이 잡아당기고, 늘어난
부분을 접어 반죽에 덮습니다. 반대쪽도 똑같이 합니다.

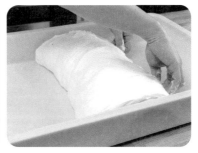

발효 용기에 맞춰서 반죽을 정리한다

방향을 바꿔서 발효 용기 가운데에 둡니다.

단단한 반죽 다듬는 방법

다 된 반죽을 꺼낸다

반죽을 믹싱볼에서 꺼내 작업대에 올리고 반죽 가장자리
에서 가운데 쪽으로 접어 손바닥으로 누릅니다.

표면이 탱탱해질 때까지 다듬는다

반죽을 조금씩 돌려가면서 접고 누르는 동작을 반복하며
둥글게 만들어갑니다.

발효 용기에 넣는다

유지를 바른 발효 용기에 매끄러운 부분이 위에 오도록
해서 넣습니다.

Q
192
반죽 완료 온도란 정확히 무엇을 말하나요?
=반죽 완료 온도란

 A
믹싱이 끝난 시점에서 반죽의 온도입니다.

반죽 완료 온도는 믹싱이 끝났을 때의 반죽 온도를 말하는데 빵의 종류에 따라 대체로 정해져 있습니다.

반죽 완료 온도는 믹싱 후 반죽을 깔끔하게 다듬어서 발효 용기에 넣고 반죽 한가운데에 온도계를 꽂아서 측정합니다.

반죽 완료 온도에 영향을 주는 요인으로는 우선 가루와 물 등 재료의 온도를 들 수 있습니다.

또 실내 온도 역시 크게 영향을 미칩니다. 에어컨 등으로 온도를 조절하지 않으면 무더운 시기에는 실내 온도가 올라가 반죽 온도도 올라가고 추운 시기에는 그 반대가 됩니다.

그밖에 믹싱 중에 반죽과 믹싱볼이 부딪히면서 생기는 마찰열로 인해 반죽 온도가 올라가기도 합니다. 특히 믹싱 시간이 긴 반죽, 반죽 온도가 낮은 브리오슈 등의 경우는 반죽 온도가 지나치게 올라가지 않도록 주의해야 합니다.

 Q
193
반죽 완료 온도는 어떻게 정하나요?
=반죽 완료 온도 설정

 A
빵의 종류에 따라 정해져 있는데, 발효 시간이 길수록 반죽 완료 온도가 낮습니다.

반죽 완료 온도는 빵의 종류에 따라 대체로 정해져 있는데 대부분은 24~30℃입니다.

믹싱을 끝낸 반죽은 25~30℃의 발효기에 넣어 발효시키는데, 보통은 반죽 온도보다 발효기 온도를 높이 설정하기 때문에 반죽 온도가 서서히 올라갑니다. 분할에서 성형까지 마치고 최종 발효(2차 발효) 단계가 되면 첫 발효 때보다도 높은 온도에서 발효해서, 반죽 온도가 더 올라갑니다. 이렇게 반죽 온도를 서서히 올리는 것은 오븐에 넣을 때 반죽 온도가 32℃ 즈음이 되어 있어야 빵이 더 잘 구워진다는 것을 알기 때문입니다. 그래서 믹싱 단계에서 반죽 온도는 이후 발효 시간의 길이와 발효시킬 환경을 고려해 오븐에 넣을 때 32℃ 정도가 되도록 역산해서 정합니다.

반죽이 끝나고 분할할 때까지는 대략 발효 1시간당 1℃ 정도 반죽 온도가 상승합니다. 일반적으로 발효 시간이 긴 빵은 반죽 완료 온도를 낮게, 발효 시간이 짧은 빵은 높게 설정합니다.

반죽 완료 온도가 목표 온도에서 벗어났다면 어떻게 해야 하나요?
=목표대로 온도가 나오지 않았을 때의 대처법

발효기 온도나 발효시간을 조절해서 발효 상태를 관리합니다.

실제로 빵을 만들 때 목표 반죽 완료 온도보다 낮게(높게) 되는 상황이 일어나기도 합니다. 그때의 대처법은 아래와 같습니다.

±1℃ 이내

그냥 그대로 작업하면 됩니다. 발효 시간을 몇 분 정도 길게(짧게) 해야 할 때도 있지만, 목표 온도대로 반죽한 것과 거의 다르지 않은 빵이 나올 겁니다.

±2℃ 정도

발효기 온도를 2℃ 정도 높게(낮게) 조절하면 좋은 상태로 가져갈 수 있습니다. 발효 상태에 따라서는 시간 조절이 필요하기도 합니다. 발효할 때 온도 조절을 하지 않으면 빵이 잘 나오기 힘듭니다.

그 이상

±2℃ 때와 똑같이 대처하면 되지만, 맛있는 빵이 나오기는 어렵습니다.

반죽 완료 온도를 목표치에 가깝게 만드는 것은 맛있는 빵을 만들기 위해 아주 중요합니다. 사용수의 온도 조절만으로 반죽 온도를 컨트롤하기 힘들 때는 믹싱하면서 반죽 온도를 재서, 필요에 따라 반죽 온도를 조절합니다. 구체적으로는 믹싱볼 바닥에 얼음물 또는 따뜻한 물을 대서 반죽 온도를 조절하는 방법이 있습니다.

발효(1차 발효)

- - - - - - - - - - - - -

발효란?

제빵에서 발효란 이스트(빵효모)가 반죽 속의 당류를 거둬들이면서 생기는 탄산가스(이산화탄소)를 이용해 반죽 전체를 부풀리는 것을 말합니다. 이러한 이스트의 활동을 알코올 발효라고 하는데, 탄산가스 이외에 알코올도 만듭니다.(→**Q61**)

또 그와 동시에 재료에 들어 있거나 공기 중에서 섞여 들어온 유산균과 초산균 등이 반죽 속에서 유기산(유산, 초산 등)을 발생시킵니다.

알코올과 유기산은 빵의 신장성(잘 늘어나는 성질)에 영향을 미쳐서 반죽이 잘 늘어나게 합니다. 발효로 인해 탄산가스가 늘어나서 반죽이 안쪽에서 밀리며 부풀 때 반죽이 부드러워지고 잘 늘어나게 되는 것입니다.

또 이스트 대사물 때문에 발생한 유기산 역시 향과 풍미가 되어 빵 맛에 깊이를 더해줍니다.

이러한 원리를 충분히 이해하고 이스트라는 생물의 활동인 알코올 발효를 얼마나 잘 컨트롤하는지에 따라 식품으로서 빵의 완성도가 큰 차이를 보입니다.

이는 발효 단계 때부터 주의하는 것이 아니라 빵 배합을 결정할 때부터 이미 시작입니다. 사용하는 밀가루의 단백질 함유량에 따라 반죽 속에 생기는 글루텐 양이 달라지고, 게다가 반죽이 알맞게 부풀도록 이스트 양을 결정해야 하기 때문입니다. 또 믹싱 후 반죽 완료 온도가 목표한 대로 나오게 조절하는 것 역시 중요합니다(→**Q193**).

발효 때 발효기 온도를 반죽 온도에 맞게 조절하는 등 반죽 온도를 조절하는 것 역시 중요합니다(→**Q194**).

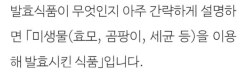

발효식품 ~발효와 부패~

발효식품이 무엇인지 아주 간략하게 설명하면 「미생물(효모, 곰팡이, 세균 등)을 이용해 발효시킨 식품」입니다.

예부터 일본에서는 간장, 미소된장, 낫토, 절임 등 그리고 나아가 세계 각지에서는 빵, 요구르트, 치즈 등 많은 발효식품을 만들어 왔습니다. 또 곡물, 과일을 발효시켜 만드는 사케, 맥주, 와인 등 양조주도 발효식품에 속합니다(→**Q58**).

발효와 부패는 종이 한 장 차이라고 할 수 있습니다. 미생물의 작용으로 사람에게 유익한 물질을 만들면 「발효」, 사람에게 유해한 물질을 만들면 「부패」입니다.

요컨대 미생물의 활동을 인간의 입장에서 보고 「발효」와 「부패」로 나누는 것입니다.

발효 ~반죽 속에서는 어떤 일이 일어날까?~

발효 중인 반죽 속에서 일어나는 변화는 크게 다음 두 가지입니다.

반죽이 잘 늘어나는 등 물리적인 변화가 일어난다

빵이 부풀려면 이스트(빵효모)에 의해 탄산가스가 반드시 생겨야 합니다. 그리고 발생한 가스를 반죽 안에 잡아 두었다가 그 가스의 부피가 커지면서 반죽이 늘어나고 부푼 형태를 유지하는 것 역시 매우 중요합니다.

믹싱 공정에서 반죽을 잘 치대서 글루텐을 충분히 만들면 발효 공정에서 탄산가스가 발생했을 때 글루텐 막이 탄산가스로 된 기포를 에워싸 반죽에 탄산가스를 잡아두는 작용을 합니다.

발효가 진행되어 기포가 커지면 글루텐 막이 안쪽에서 압력을 받아 마치 고무풍선처럼 반죽 전체가 부풀어 오릅니다.

이렇게 반죽이 유연하게 늘어나는 것은 글루텐 형성으로 반죽에 탄력이 생기는데다가 발효 중에 알코올과 유기산이 형성되어 글루텐의 연화가 조금씩 일어나기 때문입니다. 또 유기산 중에도 특히 유산 생성으로 반죽의 pH가 산성으로 치우치면서 글루텐 조직의 연화가 진행됩니다.

만약 반죽에 이렇게 유연하게 늘어나는 힘이 없다면 탄산가스 발생으로 반죽이 부푸는 현상이 일어나지 않아서 글루텐 막이 찢어지고 다른 기포와 합쳐지면서 막이 두꺼워지고 기포가 크고 크럼의 기공이 거친 빵이 됩니다.

다시 말해 믹싱으로 형성된 글루텐이 발효 중에 조금 연화하는 상태 변화가 탄산가스의 발생과 동시에 일어나기 때문에 빵이 탄산가스를 보유하면서 부풀 수 있는 것입니다.

다만 단순히 유연하게 늘어나기만 하면 되는 것은 아닙니다. 반죽이 부푼 형태를 유지하려면 신장성 뿐만 아니라 항장력(잡아당기는 힘의 세기)도 필요합니다. 요컨대 반죽이 지나치게 느슨하지 않도록 팽팽한 힘도 있어야 하는 것입니다.

향과 풍미의 바탕이 되는 물질을 만든다

발효 중에 발생하는 알코올은 빵의 향과 풍미가 됩니다. 또 동시에 발생하는 유기산 중 유산은 사워종의 주성분으로도 알려져 있듯 특유의 풍미가 있고, 초산과 구연산 등도 향에 관여합니다. 발효 시간이 길수록 반죽 속의 유산균과 초산균 등에서 유기산이 생기기 때문에 장시간 발효한 빵 반죽은 방향 물질(사람의 코로 지각할 수 있는 향기를 가진 물질)이 많아 빵의 향과 풍미가 커진다고 할 수 있습니다. 이것을 빵의 숙성이라고도 합니다.

발효기가 무엇인가요?
=발효기의 역할

빵 반죽의 발효에 적합한 온도와 습도를 설정할 수 있는 전용 기기입니다.

빵 반죽을 발효시키는 전용 기기를 발효기라고 합니다. 온도와 습도를 설정할 수 있어서 빵 반죽의 발효에 적합한 환경을 만들어 줍니다. 발효기를 쓰면 안정적으로 빵을 만들 수 있어서 제빵업계에서는 필수라고 해도 과언이 아닐 정도로 많이 사용하는 기기입니다. 홈베이킹을 할 경우에도 가정에 맞는 발효기를 사용한다면 안정적으로 발효시킬 수 있습니다.

전용 발효기를 마련할 수 없을 경우에는 다른 것으로 대체하면 됩니다. 오븐에 빵 반죽 발효 기능이 있으면 그것을 쓰면 되고 없으면 식기 건조대나 스티로폼 박스, 플라스틱 옷 보관함 등 가능하다면 뚜껑이 있는 용기를 활용합니다.

온도와 습도는 용기 바닥에 뜨거운 물을 바로 붓거나 뜨거운 물이 든 다른 용기(컵, 볼 등)에 넣는 방법 등으로 조절하면 됩니다. 용기 안 온도는 온도계로 확인합니다. 습도는 습도계를 써야 하지만 온도계는 없으면 발효시키는 반죽의 표면 상태로 판단하면 됩니다. 기본적으로는 건조하지만 않으면 문제가 되지 않습니다. 뚜껑을 덮거나 여는 식으로 온도와 습도를 조절하고, 온도가 내려가면 뜨거운 물을 갈아줍니다.

한편 성형한 반죽은 기본적으로 오븐 팬에 올려서 최종 발효(2차 발효)를 합니다. 그렇기에 발효기는 구울 때 쓰는 오븐 팬이 수평으로 들어가는 크기여야 합니다.

발효실은 대형 발효기로 사진은 냉동에서 발효까지의 온도대를 설정할 수 있는 도우 컨디셔너

가정용 발효기(일본 니더 주식회사)

뚜껑 달린 식기 건조대도 발효기로 쓸 수 있다

발효에 적합한 온도는 몇 도인가요?
=최적의 발효 온도

믹싱 후, 발효기는 25~30℃로 설정합니다.

이스트(빵효모)는 40℃ 전후일 때 탄산가스를 가장 많이 만듭니다. 그보다 더 높거나 낮아도, 그러니까 적정 온도에서 멀어질수록 활동이 저하됩니다.

믹싱 후 발효 공정에서 탄산가스가 갑자기 많이 발생하면 반죽이 무리해서 잡아당겨지며 손상되고 말기 때문에 이스트가 최대로 활성화하는 온도보다 낮은 24~30℃ 정도로 맞춰서 반죽한 후 25~30℃로 설정된 발효기에 넣어서 이스트의 활동을 조금 억제합니다.

시간을 들여 발효시키면 반죽 온도는 1시간에 약 1℃ 씩 올라갑니다. 또 알코올과 유산 등의 생성으로 반죽의 pH가 떨어지고 글루텐이 연화하기 때문에 반죽에 신장성 (잘 늘어나는 성질)이 나오고 탄산가스의 발생량과 균형을 이루는 상태로 반죽이 팽창할 수 있습니다(→**Q63**).

빵 반죽과 pH의 관계에 대해 알려 주세요.
=발효와 반죽의 pH

반죽의 pH는 이스트의 활동과 반죽 상태에 영향을 미칩니다.

보통 빵 반죽은 믹싱에서 완성 때까지 pH5.0~6.5인 약산성을 유지합니다(→**Q63**). 제빵에 들어가는 재료 대부분이 약산성이어서 믹싱 직후의 반죽은 pH6.0 부근입니다. 그 후 반죽이 발효하고 구워지면서 생기는 유기산, 그중에서도 유산균이 유산 발효로 유산을 생성하고 그것이 반죽의 pH를 떨어트려서 발효 종료 시점에서는 pH가 5.5 부근까지 내려갑니다.

이 pH 수치일 때는 산에 의해 글루텐이 적절하게 연화하기 때문에 반죽이 잘 늘어납니다. 또 반죽의 탄산가스 포집력은 pH5.0~5.5일 때가 가장 크고 그보다 낮으면 급격하게 떨어집니다.

이스트(빵효모)가 활성화하기에 최적인 pH는 4.5~4.8이라고 하는데, 여기까지 반죽의 pH가 내려가면 반죽의 상태 자체가 나빠져 버립니다. 발효에서는 이스트가 활발하게 탄산가스를 발생시키는 것도 중요하지만, 그 가스를 반죽이 잘 붙잡고 있다가 부풀면서 반죽이 유연하게 늘어날 수 있는 상태가 되는 것도 중요하기에, 이 균형을 잘 잡아야만 반죽이 부풀어 오르면서 그 형태를 잘 유지할 수 있습니다. 또 탄산가스가 점점 발생하면 반죽이 갑자기 늘어나면서 오히려 반죽에 무리가 갑니다.

이스트에 의한 가스 발생량은 반죽의 pH가 이스트의 활동에 최적인 값에서 다소 벗어나더라도 지나치게 떨어지는 것은 아닙니다. 그래서 반죽의 상태를 유지하기에 가장 좋은 pH는 5.0~6.5 정도입니다.

좋은 상태로 구워진 빵 반죽의 pH 수치는 믹싱에서 굽기까지 대체로 이 범위를 유지하고 있습니다.

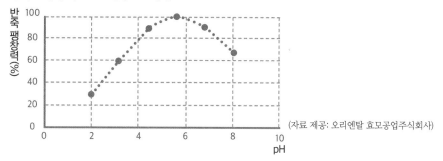

반죽의 팽창력에 미치는 pH의 영향

반죽 팽창력(%)

(자료 제공: 오리엔탈 효모공업주식회사)

발효가 종료되었다는 것을 어떻게 판단하나요?
=핑거 테스트

손가락으로 반죽 표면에 구멍을 내서 그 구멍 상태를 보고 판단합니다.

기본적으로 빵 반죽은 충분히 부풀고 적절하게 숙성될 때까지 발효시키는데 발효 종료 시점은 배합과 반죽의 온도, 발효기의 온도 등 다양한 요인에 따라 달라지기 때문에 단순히 시간만 보고 판단할 수는 없습니다.

반죽의 발효와 숙성 정도는 겉으로 본 볼륨과 냄새 등으로 판단할 필요도 있지만, 여기서는 일반적으로 하는 물리적인 면을 보고 발효 상태를 확인하는 방법을 알아보겠습니다.

참고로 여기서 소개하는 방법은 기본 방법 중 하나일 뿐이므로 빵의 종류와 만드는 이의 생각 등에 따라 판단 방식과 타이밍은 달라질 수 있습니다.

핑거 테스트

제일 많이 알려진 방법입니다. 한 손가락에 덧가루를 묻히고 반죽에 찔러넣었다가 바로 빼서 구멍의 상태를 확인합니다.

반죽에 손가락을 넣었을 때

발효 부족

반죽이 원래대로 돌아오려고 하면서 구멍이 작아진다.

적절하게 발효

구멍이 약간 작아지기는 하지만 거의 그대로 남아 있다.

발효 과다

구멍 주위가 꺼지거나 반죽 표면에 커다란 기포가 생긴다.

손가락으로 반죽을 가볍게 눌러본다

덧가루를 묻힌 손가락으로 반죽을 살짝 눌러서 반죽의 탄력을 확인합니다.
다음으로 손을 떼고 손가락의 흔적을 확인합니다.

반죽의 표면을 손가락으로 눌러보았을 때

발효 부족	적절하게 발효	발효 과다

반죽이 원래대로 돌아오면서 손가락의 흔적이 사라진다	손가락의 흔적이 거의 그대로 남아 있다	반죽 표면이 오므라들거나 표면에 커다란 기포가 생긴다

저온 발효가 무엇인가요?
=빵 반죽의 저온 발효

다 된 반죽의 온도보다 낮은 온도대에서 발효시키는 방법입니다.

일반적으로 빵 반죽의 발효는 반죽을 마쳤을 때 온도보다 높은 온도대에서 합니다. 그런데 반죽 완료 온도보다 낮은 온도대에서 발효시키는 저온 발효라는 방법도 있습니다.
저온 발효에는 두 가지 방법이 있습니다. 하나는 5℃ 이하로 냉장하는 방법인데 반죽한 후 하룻밤 냉장고에 넣었다가 다음날 분할, 성형해서 빵을 만드는 것입니다. 주로 수분, 유지 등의 배합량이 많은 부드러운 반죽으로, 일반 온도대에서 발효를 하면 작업성이 떨어지는 경우에 쓰는 방법입니다.

이 방법을 쓰면 반죽의 온도가 이스트(빵효모) 활동 온도의 하한에 도달할 때까지는 천천히 발효합니다. 반죽을 발효시킨다기보다는 작업성을 중시했다고 할 수 있습니다. 냉장해서 차가워진 반죽은 다루기 쉬워지기는 하지만 그대로라면 글루텐의 연결이 약해져서 신장성(잘 늘어나는 성질)이 나빠지기 때문에 반죽 온도를 올려 회복시켜야 합니다.

또 다른 방법은 반죽 완료 온도보다 낮은 온도대에서 오래 발효시키는 방법(저온 장시간 발효)으로 반죽을 마친 후 몇 시간, 길게는 십여 시간 동안 천천히 발효시켜서 탄산가스를 많이 만들고 유기산류도 생성합니다. 주로 하드 계열 빵을 만들 때 쓰는 방법입니다. 이스트의 배합량을 줄이고 장시간 발효시켜 반죽이 부드러워지고 글루텐의 힘도 약해지기 때문에 펀치를 여러 번 해서 반죽에 힘을 가하거나, 반대로 일부러 약한 상태 그대로 빵을 구워내기도 합니다.

한편 저온 장시간 발효를 하면 이스트가 느리기는 해도 계속 발효하는 상태이기 때문에 과발효가 되지 않도록 온도와 시간을 관리하는 것이 중요합니다.

또 접기형 반죽은 발효 후에 접는 공정에서 온도가 높으면 버터가 말랑해져서 깔끔한 층 모양이 나오지 않으므로 저온 발효(냉장)를 합니다.

펀치

펀치란?

반죽 공정이 끝나면 분할하기 전까지 발효시킵니다. 그때 부푼 반죽을 접거나 손바닥으로 누르는데 이러한 공정을 펀치라고 합니다.

펀치라고 하면 강한 힘으로 반죽을 치는 이미지가 떠오를지도 모르겠는데, 실제로 반죽을 강하게 때리지는 않습니다. 반죽마다 다르지만 반죽을 손상시키지 않도록 조심해야 합니다.

그리고 펀치는 반죽의 종류뿐만 아니라 발효 상태에 따라서는 방법, 강도를 바꿔야 합니다.

펀치를 하는 목적은 주로 아래의 세 가지입니다.

① 발효 중에 발생한 알코올을 탄산가스와 함께 반죽에서 빼고 새로운 산소가 들어가게 한다. 그렇게 함으로써 이스트(빵효모)의 활성을 높인다. 이스트는 자신이 만든 알코올에 의해 반죽 속 알코올 농도가 올라가면 활성이 떨어지기 때문이다. 그래서 알코올을 반죽 밖으로 방출해 활성을 높인다.

② 물리적인 힘을 가함으로써 글루텐의 그물 구조를 촘촘하게 만들어 글루텐을 강화하고 느슨하던 반죽의 항장력(잡아당기는 힘의 세기)을 높인다.

③ 반죽 속의 큰 기포를 작게 쪼개서 기포 수를 늘린다.

펀치의 순서

펀치는 발효시킨 반죽을 작업대에 올린 다음에 합니다. 대부분은 반죽 표면이 촉촉한 상태이기 때문에 발효 용기에서 반죽을 꺼낼 때 반죽이 작업대에 붙지 않도록 미리 덧가루를 뿌리거나 작업대 위에 천을 깔고 그 위에 반죽을 올립니다.

펀치를 한 다음에는 발효 때 위로 가 있던 면이 또 위가 되도록 해서 반죽을 발효 용기에 다시 넣고 계속 발효시킵니다.

반죽을 발효 용기에서 꺼낸다

반죽이 든 용기를 발효기에서 꺼낸다.

매끈한 면(발효시킬 때 위에 있던 면)이 아래로 오도록, 덧가루를 뿌린 작업대에 발효 용기를 기울여 반죽을 조심조심 꺼낸다.

반죽이 용기에 달라붙었을 경우에는 카드 등을 써서 조금씩 살살 벗겨내며 꺼낸다.

반죽 속의 가스를 빼고 발효 용기에 다시 넣는다

반죽 전체를 손바닥으로 골고루 누른다.

양쪽을 접는데 그때마다 접은 부분을 손바닥으로 누른다.

매끈한 면(펀치 공정 때는 아래에 왔던 면)이 위로 오도록 뒤집어서 다시 발효 용기에 넣는다.

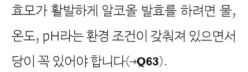

효모가 활발하게 알코올 발효를 하려면 물, 온도, pH라는 환경 조건이 갖춰져 있으면서 당이 꼭 있어야 합니다(→**Q63**).

와인을 예로 들면 와인은 원료인 포도가 포도 속 당분에 의해 알코올 발효하여 일반적으로 알코올 도수가 14도 정도 됩니다. 포도의 당도에는 어느 정도 한계가 있지만 만약 당도를 높인 포도과즙을 이용한다면 알코올 도수가 20도를 넘는 와인을 만들 수 있는가 하면 그렇지는 않습니다. 효모는 스스로 알코올을 발생시키면서도 알코올 발효가 진행되어 알코올 농도가 높아지면 사멸하기 때문입니다. 그래서 일반 와인은 알코올 도수가 14도 정도에서 그칩니다.

빵도 이와 비슷합니다. 발효해서 부푼 반죽 속에는 알코올이 늘어나 있고 효모는 자기가 만든 알코올 때문에 약해진 상태입니다. 하지만 펀치, 분할과 둥글리기, 성형 공정을 거치면서 반죽에서 탄산가스와 함께 알코올이 빠져나감으로써 효모가 다시 활발하게 발효하게 되는 것입니다.

 펀치를 하는 반죽과 하지 않는 반죽이 있는데 왜 그런가요?
=펀치의 역할

 비교적 천천히 발효·숙성시키고 싶은 반죽은 펀치를 하고, 발효 시간이 짧은 반죽은 펀치 공정을 생략합니다.

기본적으로 펀치는 하드 계열 등 린한 반죽이나 이스트(빵효모) 사용량을 줄여 반죽을 천천히 발효·숙성시키고 싶은 타입의 빵 등에 합니다. 또 반죽의 종류와 상관없이 제품에 볼륨을 주고 싶을 때(프랑스빵, 식빵 등)도 펀치 공정이 들어갑니다.

펀치를 하지 않는 반죽은 대부분 소프트 계열에 리치한 배합의 반죽이거나 이스트 사용량이 많고 발효 시간이 짧은(60분 정도까지) 반죽입니다. 이것들은 발효·숙성에 의한 향과 풍미보다도 배합된 재료의 풍미, 향을 그대로 반영하고 싶은 빵이라고 할 수 있습니다(버터롤, 스위트롤 등).

펀치는 언제 몇 번 정도 하는 것이 좋나요?
=펀치의 타이밍과 횟수

예외도 있지만, 보통은 발효가 진행된 단계에서 한 번 합니다.

펀치는 믹싱과 분할 사이에 하는 발효 공정 때 하는데, 그 타이밍과 횟수는 목적에 따라 다릅니다. 보통은 반죽이 끝나고 충분히 발효한 단계에서 한 번 합니다.

그밖에는 부드러운 반죽이나 별로 강하게 믹싱하고 싶지 않은 반죽은 반죽의 강도를 늘리기 위해 하기도 합니다. 이때 펀치는 발효 중반 전까지 끝내는 경우가 많고, 그때 빵 반죽은 아직 충분히 부풀지 않은 상태입니다. 이때도 횟수는 보통 한 번이지만, 두 번 이상 할 때도 있습니다.

펀치를 강하게 할지 약하게 할지는 무엇을 보고 판단하나요?
=펀치에 따른 반죽의 변화

빵의 종류와 펀치의 목적에 따라 선택합니다.

펀치의 강약은 빵의 종류와 펀치의 목적에 따라 달라집니다. 기본적으로 소프트 계열에 리치한 배합의 빵, 식빵처럼 볼륨이 반드시 있어야 하는 빵에는 강한 펀치를 하고 하드 계열에 린한 배합의 빵, 이스트(빵효모) 사용량이 적은 빵에는 약한 펀치를 합니다. 또 같은 빵이라도 반죽의 강도, 발효 정도에 따라 강약을 조절하는 경우가 있습니다. 구체적인 예로 믹싱이 약해서 펀치 때 반죽이 처지는 느낌이면 평소보다 펀치를 강하게 해서 글루텐을 강화합니다.

과발효 반죽의 경우에는 평소보다 약하게 펀치를 해서 탄산가스가 지나치게 빠지거나 반죽이 손상되지 않게 하기도 합니다.

강한 펀치 방법(예 : 식빵)

매끄러운 면(발효 때 위에 온 면)이 아래로 가도록 해서, 덧가루를 미리 뿌려둔 작업대에 반죽을 올리고 손바닥으로 반죽 전체를 골고루 누른다.

반죽 가장자리를 잡아 접는다.

접은 부분을 손바닥으로 누른다.

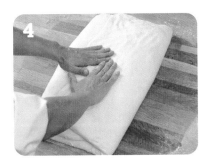

반대쪽도 똑같이 접고 손바닥으로 누른다.

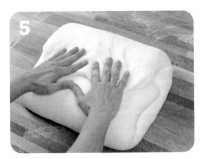

반죽의 위 아래 부분도 똑같이 한다.

매끄러운 면(아래에 오게 했던 면)이 위가 되도록 뒤집어서
발효 용기에 다시 넣는다.

펀치 전(위쪽)과 비교했을 때 펀치 후(아래쪽) 반죽이 한층 작아졌다.

약한 펀치 방법(예 : 프랑스빵)

덧가루를 미리 뿌려둔 작업대에 반죽을 올리고 반죽 가장자리를 잡아 접는다. 접은 부분을 손바닥으로 누른다.

반대쪽도 똑같이 접고 손바닥으로 누른다.

매끄러운 면(아래에 오게 했던 면)이 위가 되도록 뒤집어서 발효 용기에 다시 넣는다.

펀치 전(위쪽)과 비교했을 때 펀치 후(아래쪽) 반죽은 약간 작아졌지만, 강하게 펀치했을 때만큼의 크기 차이는 없다.

분할·둥글리기

분할이란?

만들고 싶은 빵의 크기, 무게, 모양에 맞춰서 반죽을 자르는 공정입니다. 정확한 무게를 재는 것, 반죽이 마르거나 반죽의 온도가 떨어지지 않도록 재빨리 끝내는 것이 중요합니다.

분할의 순서

부등비 접시저울(→**Q170**)의 추를 분할한 반죽 무게에 맞게 세팅해서, 주로 쓰는 팔의 반대쪽에 둔다. 반죽을 올리기 편하게 접시는 자기 몸에 가까운 쪽에 오게 한다. 작업대에 덧가루를 뿌리고 발효 용기에서 반죽을 꺼낸다. 이때 반죽은 스크레이퍼를 쥔 팔 쪽에 둔다.

스크레이퍼로 반죽을 눌러 자른 후 반죽이 단면끼리 달라붙지 않게 몸 앞쪽으로 빨리 옮긴다. 분할 무게에 맞게, 최대한 크고 각지게 잘라 나눈다.

반죽을 자를 때마다 저울에 달아 무게를 재고 분할 중량에 맞게 세밀하게 조정한다.

 분할의 올바른 방법을 알려 주세요.
=분할의 요령

 반죽을 자를 때와 무게를 잴 때 반죽이 손상되지 않게 주의합니다.

분할할 때는 최대한 반죽이 손상을 입지 않게 조심해야 합니다.
스크레이퍼로 반죽을 자를 때는 위에서 수직으로 눌러 자릅니다. 앞뒤로 움직이면서 자르면 반죽의 단면이 스크레이퍼에 달라붙어 자르기가 힘들고, 반죽이 손상됩니다. 위에서 눌러 잘라야 반죽의 단면 상태가 훨씬 좋습니다.
자른 반죽은 추로 무게를 재고 원하는 무게가 될 까지 반죽을 더 붙이거나 자르면서 조정합니다. 잘게 자른 반죽이 많아지지 않도록, 최대한 적은 횟수에 원하는 무게가 나오게 합니다.

반죽을 자르다

스크레이퍼를 앞뒤로 움직이면서 자른 반죽(왼쪽), 위에서 수직으로 눌러 자른 반죽(오른쪽)

무게를 재다(올바른 예)

한 번에 분할 무게대로 자른 최고의 상태(왼쪽), 반죽을 더 추가해 분할 중량을 맞췄지만, 추가한 횟수가 적어 양호한 상태(오른쪽)

무게를 재다(그릇된 예)

계속 반죽을 더하거나 덜어내서 무게를 조절했기 때문에 잔잔한 반죽이 많이 붙어 있는 상태(왼쪽), 어중간한 무게와 모양의 반죽이 몇 개씩 뭉쳐 있는 상태(오른쪽)

둥글리기란?

다음 공정인 성형에 들어가기 전에 분할한 반죽의 모양을 정돈하는 작업입니다. 말 그대로 반죽을 둥글게 뭉쳐서 다듬는데, 성형하기에 따라서는 타원형이나 막대기 모양 등으로 다듬을 수도 있습니다.

둥글리기의 목적은 일정 방향으로 둥글림으로써 글루텐의 배열을 가다듬고 같은 모양의 반죽으로 만들기 위해서입니다. 또 분할하면서 끈적끈적해진 단면을 반죽 안으로 밀어 넣어 다루기 쉽게 만들고, 동시에 반죽 표면이 팽팽해져 탄산가스를 반죽 안에 붙잡아두기 쉬워집니다.

반죽의 종류와 발효 상태에 따라 둥글리기의 강도는 달라지는데, 어떤 경우에도 반죽 전체가 균일해지고 또 반죽 표면이 망가지지 않도록 충분히 주의를 기울여야 합니다.

둥글리기의 순서

반죽의 종류와 분할 중량에 따라 둥글리기의 방법, 강도(힘을 주는 법, 횟수 등)가 달라집니다. 또 반죽의 발효 상태에 따라서도 둥글리기의 강도를 달리해야 합니다(→**Q204**).

작은 반죽 둥글리기 (오른손으로 할 경우)

깔끔한 면이 위로 오게 해서 작업대에 놓고 손바닥으로 반죽을 감싼다.

손을 시계 반대 방향으로 움직이면서 반죽을 둥글린다.

반죽의 표면이 탱탱하고 매끄러워지면 종료한다.

균일한 상태가 되지 않은(둥글지 않거나 덜 둥글려진) 것(왼쪽), 둥글리기가 적당히 잘 된 것(가운데), 둥글리기를 너무 강하게 해서 반죽 표면이 손상된 것(오른쪽)

반죽을 아래에서 위로 반 접은 후 표면이 살짝 탱탱해지게 다듬는다.

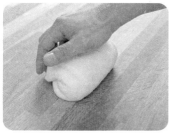

방향을 90도 돌린 후 사진처럼 반죽을 움켜쥐듯 반죽 끝에 엄지 이외의 손가락을 대고, 반죽 끝을 밑으로 내린다.

사진처럼 손을 반죽에 대고 손가락 끝으로 반죽의 오른쪽 아래를 향해 호를 그리듯이 움직이면서 손을 몸쪽으로 당겨 반죽을 돌린다. 반죽에서 손을 떼고 다시 반죽 위쪽에 똑같이 손가락을 대고 같은 동작을 반복한다.

반죽의 표면이 탱탱하고 매끄러워지면 종료한다.

균일한 상태가 되지 않은(둥글지 않거나 덜 둥글려진) 것(왼쪽), 둥글리기가 적당히 잘 된 것(가운데), 둥글리기를 너무 강하게 해서 반죽 표면이 손상된 것(오른쪽)

막대 모양 반죽 둥글리기(다듬기)

분할한 반죽을 아래에서 위로 반 접는다.

반죽 위쪽에 사진과 같이 양손을 대고 몸쪽으로 가볍게 당겨서 반죽을 살짝 조인다.

반죽을 조이는 방법에 따라 둥글리기(다듬기)에 강약을 줄 수 있다.

둥글리기가 약한 것(왼쪽), 일반적인 것(가운데), 강한 것(오른쪽)

둥글리기의 강약은 무엇을 기준으로 정하나요?
=둥글리기와 볼륨 조절

빵에 볼륨을 주고 싶으면 둥글리기를 강하게 하고, 볼륨을 억제하고 싶으면 둥글리기를 약하게 합니다.

분할한 반죽을 둥글리는 공정은 웬만한 빵 반죽에는 빠지지 않지만, 둥글리기의 강도는 빵의 종류와 반죽의 발효 상태에 따라 달라집니다. 어떤 반죽이든 벤치 타임 후 그 반죽이 성형하기에 적합한 되기가 되고, 최종적으로 의도했던 빵이 나올 수 있도록 둥글리기의 강도를 조절하는 것이 중요합니다.

소프트 계열 빵

제품에 볼륨을 살려야 하는 만큼 믹싱을 꼼꼼하게 해서 많은 가스를 포집할 수 있는 글루텐을 형성해 반죽의 힘을 강하게 하고 둥글리기도 강하게 합니다. 단, 둥글린 반죽의 표면이 손상되지 않도록 주의해야 합니다.

하드 계열 빵

소프트 계열 빵보다 시간을 들여서 천천히 발효시킵니다. 글루텐 형성이 지나치지 않도록 믹싱을 약하게 하고 이스트(빵효모)의 양을 줄여 발효하는 힘도 약하게 합니다(→**p.271** 「프랑스빵의 믹싱과 발효 시간의 관계」). 제품에 과도한 볼륨을 주고 싶지 않을 때에는 둥글리기를 약하게 합니다. 빵의 종류에 따라서는 둥글리기를 거의 하지 않고 가볍게 접어 정리하는 선에서 머무르는 것도 있습니다.

프랑스빵(바게트) 반죽의 둥글리기(다듬기)

발효가 과한 경우

반죽이 과하게 늘어졌다면 발효 과다일 수 있습니다. 그럴 때는 반죽에 힘을 지나치게 가하면 손상될 수 있으니 약하게 둥글립니다.

발효가 부족한 경우

반죽이 지나치게 수축했다면 발효 부족일 수 있습니다. 그럴 때는 반죽이 더 수축하지 않도록 힘 조절에 주의하면서 약하게 둥글립니다. 또 성형할 수 있을 만큼 반죽이 느슨해질 때까지 벤치 타임을 오래 가집니다.

둥글린 반죽은 어디에 두면 되나요?
=둥글린 반죽 보관 장소

둥글린 반죽은 발효기 속에서 벤치 타임을 가지기 때문에(휴지시키므로) 이동이 편하도록 판 위에 올립니다.

둥글리기가 끝난 반죽은 기본적으로 벤치 타임에 들어갑니다.

벤치 타임은 분할 전에 반죽을 넣어 두었던 발효기를 그 온도 그대로 설정해두고 거기에 다시 넣는 경우가 많기 때문에 판 등 옮길 수 있는 것 위에 반죽을 올립니다. 반죽이 달라붙지 않게 판에는 덧가루를 살짝 뿌리거나 천을 깔고 그 위에 반죽을 올리도록 합니다.

또 실온에서 벤치 타임을 가질 경우에는 반죽이 마르지 않게 비닐랩 등으로 싸두면 됩니다.

벤치 타임

벤치 타임이란?

둥글리기로 수축된 반죽은 다음 공정인 성형이 수월해지도록 어느정도 휴지시켜야 합니다. 그 쉬는 시간을 벤치 타임이라고 합니다.

벤치 타임 동안에는 시간 경과에 따라 글루텐 배열이 정리될 뿐만 아니라 발효가 조금씩 진행되고 있어서 알코올과 유산이 생성되고 글루텐 조직의 연화가 일어납니다. 그렇게 되면 둥글려서 긴장했던 글루텐 구조가 느슨해지면서(→**p.287~288 「발효 ~반죽 속에서는 어떤 일이 일어날까?~」**) 반죽이 원래대로 돌아가려고 하는 탄력이 약해지기 때문에 성형하기 쉬워지는 것입니다.

벤치 타임 중에도 반죽은 발효합니다. 분할 전 발효와 같은 조건인 장소에서 휴지시키는 경우가 많은데, 분할 전까지와 비교하면 반죽 표면이 마르기 쉬운 상태이므로 습도 설정에 주의해야 합니다. 지나치게 축축하면 성형 때 덧가루가 많이 필요해지고, 그렇게 되면 반죽 표면이 건조해질 수도 있으니 적당한 온도와 습도를 유지하는 것이 중요합니다.

대략적으로 작은 빵은 10~15분 정도, 대형 빵은 20~30분 정도의 벤치 타임을 가져야 합니다.

벤치 타임 전후 반죽 상태의 변화

각각 벤치 타임 전 반죽(왼쪽)과 벤치 타임 후 적당히 느슨해진 반죽(오른쪽)을 비교

둥글린 반죽(소형)

둥글린 반죽(대형)

막대 모양으로
둥글린(다듬은) 반죽

Q 206 반죽이 어떤 상태가 되면 벤치 타임을 끝내도 되나요?
=적절한 벤치 타임 확인 방법

 A 반죽이 살짝 느슨해져서 성형하기 쉬워지면 종료입니다.

벤치 타임은 다음 공정인 성형을 원활하게 하기 위한 것으로 둥글리기(다듬기)에 의해 생긴 탄력이 느슨해질 때까지 반죽을 휴지시킵니다. 어느 정도 휴지시키면 좋은지는 빵의 종류와 분할한 반죽의 크기, 둥글리기의 강도에 따라 달라집니다.

구체적인 방법으로는 반죽의 상태를 눈으로 보고 손으로 만져 보면서 판단하는 것입니다. 겉으로 봤을 때 둥글리기를 끝낸 직후와 비교해서 조금 부풀어 있고 약간 탄력이 떨어지는 것 같을 때도 있습니다. 만져 보고 판단할 경우에는 손이나 손가락으로 반죽을 살짝 눌렀다가 뗐을 때 흔적이 그대로 남아 있을 정도로 느슨하다면 벤치 타임을 끝냅니다.

성형할 때 반죽의 탄력이 강해서 수축한다면 그 반죽은 벤치 타임 부족이라고 볼 수 있습니다.

벤치 타임 중일 때의 글루텐

분할해서 둥글린 직후의 반죽은 밀대로 늘려도 다시 수축합니다. 하지만 둥글린 후 벤치 타임을 가진 후 늘린 반죽은 잘 수축하지 않습니다. 왜 그럴까요? 글루텐의 구조 변화에 초점을 맞춰서 생각해보겠습니다.

글루텐은 그물 구조로 반죽 속에 퍼져 있습니다. 반죽을 치대거나 모양을 바꾸는 등의 힘을 가하면 글루텐의 그물 구조가 억지로 잡아당겨지고 끊기면서 구조가 흐트러지게 됩니다.

글루텐의 그물 구조는 원래 질서정연한 모양이기 때문에 구조가 흐트러져도 재구축이 일어나면서 자연스럽게 다시 원래의 규칙적인 배열로 돌아가려고 합니다. 하지만 그러려면 어느 정도의 시간이 필요합니다.

가령 글루텐의 구조가 흐트러진 상태일 때 반죽을 늘리려고 하면 글루텐의 구조가 더 흐트러지게 되고 그 때 원래 크기와 모양으로 돌아가려는 힘이 작용해서 반죽이 수축해버리고 마는 것입니다. 다만 어느 정도 시간이 지나 글루텐의 배열이 정리된 다음 반죽을 늘리면 이미 배열이 다시 정리되었기 때문에 어느 정도까지는 글루텐이 무리 없이 늘어납니다.

이 글루텐의 재배열은 발효시키지 않는 쿠키, 면류 등의 반죽에서도 똑같이 일어납니다. 이 이외에 발효로 알코올과 각종 유기산이 발생해서 글루텐의 연화(軟化, 단단한 것을 부드럽고 무르게 하는 것)가 일어나는 것도 반죽이 잘 늘어나는 또 하나의 이유입니다.

성형

성형이란?

성형은 만들고 싶은 빵의 이미지에 맞게 반죽의 형태를 잡는 공정입니다.

벤치 타임으로 휴지시킨 반죽은 둥글리기로 긴장한 글루텐 구조가 느슨해지면서 탄력이 약해져 성형하기 쉬운 상태입니다. 제빵 공정은 반죽의 「긴장」과 「이완」을 반복하면서 만드는 이가 원하는 볼륨과 식감의 빵으로 변해갑니다(→**p.234 「공정을 따라 살펴보는 구조의 변화」**). 성형은 반죽을 긴장시키는 마지막 공정으로, 원하는 형태로 굽기 위해 반죽의 점탄성(점성과 탄력)을 강화합니다.

반죽의 상태를 보면서 힘 조절을 해가며 성형해 봅시다.

> ### 성형의 순서

대부분의 빵은 원형이나 막대 모양이 기본입니다. 원형으로 성형한 반죽은 더 얇은 원반 모양으로 늘리거나 접은 다음 말아서 식빵으로 만들기도 합니다. 막대 모양으로 성형한 반죽은 얇게 늘리고 끝에서부터 감거나, 몇 가닥을 만들어 땋기도 합니다.

손바닥으로 눌러서 탄산가스를 빼고 반죽을 뒤집어 매끄러운 면이 위에 오게 한다.

반죽을 아래에서 위로 접는다.

손바닥으로 감싸듯이, 손을 시계 반대 방향으로 움직이면서 표면이 팽팽해지게 반죽을 둥글린다.

표면이 탱탱하고 매끄러워지면 바닥을 꼬집어 단단히 여민다. 이음매가 있는 부분이 밑에 오게 둔다.

손바닥으로 눌러서 탄산가스를 빼고 반죽을 뒤집어 매끄러운 면이 위에 오게 한다.

반죽을 아래에서 위로 접는다.

90도 돌린 후 반죽 위쪽에 손가락을 대고 반죽 끝을 아래쪽으로 보내듯이 해서 탱탱하게 만든다.

손가락 끝으로 반죽 오른쪽 아래를 향해 호를 그리듯이 움직이면서 손을 몸쪽으로 당겨 반죽을 회전시킨다. 반죽에서 손을 떼고 다시 반죽 위쪽에 손가락을 대고 같은 동작을 반복한다.

표면이 탱탱하고 매끄러워지면 바닥을 꼬집어 단단히 여민다. 이음매가 있는 부분이 밑에 오게 둔다.

막대 모양 성형

손바닥으로 눌러서 탄산가스를 빼고 반죽을 뒤집어 매끄러운 면이 아래에 오게 한다.

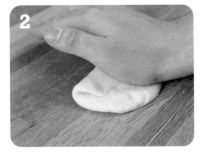

반죽을 위에서 아래로 1/3 정도 접고 손바닥 끝으로 반죽 끝을 눌러 붙인다.

방향을 180도 바꿔서 마찬가지로 1/3 정도 접고 눌러 붙인다.

위에서 아래로 반 접고 손바닥 끝으로 반죽 끝끼리 단단히 눌러 닫는다.

반죽 가운데 부분에 한 손을 올리고 가볍게 힘을 가하면서 반죽을 굴려서 가운데 부분이 가늘어지게 만든다.

이어서 반죽에 양손을 올리고 마찬가지로 힘을 가하면서 굴려 양 끝 쪽으로 늘어나게 한다.

표면이 탱탱해지고 균일한 굵기가 되면 된다.

반죽 가운데에서 아래쪽으로 밀대를 굴리며 탄산가스를 뺀다.

가운데에서 위쪽을 향해 마찬가지로 똑같이 한다.

필요하다면 반죽 방향을 바꿔가며 밀대를 굴려 탄산가스를 뺀다.

균일한 굵기가 되고 탄산가스가 적당히 빠져나가면 된다.

원반 모양 성형(→**p.319**)을 해서 탄산가스를 꼼꼼히 빼둔다.

반죽의 아래위를 뒤집어 매끄러운 면이 아래에 오게 한다. 반죽을 위에서 아래로 1/3 정도 접는다.

아래쪽도 똑같이 1/3 정도 접어 올리고 손으로 눌러 붙인다.

90도 돌려서 위쪽 끝을 살짝 접고 가볍게 눌러 심을 만든다.

위에서 아래를 향해, 표면이 탱탱해지도록 엄지로 반죽을
가볍게 조이면서 감는다.

다 감은 후 끝부분을 손바닥 끝으로 꼼꼼히 눌러 여민다.

이음매가 아래에 오도록 해서 구울 틀에 넣는다.

막대 모양 성형 응용 | 버터롤 성형

예비 성형(눈물방울 모양)

막대 모양 성형(→**p.317~318**)을 해서 표면이 팽팽하고 균일한 굵기의 막대 모양을 만든다.

반죽 가운데 부분에 한 손을 올리고 새끼손가락 쪽을 향해 서서히 가늘어지도록 굴려서, 한쪽 끝이 가느다란 눈물방울처럼 생긴 막대 형태로 만든다. 실온에 5분 휴지시킨다.

본성형

휴지시킨 눈물방울 모양 반죽의 두꺼운 부분을 위로 가게 두고, 반죽 가운데에서 위를 향해 밀대를 굴려 탄산가스를 뺀다.

반죽의 가는 부분 끝을 손으로 잡고 아래로 잡아당기면서, 가운데에서 아래쪽으로 밀대를 굴려 탄산가스를 뺀다. 균일한 굵기가 되도록 늘린다.

막대 모양이었을 때의 이음매(→**p.318**「**막대 모양 성형 4**」)가 위로
오게 둔 후 반죽의 폭이 좁은 쪽 끝을 손으로 잡고 다른 손으로
는 폭이 넓은 쪽 끝을 살짝 접어 가볍게 눌러 심을 만든다.

위에서 아래로 감아 내린다.

다 감은 끝과 본체를 꼬집어 닫는다.

감은 반죽의 각 층의 두께가 균일해야 바람직한 상태.

1 막대 모양 성형(→**p.317~318**)을 끝낸 반죽을 양 끝이 가늘어지게 굴려서 늘린다.

똑같이 세 개 만들어서 땋은 후 반죽 끝을 꼬집어 닫는다.

 성형할 때 어떤 점에 주의해야 하나요?
= 성형 시 힘 조절

 반죽이 상하지 않게 주의하면서 알맞은 힘을 가해 글루텐을 강화하고 형태 를 잡아야 합니다.

빵 반죽의 종류와 만들고 싶은 빵의 이미지에 맞게 반죽에 가하는 힘을 조절합니다.

반죽에 가하는 힘이 너무 강하면 빵 반죽에 무리가 가서 끊어지거나 최종 발효(2차 발 효) 때나 구울 때 반죽이 잘 늘어나지 않아 볼륨이 부족한 빵이 될 수 있습니다.

반대로 반죽에 가하는 힘이 너무 약하면 반죽의 긴장이 약해져 최종 발효(2차 발효) 때 발생하는 탄산가스를 제대로 잡아두지 못해 빵이 팽창하지 못합니다. 이때도 마찬가 지로 볼륨이 부족한 빵이 나오게 됩니다.

또 성형 시 힘 조절이 제각각이면 최종 발효(2차 발효)에 걸리는 시간과 구울 때 반죽 의 팽창 정도에 영향이 가서 균일한 제품이 나올 수 없습니다. 성형한 후에는 둥글리 기 때처럼 표면을 매끄러우면서 탱탱한 상태로 만드는 것과 마르지 않게 하는 것이 중요합니다.

Q 208 성형한 반죽은 어떤 상태로 최종 발효(2차 발효)시키나요?
= 성형 후의 최종 발효

A **오븐 팬에 올리거나 오븐 틀에 넣거나 천 위에 올리거나 발효 바구니에 넣는 등, 만드는 빵에 맞는 방법으로 최종 발효(2차 발효)시킵니다.**

빵에 따라 굽는 방법이 다르기에 그에 따라 최종 발효(2차 발효)를 어떤 상태로 할지도 결정됩니다. 주요 방법은 다음과 같습니다.

오븐 팬 위에 올린다

성형 후 대부분의 빵은 오븐 팬에 올립니다.

그때 주의해야 할 점은 성형한 반죽끼리 간격을 충분히 두는 것입니다. 성형한 빵 반죽은 최종 발효(2차 발효)하면서 부피가 2~3배는 커집니다. 다음 공정인 굽기 때 더 부풀기 때문에 그것까지 고려해서 반죽 사이의 거리를 정해야 합니다.

간격이 좁으면 반죽끼리 달라붙거나, 붙지는 않더라도 구울 때 반죽끼리 너무 가까우면 오븐 열이 제대로 미치지 않아 골고루 구워지지 않을 수 있습니다.

간격이 넓은 것은 그다지 문제 되지 않지만, 제조 효율도 생각할 필요가 있습니다. 오븐 팬 하나에 올릴 수 있는 빵 반죽의 개수를 생각하는 것이 중요합니다. 또 오븐 팬에 올리는 반죽의 간격이 들쑥날쑥하면 빵의 완성도에 차이가 날 수 있으니 주의하기 바랍니다.

성형 직후(왼쪽), 최종 발효(2차 발효)를 끝낸 상태(오른쪽). 2~3배는 커진다

오븐 틀에 넣는다

식빵이나 브리오슈처럼 정해진 형태로 굽고 싶다면 틀에 넣습니다. 식빵처럼 성형한 반죽을 틀에 여러 개 넣는 경우에는 전부 크기를 같게 하고 일정한 간격으로 넣습니다.

3분할해서 전용 틀을 꽉 채운 식빵 반죽

전용 틀을 꽉 채운 브리오슈 반죽

천에 올린다

프랑스빵 등 하드 계열 빵은 대부분 성형 후에 삼베나 캔버스 등 보풀이 잘 일어나지 않는 천 위에 올립니다. 이는 오븐 바닥에 빵 반죽을 바로 올려 구울 때 쓰는 방법입니다(→**Q223**).

최종 발효(2차 발효)를 천에 올린 상태로 하는 이유는 발효시킨 빵 반죽을 굽기 전에 「슬립벨트」라는, 오븐으로 이동시키는 도구로 옮겨야 하기 때문입니다(→**Q224**).

주의할 점은 빵 반죽의 모양에 따라 달라집니다. 막대 모양으로 성형한 반죽은 천으로 주름을 만들어 반죽끼리 간격을 두면서 올립니다. 반죽이 부푸는 것을 고려해 반죽과 주름의 간격, 주름의 높이를 조절합니다.

둥근 모양으로 성형한 반죽은 오븐 팬에 올리는 반죽과 마찬가지로 반죽끼리 간격을 충분히 두는 것에 주의해야 합니다. 하지만 천에 올릴 때는 최종 발효(2차 발효) 때 부푸는 것만 고려하면 됩니다.

둘 다 발효기로 옮길 것을 고려해서 천은 판 위에 깔아둡니다.

막대 모양 빵

성형 후의 반죽을 올리기 위한 천과 판. 천은 접히는 부분이 없게 펼치거나 돌돌 만 상태로 보관한다

반죽을 올리고 나면 다음 반죽을 올리기 전에 주름을 잡는다

반죽 양옆으로 적절한 간격을 두고 주름을 잡는다. 주름의 높이는 반죽보다 1~2㎝ 정도 높게 한다

원형, 소형 빵

부푸는 것까지 고려해서 반죽 사이에 간격을 둔다

발효 바구니에 넣는다

하드 계열 빵 중에서 팽 드 캉파뉴 등과 같이 반죽이 부드러워서 최종 발효(2차 발효) 중에 반죽이 처져 형태를 유지하기 힘든 것은 발효 바구니(바네통, 바코르프)에 넣습니다. 구울 때 틀을 뒤집어 반죽을 꺼내기 때문에 매끄러운 면이 아래에 오게 넣습니다.

바네통(왼쪽), 바코르프(타원 발효 바구니)(오른쪽). 둘 다 반죽의 매끄러운 면이 아래에 오게 넣는다

산형 식빵은 왜 산을 여러 개로 나눠서 성형하나요?
=식빵 반죽을 틀에 여러 개 넣는 이유

산 하나만 성형하는 것보다 기포 수가 많아서 더 잘 부풀고 소프트한 식감이 되기 때문입니다.

이 책에서는 분할해서 성형한 반죽을 틀에 3개 넣어 3개의 산을 만드는 산형 식빵을 예로 들고 있는데(→p.320~321 「원형 성형의 응용/가마니 모양(산형 식빵 모양) 성형(식빵틀 등에 넣어 구울 때)」), 산형 식빵이든 사각형 식빵(풀먼 식빵)이든 한 덩어리(원로프)로 성형하는 경우도 있고 두 개의 산으로 성형하는 경우도 있습니다.

크기가 같은 틀인 경우, 여러 개의 반죽을 채우는 편이 전체적으로 기포 수가 많아 잘 부풀고 소프트한 식감이 됩니다. 또 반죽의 힘(글루텐의 강도)이 커지고 반죽 전체의 강도도 늘어나기 때문에 케이빙 현상(→**Q229**)이 일어나기 어려워집니다.

원로프로 성형했을 경우 여러 개로 나누는 것보다 기포 수가 적기 때문에 씹는 식감이 좋습니다.

식빵의 성형 응용 예

※반죽을 두 개로 분할해서 두 개의 산이 있는 식빵을 만들 경우, 틀에 반죽을 넣을 때 간격이 생깁니다. 틀과 반죽 사이, 반죽과 반죽 사이, 어느 쪽에 빈틈을 만들어도 상관없지만 간격을 균등하게 합니다.

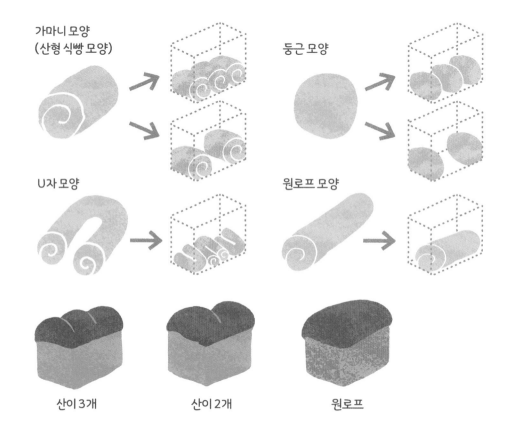

가마니 모양
(산형 식빵 모양)

둥근 모양

U자 모양

원로프 모양

산이 3개

산이 2개

원로프

사각형 식빵(풀먼 식빵)은 왜 뚜껑을 덮고 굽나요? 먹었을 때 산형 식빵과 어떤 점이 다르나요?
=사각형 식빵과 산형 식빵의 차이

사각형 식빵(풀먼 식빵)이 더 탄력 있고 씹는 느낌이 강하며 크럼이 촉촉합니다.

원래 영국에서 탄생한 산형 식빵이 미국으로 건너와 공장 생산에 적합한 형태로 바뀐 것이 사각형 식빵이라고 합니다. 현재는 일본에서도 사각형 식빵은 공장 생산이 대부분을 점하고 있습니다.

하지만 단지 효율만을 위해서가 아니라 식감과 형태의 차이를 내기 위한 목적으로 뚜껑을 덮기도 합니다. 또 리치한 배합에 소프트하게 굽고 싶을 때도 뚜껑을 덮습니다.

사각형 식빵은 뚜껑을 덮음으로써 크럼의 결(기공)이 세로로 늘어나는 것을 막아 둥글고 일정한 기공이 나오고 산형 식빵에 비하면 탄력이 강하고 씹는 느낌이 더 강해집니다.

또 구울 때 수분이 잘 날아가지 않아 완성된 빵의 수분량이 산형 식빵보다 많고 촉촉한 크럼이 됩니다. 그래서 샌드위치로 만드는 등 토스트 하지 않고 그대로 먹기에 적합하다고도 할 수 있습니다.

멜론빵처럼 다른 반죽을 위에 붙일 경우 최종 발효(2차 발효) 때 아래 쪽에 있는 빵 반죽이 팽창하는데 방해를 받나요?
=멜론빵 반죽 붙이는 법

멜론 반죽을 완전히 덮어버리면 잘 부풀지 않으므로 바닥 면까지 덮지는 않습니다.

빵 반죽을 다른 반죽으로 감싸듯이 성형하면 빵반죽만 있을 때보다 팽창에 방해를 받습니다. 특히 멜론빵 같은 경우 멜론 반죽(비스킷 반죽)을 바닥면까지 완전히 덮어버리지는 않습니다. 또 멜론 반죽이 두껍고 무거워도 팽창이 잘 되지 않습니다.

멜론빵을 만들 때 주의해야 할 점은 성형 후에 멜론 반죽의 버터(유지)가 녹지 않는 온도에서 최종 발효(2차 발효)를 하는 것입니다. 참고로 멜론빵의 특징인 표면 갈라짐은 최종 발효(2차 발효)하면서 멜론 반죽이 늘어나고 그 후 구우면서 빵 반죽이 오븐 스프링을 함으로써 생겨납니다.

**Q
212**

크루아상의 반죽을 접을 때와 성형할 때 무엇을 주의하면 되나요?
= 크루아상 반죽 접기와 성형

버터가 너무 물러지지 않게 , 반죽 온도를 낮게 유지하며 작업하는 것이 중요합니다 .

크루아상은 가소성(→**Q109**)이 있는 유지(주로 버터)를, 발효시킨 빵 반죽에 끼워 넣어 만드는 특수한 빵입니다. 파이 반죽과 같은 기법으로 만드는데, 다른 점은 이스트(빵효모)로 발효시킨 반죽을 쓴다는 것입니다.

빵 반죽은 처음에 25℃ 정도로 단시간 발효시킨 후 5℃의 냉장고에서 18시간 정도 저온 발효(→**Q199**)시켜 반죽을 차갑게 둬서 나중에 충전할 버터가 너무 물러지지 않게 합니다. 이어서 사각형으로 늘린 버터를 반죽으로 감쌉니다. 그것을 파이 롤러로 얇게 밀어 3절 접기 한 후 냉동실에서 30분 정도 휴지시켰다가 다시 얇게 늘리고 3절 접기하는 작업을 여러 차례 반복합니다(→**Q120**). 그 후 성형에 들어갑니다. 「접기」와 「성형」에 대해 더 자세히 알아봅시다.

접기

3절 접기 할 때마다 빵 반죽을 일단 냉동실에 휴지시키는 것은 부드러워진 버터의 온도를 낮추어 가소성이 발휘되는 13~18℃의 온도대에 머무르게 해서 적절한 굳기를 유지하게 하기 위해서입니다.

또 얇게 늘리면 치대는 것과 같은 자극을 줘서 빵 반죽에 탄력이 커지면서 원래의 크기로 수축하려고 하는 힘이 강하게 작용하는데 반죽을 휴지시키면 글루텐의 탄력이 느슨해져서 다음 접기 작업이 원활하게 진행될 수 있습니다.

그 밖에도 빵 반죽의 온도가 올라가면 발효로 발생하는 탄산가스 때문에 반죽 속 기포가 커져서, 반죽을 늘릴 때 구멍이 나 유지가 밖으로 새어 나가거나 반죽 표면이 매끄러워지지 않을 수 있습니다. 이런 이유 때문에도 반죽을 차갑게 둡니다.

일반적인 이스트의 경우 이론적으로는 4℃ 이하에서는 휴면하지만, 그 정도까지 반죽 온도를 내려 발효를 억제하면 유지의 가소성을 잃고 맙니다. 부드러워진 유지를 적당한 굳기로 만들고 글루텐을 느슨하게 하려면 30분 정도 냉동실에서 휴지시키는 것이 효과적입니다. 이렇게 하면 이스트의 활동을 억제하면서 유지의 가소성을 발휘할 수 있는 상태가 되어 다음 접기 작업이 원활해집니다.

한편 장시간 냉동실에 넣으면 얼기 때문에 곧바로 작업할 수 없는 경우에는 적당한 시점에 냉장실로 옮기는 등 관리할 필요가 생깁니다. 또 10℃ 부근에서 활동을 멈추는 냉장 반죽용 이스트를 써서 냉장실에서 휴지시키는 것도 하나의 방법이라고 할 수 있습니다.

성형

일반적인 크루아상은 얇은 사각형 모양으로 늘린 반죽을 칼로 이등변삼각형 모양으로 자른 뒤 반죽을 아래에서 위로 감아올려 성형합니다.

그때도 반죽은 차갑게 두고 칼은 잘 드는 것을 사용하며, 접기에 의해 생긴 반죽층이 망가지지 않게 조심해야 합니다. 또 층이 된 절단면은 최대한 만지지 않도록 주의하면서 감습니다. 자른 반죽의 온도가 올라가면 층이 흐트러지고 망가지니 신속하게 성형을 마칩니다.

최종 발효(2차 발효)

최종 발효(2차 발효)란?

성형으로 수축하거나 긴장한 반죽의 신장성을 회복시키고 그 다음 공정인 굽기에서 충분한 오븐 스프링으로 볼륨 있는 빵이 되게 하는 발효·숙성의 최종 단계입니다.

여기서는 성형으로 수축한 반죽을, 글루텐 조직을 연화시켜 느슨하게 만듭니다(→**p.234「공정을 따라 살펴보는 구조의 변화」**). 최종 발효(2차 발효)에 의한 반죽 상태와 물성 변화 메커니즘은 믹싱 후 발효 시(→**p.287~288「발효 ~반죽 속에서는 어떤 일이 일어날까?~」**)와 같은데 알코올과 유산 등 유기산이 생성되어 글루텐 조직이 연화되고 반죽이 잘 늘어나게 되는 것입니다. 또 이 알코올과 유기산은 빵의 향과 풍미가 됩니다.

믹싱 후 발효와의 차이점은 발효기 온도를 높게 설정한다는 것입니다(믹싱 후 발효 때는 25~30℃ 정도). 짧은 시간에 반죽 온도를 올려서 이스트(빵효모)와 효소의 활성을 높입니다.

최종 발효 (2차 발효)에 적합한 온도는 몇 도인가요?
= 최종 발효 (2차 발효)의 역할

이스트의 활성이 높아지도록 30~38℃ 정도의 높은 온도로 단시간에 발효시킵니다.

빵의 종류에 따라 최종 발효(2차 발효) 때의 온도가 다릅니다. 주로 발효에 의한 풍미를 중요시하는 하드 계열 반죽은 약간 낮은 30~33℃ 정도로 합니다. 폭신한 소프트 계열 반죽이라면 약간 높은 35~38℃ 정도로 합니다.

특수한 예로 브리오슈처럼 버터를 아주 많이 넣는 반죽이라든지 버터를 끼워 넣는 크루아상은 버터가 녹아 나오지 않도록 30℃ 이하의 온도로 합니다.

보통, 앞에서 말한 온도의 발효기로 발효시키면 하드 계열 반죽은 3~4℃, 소프트 계열 반죽의 경우는 5~6℃ 상승하고, 발효 종료 시의 반죽 온도는 32~35℃ 정도가 됩니다. 이러한 발효 때 온도 설정에 대해서 이스트(빵효모)의 생태로 생각해보겠습니다. 이스트는 40℃ 전후일 때 탄산가스를 가장 많이 발생시키고 적정 온도에서 멀어질수록 활동이 떨어집니다(→**Q63**).

믹싱 후 발효 때는 탄산가스가 단숨에 많이 만들어지면 반죽이 억지로 잡아당겨지며 손상되기 때문에 일부러 이스트의 활성을 조금 억제하기 위해서 발효기의 온도를 25~30℃ 정도로 유지합니다. 시간을 들여서 발효시키는 과정에서 글루텐이 연화하고 그와 함께 반죽이 잘 늘어나게 된다는 사실을 고려해서 탄산가스의 발생과 글루텐의 연화의 균형이 잘 잡힌 상태로 반죽을 부풀립니다.

하지만 최종 발효(2차 발효)는 믹싱 후 발효와는 조금 다르게 접근해야 합니다. 최종 발효(2차 발효) 단계에서는 성형으로 반죽 속 기포가 작게 분산된 상태입니다. 이 기포를 크게 만들고 그 후 구울 때 열 팽창해서 크게 부푸는 핵심을 최종 발효(2차 발효) 때 만들어야만 합니다.

그래서 이스트의 활성이 높아지도록 온도를 높게 설정한 발효기에 넣습니다. 단, 온도가 높은 상태가 길게 이어지면 반죽이 늘어지니 시간은 짧게 설정합니다. 그렇게 하면 믹싱 후의 발효 때보다도 반죽의 긴장을 남겨서 구울 때 반죽이 오븐 스프링을 원할하게 할 수 있습니다.

한편 습도는 70~80% 정도가 중심이 되는데 빵에 따라서는 습도 50% 정도의 건조 발효기, 습도 85% 이상인 고습 발효기로 발효시키는 경우도 있습니다.

Q 214 최종 발효(2차 발효) 종료 시점을 판단하는 방법을 알려 주세요
＝최종 발효(2차 발효) 종료 때의 상태

 A 성형 때부터 부푸는 정도, 반죽 표면이 느슨한 정도를 보고 판단합니다

최종 발효(2차 발효) 종료 때 반죽은 아직 부풀 여지가 남아 있어야만 합니다. 그다음 굽기 공정에서 더 부풀어야 하기 때문입니다. 그렇지만 이 단계에서 발효가 부족하면 반죽의 신장성 회복이 불충분해져서 구울 때 볼륨이 나오지 않아, 작고 식감이 나쁜 빵이 되어버리고 맙니다.

반대로 발효가 과하면 글루텐 조직이 지나치게 연화되어 반죽이 과도하게 느슨해져 버리기 때문에 오븐 안에서 팽창할 때 반죽이 버티지 못하면서 발효 부족 때와 마찬가지로 볼륨이 나오지 못합니다. 또 과하게 발효하면 기포 하나하나가 지나치게 커져버려서 완성된 빵의 크럼 결이 거칠어집니다. 또 이스트(빵효모)가 당분을 영양분으로 삼아 알코올 발효를 진행하기 때문에 발효에 당분을 쓴 결과 반죽에 남은 당분이 적어져서 구움색이 나오기 어려워집니다.

좋은 빵을 만들려면 알맞은 발효 상태를 볼 줄 알아야 합니다. 우선 성형 때부터 반죽이 얼마나 부풀었는지(빵 반죽의 부피가 성형 직후에서부터 얼마나 커졌는지) 눈으로 보고 확인합니다. 이어서 손으로 만져서 반죽이 느슨한 정도를 확인합니다. 확인할 때는 부푼 반죽을 손가락 끝으로 살짝 눌러보고 탄력이나 남은 손가락 자국을 통해 반죽의 느슨한 정도를 판단합니다.

최종 발효(2차 발효) 확인 방법(예 : 버터롤)

부푼 정도를 본다

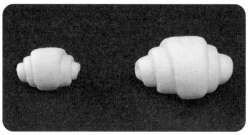

발효 전(왼쪽), 알맞은 최종 발효(2차 발효) 후(오른쪽)

손가락으로 살짝 눌러서 손가락 자국 상태를 본다

발효 부족

손가락 끝으로 누른 흔적이 원래대로 돌아온다

알맞은 발효

손가락 끝으로 누른 흔적이 조금 돌아온다

발효 과다

손가락 끝으로 누른 흔적이 그대로 남아 있다

사각형 식빵(풀먼 식빵)의 각이 뭉툭하게 나왔어요. 어떻게 해야 깔끔한 각이 나오나요?
=사각형 식빵의 최종 발효(2차 발효) 확인법

최종 발효(2차 발효)가 부족하면 각이 나오지 않습니다. 틀 부피의 7~8할 정도까지 부푸는 것이 최종 발효(2차 발효) 종료 기준입니다.

사각형 식빵은 구울 때 틀에 뚜껑을 덮고 오븐에 넣는데, 최종 발효(2차 발효)가 얼마나 진행되었는가에 따라 완성품의 볼륨뿐만 아니라 외형에서도 차이가 나옵니다.

알맞은 최종 발효(2차 발효)의 기준은 반죽이 틀 용적의 7~8할 정도까지 부푸는 것입니다. 발효가 적당히 되면 완성된 사각형 식빵의 윗부분이 아주 살짝 둥근 느낌이 나는 각이 만들어집니다. 발효가 부족하면 이 각이 아예 뭉툭해집니다. 반대로 발효가 과하면 너무 각지게 나오고 케이빙(→Q229)이 일어나기도 합니다.

발효 정도에 따른 사각형 식빵의 완성도 차이

	발효 부족	알맞은 발효	발효 과다
최종 발효 후	틀 부피의 6할 정도로 부푼 모습	틀 부피의 7~8할 정도로 부푼 모습	틀 부피의 9할 정도로 부푼 모습
구운 후	윗면의 각이 많이 뭉특하다	윗면의 각이 약간 둥근 적절한 상태	윗면 각이 지나치고 케이빙도 일어났다

Q 216

완성된 버터롤이 푹 꺼져서 작아지고 말았는데 왜 그런가요?
=버터롤의 최종 발효(2차 발효) 확인법

A

최종 발효(2차 발효)가 과했던 듯합니다.

버터롤의 최종 발효(2차 발효) 진행 정도별로 완성품을 비교해보았습니다.

최종 발효(2차 발효) 시간이 너무 짧아도 너무 길어도 완성된 빵의 볼륨은 기준보다 작아집니다. 하지만 각각의 원인은 다릅니다.

최종 발효(2차 발효) 시간이 지나치게 짧으면 애당초 이스트(빵효모)의 탄산가스 발생량이 적어서 잘 부풀지 않고 굽는 과정에서 감은 반죽이 찢어지면서 완성되는 것이 특징입니다. 이는 발효 부족에 따른 반죽의 신장성이 떨어진 것이 주요 원인입니다. 굽기 공정에서 탄산가스 부피가 커지면서 반죽이 밀릴 때 반죽이 잘 늘어나지 않고 억지로 당겨지다가 감긴 반죽이 찢어지게 됩니다.

한편 발효 시간이 길면 그만큼 탄산가스가 많이 만들어지는데도 완성된 빵이 푹 꺼져 작아지고 맙니다. 발효 시간이 길면 글루텐이 지나치게 연화하면서 반죽이 느슨해져, 가스를 잡아둘 만큼의 탱탱함을 유지하지 못하고 늘어져 버리기 때문입니다. 또 반죽이 과도하게 느슨하면 구울 때 오븐 스프링이 잘되지 않아 역시 볼륨이 생기지 않습니다.

완성된 버터롤. 왼쪽부터 오른쪽으로 갈수록 최종 발효(2차 발효) 시간이 길다. 가운데가 알맞은 최종 발효(2차 발효) 시간인 것

굽기

굽기란?

믹싱부터 시작해 긴 시간에 걸쳐 발효·숙성시킨 빵 반죽을 마침내 식품으로서의 빵으로 변화시키는 마지막 제빵 공정입니다.

최종 발효(2차 발효) 때 전체의 80%까지 팽창한 반죽을 오븐에 넣으면 반죽이 점점 부풉니다. 그러다 시간이 얼마간 지나면 부풀던 것이 멈추고 반죽 표면이 굳기 시작합니다.

이어서 색이 입혀지기 시작하고 시간이 지날수록 점점 진해집니다. 이윽고 빵 반죽이 노릇노릇한 색깔에 고소한 향을 풍기며 완성되어 특유의 매력적인 풍미와 냄새, 식감을 지닌 빵이 됩니다.

> ## 온도 변화와 굽기의 흐름

최종 발효(2차 발효) 종료 시점에서 빵 반죽의 중심 온도는 32~35℃가 됩니다. 오븐에 넣고 구우면 중심 온도는 서서히 상승하고, 다 구워졌을 시점에는 100℃에 조금 못 미칠 정도까지 올라갑니다. 그동안 빵 반죽은 계속 변화합니다.

1 반죽이 부푼다

① 이스트의 알코올 발효에 의한 탄산가스의 발생

오븐에 넣는다고 해서 발효가 바로 멈추는 것은 아닙니다. 이스트(빵효모)는 40℃ 언저리에서 활성이 최대가 되어 탄산가스와 알코올을 많이 만들어냅니다. 그 후 50℃ 정도까지는 활발하게 작용하면서 탄산가스와 알코올을 만들다가 55℃ 부근에 가서 사멸합니다(→**Q63**).

② **탄산가스, 알코올, 물의 열팽창**

이스트가 만든 탄산가스는 그대로 반죽 속에 있으면서 열팽창으로 부피가 늘어납니다. 일부 탄산가스는 반죽 속 수분에 녹아 있다가 구워지면서 기화해 부피를 늘리고 역시 반죽을 밉니다. 그리고 탄산가스와 마찬가지로 알코올 발효로 만든 알코올 역시 기화함으로써 부피가 커져 반죽을 팽창시킵니다. 또 알코올에 이어서 기화하는 물도 열 팽창으로 반죽을 부풀립니다.

2 오븐스프링이 일어난다

빵 반죽을 고온의 오븐에 넣으면 반죽 표면은 얇은 수막이 쳐진 것처럼 축축한 상태가 얼마간 이어지고, 열에 바로 굳기 시작하지는 않습니다.

반죽 내부에서는 50℃ 정도부터 효소가 활성화합니다. 그리고 단백질 분해 효소가 글루텐을 분해하며 반죽이 급속도로 연화합니다. 또 전분 분해 효소가 손상전분(→**Q37**)을 분해함으로써 반죽이 유동화되어 갑니다.

그와 동시에 이스트에 의한 알코올 발효로 탄산가스가 발생하면서 반죽이 크게 부풉니다. 이를 오븐 스프링이라고 합니다.

3 팽창한 반죽이 굳는다

글루텐이 열변성해서 완전히 응고하는 것은 75℃ 전후인데, 60℃ 정도부터 이미 구조가 변하면서, 가지고 있던 물을 분리하기 시작합니다.

한편 전분은 60℃ 전후부터 호화(α화)하기 시작하는데, 이때 물이 필요합니다. 그래서 글루텐이 떼어낸 물을 전분이 빼앗고, 전분은 반죽 속 수분까지 흡수하면서 더욱 호화합니다.

이윽고 글루텐이 75℃ 전후에서 완전히 응고하면서 반죽 팽창이 멈춥니다. 응고한 글루텐은 빵의 부풀기를 지탱해주는 골격이 됩니다.

한편 전분의 호화는 85℃ 전후에서 거의 완료됩니다. 85℃ 이상이 되면 호화한 전분에서 수분이 증발하고, 빵 조직을 형성하는 반고형 구조로 변하면서 크럼의 폭신한 질감을 만들어냅니다. 이것을 전분과 글루텐(단백질)의 변화로 나누어 더 자세히 이야기해 보겠습니다.

전분의 변화

전분은 물과 열에 의해 「호화(a화)」해서 빵의 폭신한 조직을 만드는 역할을 맡고 있습니다 (→**Q36**).

밀가루에 함유된 전분은 입자 상태로 있는데, 입자 안에는 아밀로스와 아밀로펙틴이라는 두 개의 분자가 서로 결합해서 다발을 이루고 있습니다.

일부 전분은 제분할 때 손상전분(→**Q37**)이 되어 믹싱 단계 때부터 물을 흡수하지만, 대부분의 전분은 건전전분이라고 해서 규칙적이면서도 몹시 치밀한 구조를 이루어 물이 끼어들 수 없습니다. 그래서 전분은 대부분 굽기 전까지는 물을 흡수하지 않고 반죽에 들어 있습니다.

굽기 시작해 반죽의 온도가 60℃를 넘으면 열에너지가 치밀한 구조 결합을 부분적으로 끊어서 구조가 느슨해져 물이 들어갈 수 있게 됩니다. 즉, 아밀로스와 아밀로펙틴 다발 사이에 물 분자가 들어가며 호화하는 것입니다.

수프와 같은 액체에 전분을 넣어 걸쭉하게 만들 때는 호화하기에 충분한 물이 있어서 물을 흡수한 전분 입자가 부풀며 붕괴하고 거기서 아밀로스와 아밀로펙틴이 나와 액체 전체가 점성을 띠게 됩니다.

하지만 빵 반죽은 전분이 완전히 호화하기에는 물의 양이 부족합니다. 그래서 호화는 하지만 입자가 붕괴될 정도로 팽윤(물질이 용매를 흡수하여 부푸는 현상)하지는 않고 어느 정도 입자의 형태를 유지한 채로 반죽에 있으면서, 변성해 굳어진 글루텐과 함께 반죽의 구조를 뒷받침합니다.

굽는 과정에서 일어나는 전분의 변화

50~70℃	효소 작용이 활발해지고 손상전분이 아밀라아제(전분 분해 효소)에 의해 분해되어서, 그때까지 흡착해 있던 물을 분리하고 반죽이 액화하여 유동성 있는 상태가 되어 오븐 스프링 하기 쉬워진다. 손상전분에서 떨어져 나온 물은 전분 입자가 호화할 때 쓰인다. 또 손상전분이 분해되면서 생긴 덱스트린과 맥아당의 일부는 이스트(빵효모)가 열에 의해 사멸하는 55℃까지 이스트의 발효에 쓰인다.
60℃ 전후	반죽 속 물의 이동이 일어나면서 그때까지 글루텐을 비롯한 단백질에 결합해 있던 수분과 반죽 속 자유수가 전분의 호화에 쓰이기 위해 강제로 전분 입자에 흡수되기 시작한다. 단백질에서 물이 분리되는 현상이 일어나는 것은 단백질이 60~70℃에서 열변성이 일어나 굳고, 수화 능력이 떨어지기 때문이다. 그 물은 호화할 때 물이 필요한 전분으로 이동해서 쓰인다.
60~70℃	전분이 물과 함께 가열되어 호화된다.

70~75℃	글루텐 막 안에 분산되어 있는 전분 입자가 글루텐 막 속 수분을 빼앗아 호화하고 글루텐 막 자체는 단백질의 열변성에 의해 굳어서 반죽의 팽창이 느려진다.
85℃~	전분의 호화가 완료된다. 거기서 온도가 더 올라가면 호화한 전분에서 수분이 증발하고, 단백질의 변성과 상호 작용하면서 빵의 구조를 만드는 반고체 구조로 변한다.

글루텐(단백질)의 변화

글루텐은 밀가루에 있는 두 종류의 단백질(글리아딘, 글루테닌)이 물과 함께 반죽할 때 생깁니다. 글루텐은 반죽에 층 형태로 겹쳐져 얇은 막을 형성하고, 안쪽으로 전분을 끌어들여 반죽에 퍼집니다. 이때 글루텐의 단백질은 반죽에 있는 약 30%의 물과 수화되어 있습니다.

이 글루텐 막은 탄력이 있으면서도 잘 늘어나, 발생한 탄산가스를 붙잡아두면서 반죽이 팽창할 때 같이 유연하게 늘어납니다.

반죽의 팽창은 55℃ 부근에서 이스트(빵효모)가 사멸하기 전까지는 이스트의 알코올 발효로 탄산가스를 발생시키면서 일어납니다. 또 오븐 안의 온도가 높아지면서 반죽에 분산되어 있던 탄산가스와 반죽 속 수분에 녹은 탄산가스, 알코올이 열팽창하고 물의 일부가 기화해서 부피가 커지면서 역시 반죽은 부풀어 오릅니다.

그리고 단백질이 응고하는 75℃ 전후가 되면 글루텐이 변성해서 굳어 단단한 골격이 되고, 이에 의해 반죽이 팽창을 멈춥니다.

반죽이 굳기 전까지는 글루텐이 빵이 부푸는 것을 돕지만, 전분이 호화(α화)한 시점에서 그 역할은 전분으로 옮겨가고, 상호 작용하면서 빵의 몸통이 되는 것입니다.

굽는 과정에서 일어나는 단백질의 변화

50~70℃	효소 작용이 활발해지고 글루텐이 프로테아제(단백질 분해 효소)에 의해 분해되어 연화한다. 손상전분의 분해에 따른 반죽의 액화와 더불어 반죽이 유동화함으로써 오븐 스프링이 일어나기 쉬워진다.
60℃ 전후	글루텐의 단백질이 열에 의해 변성하기 시작해서 글루텐의 단백질에 결합한 물이 떨어져 나가 전분 입자에 흡수되어 전분의 호화에 쓰인다.
75℃ 전후~	글루텐의 단백질이 열에 의해 변성해서 굳어지고, 전분 입자가 호화로 팽윤한다. 그것들이 상호 작용하면서 빵의 조직을 형성하는 반고형 구조로 변한다.

④ 반죽이 색을 띠게 된다

반죽 표면은 수분 증발도 격하게 일어나고 온도가 안쪽보다 높아집니다. 100℃가 넘어가면 크러스트가 형성되고 이윽고 고소한 냄새가 나면서 색깔을 띠기 시작합니다.

빵에 구움색이 생기는 것은 주로 단백질, 아미노산, 환원당이 고온에 가열되면서 아미노카르보닐(메일라드) 반응이라는 화학반응이 일어나 멜라노이딘 색소라는 갈색 물질이 생기기 때문입니다.

또 당류의 착색만으로 일어나는 캐러멜화 반응도 관련되어 있습니다.

이러한 반응은 모두 당류가 관여해 고온에서 반응이 일어납니다. 그 결과, 빵이 갈색을 띠게 되고 고소한 냄새가 나며 맛있어집니다. 다만 큰 차이가 있다면 아미노카르보닐 반응은 당류와 단백질과 아미노산이 함께 화학반응을 일으키는 반면 캐러멜화 반응은 당류만으로 일어난다는 점입니다.

굽기 초반에는 반죽 속 수분이 반죽 표면에서 기화하기 때문에 표면은 축축하고 온도도 낮고 구움색을 띠지 않습니다.

그러다가 반죽의 수분 증발이 적어지면 반죽 표면이 마르고 온도가 올라가 아미노카르보닐 반응이 일어나게 되며 160℃ 정도가 되었을 때 색을 띠기 시작합니다.

아미노카르보닐 반응과 관련된 단백질, 아미노산, 환원당은 전부 빵의 재료에서 비롯한 것으로 그중에는 밀가루와 이스트(빵효모) 등에 들어 있는 효소에 의해 분해된 뒤 쓰이는 성분도 있습니다.

단백질과 아미노산은 주로 밀가루, 달걀, 유제품 등에 들어 있습니다. 단백질은 여러 종류의 아미노산이 사슬처럼 이어져 있어서, 단백질이 분해되면 아미노산이 됩니다. 또 아미노산은 단백질의 구성물로서뿐만 아니라 단독으로도 식품에 들어 있습니다.

환원당이란 반응성 높은 환원기를 가진 당류로 포도당, 과당, 맥아당, 유산 등이 이에 해당합니다. 설탕의 대부분을 구성하는 자당은 환원당이 아니지만, 효소에 의해 포도당과 과당으로 분해되면서 이 반응에 관여합니다.

표면 온도가 180℃ 가까이 올라가면 반죽에 남아 있는 당류가 중합으로 캐러멜을 생성하는 캐러멜화 반응을 일으킵니다. 그래서 빵의 색깔이 더욱 진해지고 달콤하면서 고소한 냄새를 풍기게 됩니다.

아미노카르보닐(메일라드) 반응

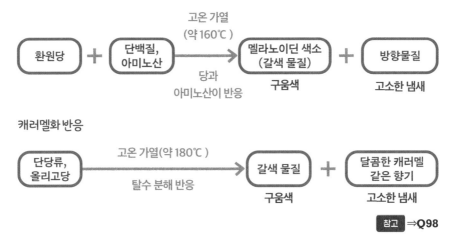

캐러멜화 반응

참고 ⇒Q98

 오븐을 예열해야 하는 이유는 무엇인가요 ?
=오븐 예열의 의미

 오븐이 지정 온도까지 올라가기도 전에 반죽의 수분이 필요 이상으로 날아가 버리기 때문입니다 .

빵을 구울 때는 오븐을 미리 데워두는 「예열」이 필요합니다. 기본적으로 예열 중에는 오븐에 아무것도 넣지 않습니다. 오븐이 빵을 구울 수 있는 온도까지 따뜻해진 후에 반죽을 넣습니다.

빵은 200℃가 넘는 온도에서 굽는 것이 많은데, 만약 예열하지 않고 반죽을 굽기 시작한다면 그 온도에 도달하기까지 꽤 시간이 걸립니다. 그만큼 빵이 구워지는 시간도 길어져서 반죽의 수분이 필요 이상으로 날아가 크림이 퍼석해지거나 크러스트가 두껍고 딱딱하게 나올 수 있습니다.

한편 예열은 구울 때의 온도보다 높게 설정합니다. 왜냐하면 반죽을 넣기 위해 오븐 문을 열 때 오븐 안의 따뜻한 공기가 밖으로 빠져나가 버리기 때문입니다. 또 차가운 빵 반죽이 들어가도 오븐 내 온도가 내려갑니다. 그러니 예열할 때는 구울 때 필요한 온도보다도 10~20℃ 높게 설정하는 것이 좋습니다.

가정용 오븐의 발효 기능으로 반죽을 최종 발효(2차 발효)시킬 경우, 오븐 예열은 어떻게 하면 되나요?
=가정용 오븐을 이용한 발효와 예열

최종 발효(2차 발효) 종료와 오븐 예열 완료 타이밍을 맞춥니다.

가정용 오븐으로 최종 발효(2차 발효)시킬 경우에는 최종 발효(2차 발효)를 일찍 끝내고 반죽을 꺼낸 후 남은 발효는 오븐 밖에서 합니다.

오븐에서 꺼낸 반죽은 최종 발효(2차 발효) 온도와 비슷한 장소(오븐 근처 등)에 둬서 반죽 온도가 급격하게 떨어지는 것을 피해야 합니다.

다만 오븐 예열 완료와 최종 발효(2차 발효) 완료 타이밍을 맞추기도 어렵고, 예열에 드는 시간이 기종마다 다를 수 있으므로 얼마나 전에 오븐 최종 발효(2차 발효)를 끝낼지는 경험으로 판단하는 수밖에 없습니다.

만약 반죽이 발효 도중에 식거나 말라버린다면 구울 때 잘 부풀지 않으니 주의가 필요합니다. 조정이 잘되지 않아서 빵의 품질에 나쁜 영향을 미칠 것 같다면 발효기 등을 사용하는 것도 고려해 보기 바랍니다.

굽기 전에 어떤 작업을 하나요?
=굽기 전 작업

빵이 맛있고 보기 좋게 구워지도록 마무리 작업을 합니다.

최종 발효(2차 발효)가 끝난 빵 반죽을 오븐에 넣기 전에 하는 작업은 아래와 같습니다. 빵의 볼륨과 윤기를 내고 노릇노릇하게 잘 구워져 보기 좋도록 하는 것이 목적입니다.

· 분무기로 물 뿌리기
· 달걀물 바르기
· 쿠프 넣기
· 가루 뿌리기
· 기타(크림 짜기, 과일 올리기 등)

굽기 전에 가루를 뿌리는 모습

굽기 전에 반죽 표면을 촉촉하게 적시는 이유는 무엇인가요?
=구울 때 반죽 표면을 적시는 이유

 반죽 표면이 굳는 것을 늦춰서 반죽이 부풀 시간을 충분히 주기 위해서입니다.

대부분의 빵은 굽기 전에 반죽 표면을 「적시는」 작업을 합니다. 반죽 표면을 적시면 반죽의 표면 온도가 급격하게 올라가는 것을 억제할 수 있기 때문에 오븐 열에 반죽 표면이 굳는 것을 늦출 수 있습니다. 그리하여 반죽이 팽창하는 「오븐 스프링」 시간이 길어지고 빵에 볼륨이 생깁니다.

반죽 표면을 적시는 방법은 크게 아래의 두 가지로 나눌 수 있습니다.

반죽 표면 직접 적시기

주로 두 가지 방식이 있습니다.

① 분무기로 물을 분사한다

구움색이 부드럽게 나오고 크러스트가 약간 얇아집니다.

② 솔로 달걀물을 바른다

구움색이 진하고 윤기가 나며 크러스트는 약간 두꺼워집니다(→**Q221**).

오븐 안에 스팀(수증기)을 분사해 반죽 표면을 간접적으로 적시기

이 방법은 주로 하드 계열 빵을 구울 때 스팀 기능이 있는 오븐을 쓰는 방법입니다.

분무기를 쓸 때보다 빵에 볼륨이 생기기 쉽고 표면의 윤기도 확실하게 나옵니다. 또 프랑스빵처럼 쿠프를 넣는 것은 이 기능으로 쿠프가 더욱 선명하게 벌어질 수 있습니다.

오븐에 스팀 기능이 없다면 최종 발효(2차 발효) 후 반죽 표면에 위와 같이 분무기로 물을 뿌려서 대체합니다. 하지만 스팀 기능을 써서 간접적으로 적시는 것과 똑같이 완성되지는 않습니다.

 굽기 전 반죽에 달걀물을 바르는 이유는 무엇인가요?
=굽기 전에 바르는 달걀물의 역할

 빵의 볼륨을 내고 윤기를 살려서 굽기 위해서입니다.

빵을 구울 때 달걀물을 바르는 목적은 다음 두 가지입니다.

첫째, 앞에서 말했듯 반죽 표면을 적심으로써 오븐 열에 반죽 표면이 굳는 것을 조금 늦추기 위해서입니다. 그렇게 하면 반죽이 팽창하는 시간이 길어지면서 빵에 볼륨이 생깁니다. 물을 뿌려도 같은 효과가 나지만, 달걀물을 바르는 데에는 또 한 가지 목적이 있습니다. 바로 황금색 윤기를 띠도록 굽기 위해서입니다.

황금색이 되는 것은 달걀노른자에 함유된 카로티노이드 색소에 의한 작용입니다. 그리고 윤기가 나는 것은 반죽 표면에 얇은 막이 굳기 때문인데, 이는 달걀흰자의 성분입니다.

물로 적신 것과 달걀물을 바른 것을 비교해보면 달걀물 쪽이 점도가 높고 구우면 달걀 자체가 굳기 때문에 크러스트가 살짝 두꺼워집니다. 또 황금색을 강하게 내고 싶을 경우에는 달걀노른자의 양을 늘리고, 윤기만 주고 싶다면 달걀흰자만 씁니다. 물을 넣어 묽게 만들어서 색깔과 윤기 효과를 억제할 수도 있습니다.

한편 달걀물을 바르면 잘 타기 쉬우니 주의가 필요합니다. 왜 잘 타기 쉬운가 하면 달걀에는 단백질과 아미노산, 환원당이 들어 있는데 이것들이 고온에 가열되면 아미노 카르보닐(메일라드) 반응이 일어나기 때문입니다(→**Q98**).

Q 222 굽기 전에 달걀물을 발랐더니 빵이 푹 꺼져버렸어요. 왜 그런 건가요?
=달걀물 바르는 방법

 A **과도한 힘을 가해서 반죽이 찌그러진 거예요**

최종 발효(2차 발효)가 끝난 반죽은 크게 부풀어 오르는데, 발효로 글루텐이 연화했기 때문에 성형 종료 때보다 충격에 약한 상태입니다.

과도한 충격을 받으면 탄산가스가 빠져나가며 반죽이 꺼지고 망가질 수 있습니다. 그렇게 되면 오븐에 넣어도 충분히 부풀어 오르지 않아 빵이 제대로 나오지 않습니다.

그리고 달걀물을 바를 때도 솔에 의해 반죽이 손상되어 찌그러지고 꺼질 수 있으니 조심해야 합니다.

솔 선택 방법

달걀물을 바르는 솔은 모가 최대한 가늘고 부드러운 것을 씁니다. 모는 주로 동물의 털로 된 것, 나일론이나 실리콘 등 화학 소재로 된 것이 있는데 어느 것이든 상관없습니다.

솔 쥐는 방법

솔은 손잡이와 가까운 쪽을 엄지와 검지, 중지 사이에 살짝 끼우듯이 쥐면 힘을 많이 싣지 않고 바를 수 있습니다.

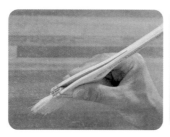 

달걀물 바르는 방법

솔을 눕히듯이 움직이며 솔 끝만이 아니라 전체를
써서 정성껏 바릅니다.

엄지와 검지, 중지 쪽을 교대로 쓸 수 있게 손목을
유연하게 뒤집어가며 바릅니다. 솔 끝으로 반죽을
찌르거나 힘을 너무 실어버리면 반죽이 꺼지거나
찌그러질 수 있으니 조심하세요.

달걀물 만드는 방법과 바르는 방법의 주의점

전란을 쓰는 가장 일반적인 달걀물 만드는 방법은
아래와 같습니다.

우선 달걀은 흰자 뭉친 곳이 없도록 꼼꼼히 풀어요.
그리고 차 거름망 등으로 걸러서 부드러운 상태로
만들어 둡니다.

이렇게 만든 달걀물을 솔에 듬뿍 묻혀서 용기 테두
리에 달걀물을 충분히 묻힙니다. 달걀물의 양이 너

달걀물이 너무 많아 오븐 팬에 떨어지고
만 모습

무 많으면 얼룩덜룩해지거나 오븐 팬에 떨어져 달라붙거나 완성된 빵에 달걀물이 떨
어진 흔적이 남아버릴 수도 있습니다. 또 반대로 너무 적으면 잘 발라지지 않고, 솔 때
문에 반죽 표면이 긁히므로 그럴 때는 달걀물을 적당히 추가합니다.

Q
223

**하스브레드(hearth bread)가 무엇인가요? 그리고 왜 하드 계열 빵은 오븐 바
닥에 바로 올려 굽나요?**
= 하스브레드(직접 구운빵)

A

**최종 발효(2차 발효)가 끝난 반죽을 오븐 바닥에 바로 올려 굽는 방법은 강한
아랫불이 필요한 하드 계열 빵에 씁니다.**

최종 발효(2차 발효)가 끝난 반죽을 오븐 바닥에 직접 올려 굽는 빵을 하스브레드라고
합니다.

소프트 계열을 비롯한 많은 빵은 성형 후 오븐 팬에 올려 최종 발효(2차 발효)한 후 굽

기 전에 달걀물을 바르는 등의 작업을 거쳐 오븐에 넣고 다 구워지면 오븐 팬째로 꺼냅니다. 이렇게 반죽이 계속 오븐 팬에 올려져 있으면 이러한 일련의 작업을 원활하게 진행할 수 있습니다.

하지만 오븐 바닥에 직접 올려 굽는 빵의 경우는 성형한 반죽을 천 위에 올리거나 발효 바구니에 넣는 식으로 최종 발효(2차 발효)를 합니다. 빵이 다 구워져 오븐에서 꺼낼 때는 빵을 꺼내기 위한 도구도 사용해야 합니다. 그런데 왜 굳이 이런 수고를 들이면서까지 바닥에 바로 올려 굽는 것일까요?

가장 큰 이유는 강한 아랫불이 필요해서입니다. 오븐 바닥에 바로 올려 굽는 린한 배합의 하드 계열 빵은 유지와 설탕 등이 들어가지 않는 것이 많아 반죽의 신장성이 나쁜 데다 기포가 크기 때문에 강한 불로 구워서 잘 부풀려야 합니다. 오븐 팬이 오븐 바닥과 반죽 사이에 있으면 오븐 아래에서 올라오는 열이 반죽까지 충분히 전해지지 않아 반죽이 잘 부풀지 않습니다.

원래 오븐으로 빵을 굽게 된 초창기에는 돌로 된 오븐 바닥에, 최종 발효(2차 발효)가 끝난 반죽을 바로 올려 구웠습니다. 그러니 예부터 만들어온 빵에 가까운 린한 배합의 하드 계열 빵은 지금까지도 옛날 방법을 쓰는 것입니다.

한편 하드 계열 빵이 전부 이 방법을 쓰는 것은 아니고, 오븐 팬에 올리거나 틀에 넣어 굽는 것도 있습니다. 또 대량으로 프랑스빵을 만드는 빵집 중에는 프랑스빵도 성형 후 전용 틀에 넣어 굽는 곳도 있습니다.

최종 발효(2차 발효)를 끝낸 반죽을 슬립벨트에 옮길 때 주의할 점을 알려 주세요.
=반죽을 슬립벨트에 옮길 때의 주의점

최종 발효(2차 발효)를 끝낸 반죽은 부풀어 있으면서 동시에 느슨해서 몹시 약한 상태이기 때문에 조심히 다뤄야 합니다.

주로 하드 계열 빵인 하스브레드는 「슬립벨트」라는 전용 오븐 이동 장치에 최종 발효(2차 발효)를 끝낸 반죽을 올려서 오븐에 넣습니다.

최종 발효(2차 발효) 후 반죽을 천이나 발효 바구니 등에서 슬립벨트로 옮길 때는 주의해야 할 점이 몇 가지 있습니다.

슬립벨트 위에 반죽을 올리고 오븐에 넣은 후 슬립벨트를 앞으로 끌어당기면 반죽이 오븐 바닥 위에 얹어지는 구조

반죽을 조심해서 다루기

최종 발효(2차 발효)가 끝난 반죽은 부풀어 있으면서 동시에 글루텐이 연화되어 느슨한 상태이기 때문에 무척 약합니다.

오븐 팬에 올려 최종 발효(2차 발효)시킨 빵은 그대로 오븐에 넣을 수 있어서 반죽이 망가지는 경우가 적지만, 천이나 발효 바구니 등을 써서 최종 발효(2차 발효)시킨 것은 슬립벨트로 옮기는 과정에서 조심히 다루지 않으면 꺼지거나 찌그러집니다.

같은 간격으로 나열하기

반죽을 나열할 위치와 간격에도 주의해야 합니다. 오븐 팬에 성형한 반죽을 올릴 때처럼 반죽이 오븐 안에서 부풀어 오르는 것을 고려해야 합니다.

또 반죽 사이의 간격이 일정하지 않으면 구울 때도 차이가 생길 수 있습니다. 슬립벨트를 오븐 팬이라고 생각하고 반죽을 나열하는 것이 포인트입니다.

참고 ⇒ Q208

반죽을 슬립벨트로 옮기는 방법

천 위에 올린 막대 모양 반죽

반죽 양쪽 천의 주름을 펴고 반죽 이동용 판을 반죽 옆에 댄다.

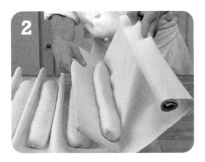

판을 쥐지 않은 손으로 천을 들어 올리면서 반죽의 위아래를 뒤집듯이 판 위에 올린다.

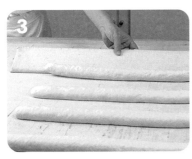

반죽의 위아래가 원래대로 돌아오도록, 판에 올린 반죽을 낮은 위치에서 다시 뒤집어 슬립벨트로 옮긴다.

천에 올린 둥근 반죽

크기가 큰 반죽은 두 손으로, 작은 반죽은 한 손으로 잡고 슬립벨트로 옮긴다.

낮은 위치에서 발효 바구니를 뒤집어 반죽을 슬립벨트로 옮긴다.

프랑스빵에 칼집(쿠프)을 넣는 이유는 무엇인가요?
=프랑스빵의 쿠프

빵 전체에 균일한 볼륨을 주고 열이 잘 미치게 하기 위해서입니다. 또 빵의 디자인이 되기도 합니다.

프랑스어로 「쿠프」는 칼집을 뜻해서, 반죽에 칼집을 넣는 것을 「쿠프를 넣다」라고 말합니다.

바게트 등 하드 계열 빵에 쿠프를 넣는 이유는 크게 두 가지입니다.

하나는 빵에 볼륨을 주기 위해서입니다. 최종 발효(2차 발효)가 끝난 반죽에 칼집을 넣으면 탱탱하던 반죽 표면이 칼집 부분에서 끊깁니다. 이처럼 의도적으로 반죽의 긴장이 약한 부분을 만들어두면 구울 때 그 부분이 벌어지면서 빵 전체의 팽창을 돕고, 볼륨도 균일하게 되기 쉽습니다. 또한 칼집을 넣음으로써 열도 더 잘 미치게 됩니다.

또 하나는 디자인입니다. 칼집을 넣은 부분이 벌어지면서 생기는 모양의 아름다움과 재미는 그 빵의 개성이 됩니다.

한편 쿠프 넣는 방법에 따라 빵의 볼륨도 달라집니다. 쿠프가 벌어져 볼륨이 크게 나온 빵은 크럼이 부드럽고 식감이 가벼우며, 볼륨을 억제한 빵은 크럼의 결이 조밀하고 묵직한 식감이 됩니다.

프랑스빵에 쿠프를 넣을 때 주의할 점을 알려 주세요.
=쿠프 넣는 방법

알맞게 최종 발효(2차 발효)된 반죽에 날이 잘 드는 쿠프나이프로 한 번에 당기듯이 칼집을 넣습니다.

프랑스빵에는 막대 모양, 둥근 모양 등 여러 가지 형태와 크기가 있어서 쿠프를 넣는 방법도 다양합니다. 여기서는 막대 모양 프랑스빵을 예로 들어서 쿠프 넣을 때의 주의점을 살펴보겠습니다.

최종 발효(2차 발효)를 알맞게 한다

가장 중요한 것은 최종 발효(2차 발효)를 알맞게 하는 것입니다. 발효가 부족한 반죽은 잘 부풀지 않는 만큼, 비록 쿠프는 잘 들어가더라도 빵으로서는 제대로 완성되지 않습니다. 반대로 발효 과다인 반죽의 경우는 지나치게 부푸는 바람에 칼집을 넣을 때 반죽이 꺼지거나 찌그러질 수 있어서, 이것 역시 완성품의 질이 떨어집니다.

반죽 표면을 다듬는다

최종 발효(2차 발효)가 적절히 끝나고 슬립벨트에 옮긴 반죽은 표면이 약간 촉촉한 상태입니다. 그래서 쿠프를 넣을 때 쿠프나이프가 걸려서 잘 썰리지 않는 경우가 많아요. 그러니 축축한 표면이 조금 마를 때까지 얼마간 놔둬야 합니다. 그렇다고 너무 말라버려 반죽 표면이 딱딱해져도 칼날이 제대로 들어가지 않아 역시 칼이 걸리는 원인이 될 수 있으니 주의해야 합니다.

잘 드는 나이프를 쓴다

최종 발효(2차 발효)가 끝난 반죽은 느슨한 상태입니다. 그 표면에 쿠프나이프로 칼집을 넣는 것은 반죽에 큰 부담이 가는 작업입니다. 나이프가 잘 들지 않으면 빵에 불필요한 힘이 가해지면서 꺼지거나 찌그러질 수 있습니다. 잘 드는 쿠프나이프를 준비하는 것 역시 쿠프를 잘 넣을 수 있는 요소입니다.

나이프는 가볍게 쥐고 한 번에 자른다

쿠프나이프는 힘을 너무 넣지 않도록 가볍게 쥡니다. 칼날을 반죽 표면에 약간 눕히듯이 대고, 필요한 길이(거리)를 한 번에 스윽 선을 긋듯이 자릅니다. 깊이 는 빵의 크기와 두께, 발효 상태에 따라 다소 차이가 있는데, 기본적으로는 껍질을 얇게 깎는 이미지로 너무 깊이 넣지 않게 주의합니다.

반죽의 끝에서 끝까지 쿠프를 넣는다

빵의 모양과 크기와 두께에 따라 쿠프의 수와 기울 기 등은 달라집니다. 바게트처럼 막대 모양 반죽인 경우에는 쿠프의 길이를 통일해서 전체적으로 균등 하게 넣습니다. 두 번째 이후부터 쿠프를 넣을 때는 앞 쿠프 길이의 뒤쪽 1/3 정도가 다음 쿠프의 앞쪽

1/3 정도와 겹치게, 평행으로 어긋나게 칼집을 넣습니다.

한편 둥근 모양 빵에 쿠프를 넣을 때는 칼날을 반죽 표면에 수직으로 세워서 쿠프의 길이(거리)를 한 번에 긋습니다.

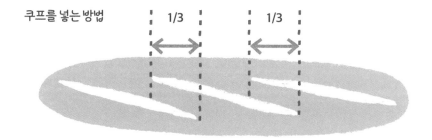

쿠프를 넣는 방법   1/3   1/3

쿠프 넣는 방법에 따라 빵이 달라지나요 ?
=쿠프 넣는 법에 따른 완성품의 차이

쿠프가 벌어지면서 볼륨과 식감도 달라집니다 .

반죽을 깎듯이 칼날을 눕혀서 넣는 것과 반죽에 수직으로 넣는 것, 또 반죽의 중심선에서 기울이는 정도 등 쿠프를 넣는 방식에 따라 완성품의 볼륨과 모양이 달라집니다. 특히 프랑스빵처럼 막대 모양으로 성형한 빵은 쿠프를 넣는 방식에 따른 차이가 현저히 나타납니다.

칼집을 넣는 각도의 차이

반죽 표면을 깎듯이 칼집을 넣는 기본 바게트

단면

쿠프가 입체적으로 벌어진다

반죽에 수직으로 칼집을 넣는 바게트

단면

쿠프가 평면으로 벌어진다

단면 비교

반죽 표면을 깎듯이 칼집을 넣은 것(왼쪽)은 잘 부푼다. 기공은 균일하지 않고 크기가 다양하다. 반죽에 수직으로 칼집을 넣은 것(오른쪽)은 조금 덜 부풀었고 기공은 고른 편이고 크기가 작다

쿠프의 기울기(빵의 중심선에서 기울어진 정도)에 따른 차이

쿠프의 기울기가 기본보다 작은지 큰지에 따라 구운 후 쿠프의 간격(띠)이 좁거나 넓어집니다.

기본 기울기(왼쪽), 기울기가 작은 것(중간), 기울기가 큰 것(오른쪽)

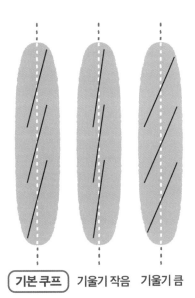

기본 쿠프   기울기 작음   기울기 큼

쿠프가 겹쳐진 정도에 따른 차이

쿠프의 겹쳐진 정도가 기본보다 많은지 적은지에 따라 쿠프의 길이가 달라지고 구웠을 때의 모양도 다릅니다.

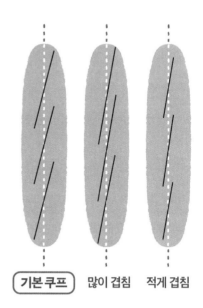

기본적으로 겹쳐진 정도(왼쪽), 많이 겹친 것(중간), 적게 겹친 것(오른쪽)

기본 쿠프   많이 겹침   적게 겹침

 프랑스빵의 표면은 왜 금이 가 있나요?
Q =프랑스빵의 크러스트에 금이 생기는 이유
228

 오븐 안과 실내 온도 차이로 크럼의 기포가 수축하면 구우면서 굳어진 크러
A **스트에 금이 가는 것입니다.**

빵 반죽은 오븐으로 가열하면 부풀어 오르다가 이윽고 중심까지 열이 미치며 전체적으로 굳어집니다. 다 구운 빵은 오븐에서 꺼내면 서서히 식는데, 꺼낸 직후는 급격한 온도 차이에 조금 쪼그라듭니다.

이는 주로 열에 팽창했던 반죽 속 기체(탄산가스와 수증기 등)가 온도가 내려가면서 수축해 일어나는데, 그때 소프트 계열 빵은 표면(크러스트)에 약간 주름이 생깁니다.

그런데 프랑스빵은 소프트 계열 빵에 비해 반죽 배합이 린한데다 고온에 오래 구워서 크러스트가 건조하고 두꺼워집니다. 또 유연성도 별로 없어서 주름이 생기는 대신 금이 가는 것입니다.

한편 오븐에서 충분히 부풀지 못하면 금이 생기지 않을 때도 있습니다. 또 반대로 볼륨이 너무 나오면 크러스트가 얇고 물러지기 쉬워서 깊고 가는 금이 생기고, 빵이 식었을 때 크러스트가 벗겨질 수도 있습니다.

식빵을 구운 후 틀에서 꺼내려고 했더니 크러스트가 푹 꺼져버렸어요. 왜 그런 건가요?
=식빵의 케이빙

갓 구운 빵의 수증기 때문에 크러스트가 젖으면 옆면 중심부가 움푹 들어가 버립니다.

구운 후 빵의 옆면이 안으로 푹 들어가는 현상을 「케이빙(caving)」이라고 합니다. 케이빙은 식빵 등 높이가 있는 틀에 넣어 굽는 대형 빵에서 많이 볼 수 있는 현상입니다.

케이빙이 일어난 식빵

빵은 열이 닿는 바깥쪽부터 구워지고 서서히 안쪽까지 열이 미치면서 이윽고 전체적으로 구워집니다. 다 구운 직후의 빵은 크러스트가 건조해서 빵 전체를 단단히 받쳐주고 있습니다. 그런데 크럼(빵의 속살)에는 뜨거운 수증기가 많이 남아 있어서 호화(α화)한 전분 등이 아직 부드러워, 빵 반죽 구조가 약한 상태입니다. 이 빵 내부 수증기는 크러스트를 통해 밖으로 빠져나갑니다. 그래서 크러스트는 시간이 지나면 그 수증기를 흡수해 부드러워집니다.

식빵 등 깊은 틀을 사용하는 빵은 옆면과 바닥 면이 틀에 덮인 상태에서 구워집니다. 그래서 수증기가 밖으로 빠져나가기 어렵고 크러스트도 건조하기 어렵습니다. 또 자기 무게 때문에 중심부가 푹 들어가기 쉬운 상태입니다. 그래서 구운 후 식히는 동안 크러스트가 많은 수증기를 흡수하며 부드러워져서 빵 전체를 받쳐줄 수 없게 되고, 옆면 중앙 부근이 안으로 꺾이듯 푹 들어가는 케이빙 현상이 일어나는 것입니다.

틀을 작업대에 때려서 반죽 속 뜨거운 수증기를 방출시키고 신속하게 빵을 꺼낸다

이를 방지하려면 구운 직후 틀째 작업대 위에 대고 쳐서 충격을 줘서 틀에서 빵을 바

로 빼야 합니다. 그렇게 해서 빵 안에 가득차있는 수증기를 조금이라도 빨리 밖으로 빼내면 케이빙 현상이 일어나기 어려워집니다.

다만 틀을 작업대에 친다고 해도 빵 내부에서 방출된 수분을 크러스트가 흡수하는 빵의 성질 및 식빵의 형태 때문에 케이빙을 완전히 막기란 어렵다고 할 수 있습니다. 또 케이빙은 최종 발효(2차 발효) 과다로 반죽이 지나치게 느슨해지거나 덜 구웠을 경우에도 일어나기 쉬우니 그런 부분에도 주의를 기울여야 합니다.

 완성한 빵을 잘 보관하려면 어떻게 해야 하나요?
=빵 보관 방법

 실내에서 자연스럽게 25℃ 정도가 될 때까지 식히고 나면 마르지 않게 비닐봉지 등에 넣어 보관합니다.

다 구운 빵은 오븐에서 꺼내면 여분의 수분과 알코올을 방출하면서 식어갑니다. 기본적으로는 실온(25℃ 정도) 까지 식습니다. 강한 바람을 맞게 하는 등 급격하게 온도를 내리면 빵 표면에 주름이 생기거나 퍼석한 식감이 될 수 있으니 조심해야 합니다.

식기 전에 비닐봉지에 넣은 식빵. 봉지 안쪽에 물방울이 맺혀 있다

소프트 계열 빵은 필요한 수분이 증발하지 않게 비닐봉지 등에 넣는데, 식기도 전에 넣어버리면 봉지 안에 물방울이 맺혀서 빵이 축축해지고 곰팡이 등이 번식하기 쉬우니 주의해야 합니다.

 갓 구운 빵은 어떻게 해야 잘 자를 수 있나요?
=갓 구운 빵을 자르는 타이밍

 빵은 식어야 잘 자를 수 있습니다.

이제 막 오븐에서 꺼낸 뜨거운 빵은 크러스트는 수분이 증발해서 딱딱하고 크럼은 뜨거운 수증기를 많이 머금고 있어 무척 부드러운 상태입니다. 이 빵을 칼로 썰려고 하면 크러스트는 잘 썰리지 않고 크럼 부분은 경단처럼 찌그러집니다.

빵을 잘 써는 비결은 빵을 실온(25℃ 정도)까지 자연스럽게 식힌 후에 써는 것입니다. 빵 내부의 수증기는 식는 동안 크러스트를 통해 어느 정도 밖으로 빠져나갑니다. 그러면서 딱딱하던 크러스트가 알맞게 부드러워지고. 지나치게 부드러웠던 크럼도 알맞은 굳기가 됩니다.

요리의 경우 「갓 구웠다」라고 하면 「방금 만든」, 「따끈따끈」이라는 이미지가 있어서 그것만으로도 「맛있겠다」는 생각이 듭니다. 하지만 빵은 이 「갓 구워서 따끈따끈」이 곧, 「맛있다」로 이어지는 경우는 거의 없습니다. 갓 구워 따끈따끈한 빵은 먹어 보면 씹는 느낌도, 입 안에서 녹는 느낌도 좋지 않습니다.

빵은 뜨거울 때 억지로 썰어봐야 절대 맛있어지지 않으니, 썰기 편하고 맛있게 먹을 수 있게 식은 다음에 썰도록 합니다.

산형 식빵을 뜨거울 때 썰면 크럼은 경단처럼 찌그러지거나(왼쪽), 빵 자체가 찌그러진다(오른쪽)

 빵을 보관할 때 냉장과 냉동 중 어느 쪽이 좋나요?
=빵 보관 방법

232

 ## 그 자리에서 다 먹지 못할 것 같으면 냉동시킵니다.

웬만하면 빨리 다 먹는 것이 가장 좋지만 도저히 다 못 먹을 것 같다면 냉동 보관해야 맛있게 먹을 수 있습니다.

빵은 상온에서 보관하면 시간이 지나면서 점점 수분이 증발해 딱딱해지고 탄력을 잃고 맙니다. 이는 가열로 호화(α화)한 전분이 시간이 지나면서 수분이 빠져나가고 노화 (β화)가 진행되기 때문에 일어나는 현상입니다(→**Q38**).

냉장고 온도대인 0~5℃는 전분의 노화가 진행되기 쉽고 또 냉장하면 곰팡이가 생길 가능성도 있으므로 보관하기에 좋지 않습니다.

냉동할 때 주의할 것은 온도가 내려가는 동안 빵이 수분을 잃지 않도록 비닐 랩 등으로 단단히 감싸고 최대한 빨리 냉동 온도(-20℃)까지 낮추는 것입니다. 온도 관리가 잘되는 냉동실이라면 장기 보관도 가능합니다.

 봉지 안에 실리카겔 건조제를 넣어야 하는 빵과 넣을 필요가 없는 빵의 차이점을 알려 주세요.
=건조제의 필요성

 습기에 약한 그리시니, 러스크 등 이외에는 건조제를 넣지 않아도 됩니다.

일반적으로 빵은 건조시키지 않습니다. 빵은 마르면 딱딱해지고 풍미, 식감이 나빠지기 때문에 건조제를 넣지 않고 보관합니다.

건조제를 넣는다면 수분을 확실히 없애고 만드는 이탈리아 빵 그리시니처럼 바삭바삭한 식감의 빵이나 러스크처럼 건조시켜 굽고 건조 상태를 유지하고 싶은 제품입니다.

하지만 이것들도 너무 오래 건조제를 넣어두면 지나치게 건조하는 바람에 제품이 부서지기 쉽고, 깨지거나 식감이 나빠질 수 있습니다.

Chapter 7

테스트
베이킹
(TEST BAKING)

테스트 베이킹(Test Banking)은 원래 오븐 등으로 구운 제품(주로 빵, 과자류)의 제조 전반과 관련된 시험, 실험을 가리킵니다. 실제로는 빵이나 과자 등의 샘플을 굽는 과정 또는 구운 후의 특성을 알아보고 그 결과를 통해 재료의 선택, 배합, 제법, 반죽에서 굽기에 이르기까지 조정합니다. 또 새로운 기기(오븐 등)를 처음에 쓰기 전에 실제로 빵과 과자 등을 구워보고 그 오븐의 특성(윗불과 아랫불이 어떻게 전달되는지, 바닥 위치에 따라 굽기에 차이가 나는지 등)을 알아보는 것도 테스트 베이킹이라고 합니다.

이번 장에서는 3장과 4장에서 설명했던 제빵의 기본 재료와 부재료에 대해, 각 재료의 특징과 특성을 더 깊이 알아보기 위하여 사진으로 보고 비교할 수 있는 조건을 설정해서 테스트 베이킹을 해보았습니다. 이를테면 기본 배합(오른쪽 페이지)에 특정 재료를 배합해서 그 양의 차이와 종류에 따라 반죽이 어떻게 달라지는지를 시간 경과별로 살펴보고 각각 심플하게 둥근 빵으로 구워서 외관 및 내부 상태를 관찰해보며 그것들을 통해 알 수 있는 결과와 고찰을 정리했습니다.

또한 이번 장의 테스트 베이킹은 재료의 특징과 특성을 아는 것이 목적으로, 항목마다 동일한 조건으로 시험하는 것을 우선했습니다. 그래서 반죽에 반드시 최적인 상태가 아닌 것도 있습니다. 실제 빵을 만들 때는 이 결과만큼 확실한 차이가 나지 않을 수도 있지만, 이번 장을 읽고 각 재료의 특징과 특성에 대한 이해가 깊어진다면 앞으로 재료를 선택하고 배합량을 검토하는 데 있어서 반드시 도움이 될 것입니다.

기본 배합과 공정

이번 장의 테스트 베이킹에서 쓴 반죽의 배합과 공정은 아래와 같습니다.
테스트의 주제에 따라 재료와 배합을 적절하게 바꿉니다.

※아래의 표와 테스트 베이킹 내용에 표기된 수치(%)는 전부 베이커스 퍼센트

반죽의 배합	강력분(단백질 함유량 11.8%, 회분 함유량 0.37%)	100%
	설탕(그래뉴당)	5%
	소금(염화나트륨 함유량 99.0%)	2%
	탈지분유	2%
	쇼트닝	6%
	생이스트(레귤러 타입)	2.5%
	물	65%
믹싱 **(버티컬 믹서)**	1단 3분⇒2단 2분⇒3단 4분⇒유지 투입⇒2단 2분⇒3단 9분	
반죽 완료 온도	26℃	
발효(1차 발효) **조건**	시간 60분/ 온도 28~30℃ / 습도 75%	
분할	비커용 300g, 둥근 빵용 60g	
벤치 타임	15분	
최종 발효(2차 발효) **조건**	시간 50분/ 온도 38℃ / 습도 75%	
굽기 조건	시간 12분/ 온도 윗불 220℃ , 아랫불 180℃	

밀가루의 글루텐 양과 성질

강력분과 박력분의
글루텐 함유량과 성질을 비교한다

사용한 밀가루 강력분(단백질 함유량 11.8%)
박력분(단백질 함유량 7.7%)

글루텐의 추출

1 밀가루 100g에 물 55g을 넣고 잘 반죽한다.

2 물을 담은 볼에 넣고 주물러 헹군다. 도중에 몇 차례 물을 갈면서 물이 혼탁해지지 않을 때까지 계속한다.

3 물에 씻겨 나간 것은 전분과 그 밖의 수용성 물질. 남은 것이 글루텐(습윤 글루텐).

4 무게, 잡아당겼을 때 늘어나는 형태를 비교 검증한다.

글루텐의 가열 건조

1 습윤 글루텐을 윗불 220℃, 아랫불 180℃에서 30분 가열한다.

2 그 후 온도를 서서히 낮추면서 6시간 동안 건조시킨다.

3 부푸는 정도, 무게를 비교 검증한다.

※이 간단한 실험은 정확도는 떨어지지만 강력분과 박력분의 글루텐 양과 성질의 차이를 시각적으로 파악할 수 있다

글루텐 양의 비교(반죽 155g 중에서)

	강력분	박력분
습윤 글루텐	37g	29g
건조 글루텐	12g	9g

글루텐의 추출

강력분

박력분

결과

강력분으로 한 반죽에서 습윤 글루텐이 더 많이 추출되었다(강력분은 37g, 박력분은 29g). 또 강력분의 글루텐은 점성과 탄력이 강하고 잡아당기는 데 힘이 필요하며 잘 끊기지 않는다. 반면 박력분의 글루텐은 점성과 탄력이 약해서 쉽게 늘어난다.

고찰

강력분은 글루텐의 바탕이 되는 단백질 함유량이 박력분보다 많아서 글루텐이 많이 형성된다. 또 강력분에 함유된 단백질에서 생기는 글루텐은 박력분에서 생기는 글루텐보다 점성과 탄력이 강하다는 특징이 있어서 잡아당겼을 때 강도도 더욱 강하다.

글루텐의 가열 건조

강력분

박력분

결과

습윤 글루텐을 가열 건조했더니 강력분 쪽이 박력분 쪽보다 더 크게 부풀었다.

고찰

습윤 글루텐을 가열하면 글루텐 속 물이 수증기가 되거나 혼입한 공기가 열에 팽창해서 부피가 커지기 때문에 가열 후에는 둘 다 젖었을 때보다 부푼다. 강력분의 글루텐은 박력분의 글루텐보다 점성과 탄력이 강하기 때문에 습윤 글루텐 속 물과 공기의 부피가 커지면서 그것들을 붙잡은 상태로 유연하게 늘어나 전체적으로 더 크게 부푼다.

TEST BAKING 2

밀가루의 단백질 함유량

{ 밀가루의 단백질 함유량이
반죽의 팽창과 제품에 미치는 영향을 검증한다 }

사용한 밀가루 강력분(단백질 함유량 11.8%)
박력분(단백질 함유량 7.7%)

비커 테스트 기본 배합·공정(**p.365**) 중에서 밀가루를 위의 양으로 변경한 두 종류 반죽을 만들어 비교
검증했다.

둥근 빵 테스트 위의 두 종류 반죽으로 구운 둥근 빵으로 비교 검증했다.

비커 테스트

	강력분	박력분
발효 전		
60분 후		

결과(60분 후)
강력분 반죽이 박력분 반죽보다 더 크게 부풀었다.

고찰
강력분은 박력분보다 단백질 함유량이 많아 점성과 탄력이 더 강한 글루텐이 많이 형성된다. 그리하여 믹싱 후 박력분 반죽은 끈적거리지만 강력분 반죽은 매끄럽게 잘 뭉쳐져 있고 발효할 때 잘 부푼다. 이 점을 통해 밀가루의 단백질 함유량이 많을수록 이스트(빵효모)가 만든 탄산가스를 잡아두는 능력이 뛰어나다는 사실을 알 수 있다.

둥근빵 테스트

	강력분	박력분
최종 발효 전		
최종 발효 후		
구운 후		
단면		

결과 (구운 후)

강력분 반죽은 위쪽으로 부풀었다. 볼륨이 크고 크럼의 기공도 컸다. 반면 박력분 반죽은 볼륨이 조금 적고 바닥이 살짝 편평했다. 반죽이 처지게 구워졌고 기공도 작은 느낌이다.

고찰

최종 발효(2차 발효) 전 강력분 반죽은 수축한 상태이고, 최종 발효(2차 발효)할 때도 부풀어서 볼륨이 커지고 높이도 높다. 반면 박력분 반죽은 최종 발효(2차 발효) 전과 후 모두 처져 있다. 그것이 구운 후 결과물로도 이어진다. 이 사실을 통해 밀가루의 단백질 함유량이 많을수록 반죽 팽창이 뛰어나다는 사실을 알 수 있다.

TEST
BAKING
3

밀가루의 회분 함유량 ①

{ 밀가루의 회분 함유량이 밀가루의 색깔에
미치는 영향을 검증한다(펙커 테스트) }

사용한 밀가루 밀가루 A(회분 함유량 0.44%)
밀가루 B(회분 함유량 0.55%)
밀가루 C(회분 함유량 0.65%)

펙커 테스트 방법

1 비교하고 싶은 밀가루를 유리판이나 플라스틱판 위에 올린 후 전용 주걱을 써서 가루를 꾹 누른다.

2 판째 물에 담가 10~20초 두었다가 올린다.

3 물에 담갔다 뺀 직후에는 가루에 수분이 균등하게 미치지 못하므로 잠시 기다렸다가 가루 색깔을 비교한다.

물에 담그기 전	물에 담갔다 뺀 직후	잠시 기다린 후
A B C	A B C	A B C

각각 왼쪽부터 밀가루 **A**, 밀가루 **B**, 밀가루 **C**

결과

시간이 지나면서 색깔 차이가 또렷이 드러났다. 최종적으로 밀가루 **A**는 약간 크림색이 감도는 흰색, 밀가루 **B**는 연한 황토색, **C**는 연갈색(흩어져 있는 진한 색깔의 입자를 확인할 수 있다)이 되었다.

고찰

밀가루의 회분 함유량이 많을수록 펙커 테스트에서는 색깔이 어둡고 진하게 나온다는 사실을 알 수 있다.

TEST
BAKING
4

밀가루의 회분 함유량 ②

{ 밀가루의 회분 함유량이 크럼 색깔에
미치는 영향을 검증한다 }

사용한 밀가루   밀가루 A(회분 함유량 0.44%)
밀가루 B(회분 함유량 0.55%)]
밀가루 C(회분 함유량 0.65%)

기분 배합·공정(**p.365**)에서 밀가루를 위 표기대로 변경한 세 종류의 반죽으로 구운 둥근 빵으로 비교 검증했다.

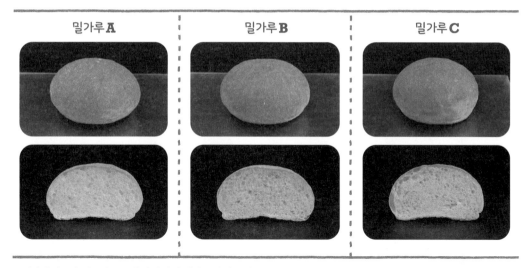

| 밀가루 **A** | 밀가루 **B** | 밀가루 **C** |

※이번에 사용한 반죽에는 크럼 색에 직접 영향을 미치는 것(달걀노른자, 흑설탕 등의 색깔을 입히는 설탕, 버터와 마가린 등 유지)은 사용하지 않았다. 크럼 색에 차이가 생기는 요소를 밀가루의 회분 함유량만으로 제한했다.

※같은 배합의 빵이라도 잘 부풀지 않고 크럼의 기공이 조밀하면 색깔이 어둡게 느껴지는데, 이 테스트 베이킹은 밀가루의 단백질 함유량이 색깔에 미치는 영향을 검증하는 것이기에 빵이 부푸는 정도가 색깔에 미치는 영향에 대해서는 언급하지 않았다

결과
밀가루 **A**의 크럼은 밝은 크림색이 나왔다. **B**는 살짝 노란빛을 띠고 **C**는 약간 칙칙한 노란색으로 색깔이 어둡다.

고찰
밀가루의 회분 함유량이 적을수록 구운 후 빵의 크럼 색깔이 밝아진다는 것을 알 수 있다. 하지만 그 차이는 펙커 테스트(왼쪽 페이지 참조)로, 밀가루 자체의 색깔 차이를 비교했을 때만큼 분명하게 드러나지는 않는다. 프랑스빵처럼 부재료가 들어가지 않는 린한 배합의 반죽이라면 이 테스트 베이킹처럼 밀가루의 색깔 차이가 곧 크럼의 색깔 차이로 나타난다고 볼 수 있다.

TEST
BAKING
5

생이스트의 배합량

{ 생이스트의 배합량이 반죽의 팽창과
제품에 미치는 영향을 검증한다 }

사용한 이스트(빵효모)   생이스트(일반 타입)

비커 테스트   기본 배합·공정(**p.365**) 중에서 생이스트의 배합량을 변경한 네 종류 반죽으로 비교 검증했
다. **C**(배합량 3%)를 평가 기준으로 한다.

둥근 빵 테스트   위의 네 종류 반죽으로 구운 둥근 빵으로 비교 검증했다.

비커 테스트

노란색 부분(**C**)은 평가 기준

	A (생이스트 0%)	**B** (생이스트 1%)	**C** (생이스트 3%)	**D** (생이스트 5%)
발효 전				
60분 후				

결과(60분 후)

A는 전혀 부풀지 않았다. **B**, **C**, **D**는 이스트의 배합량
이 늘어날수록 반죽이 크게 부풀었다.

고찰

이번에 테스트한 배합량(0~5%)은 이스트의 양이 늘
어날수록 알코올 발효에 의한 탄산가스 발생량이 많아
지고 반죽은 크게 부풀었다. 다만 배합량이 3배, 5배
가 된다고 해서 단순히 팽창력도 3배, 5배가 되는 것
은 아니다.

둥근빵 테스트

노란색 부분(**C**)은 평가 기준

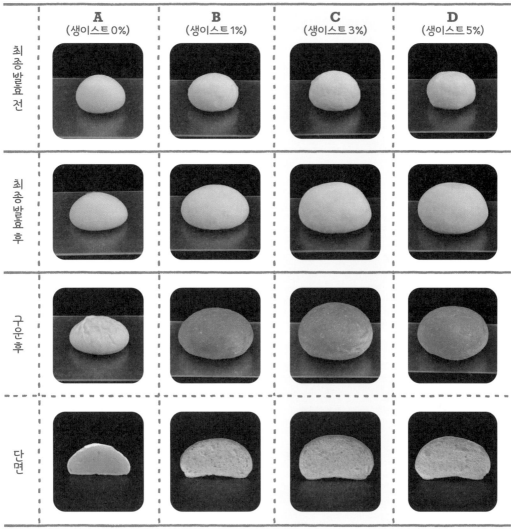

	A (생이스트 0%)	**B** (생이스트 1%)	**C** (생이스트 3%)	**D** (생이스트 5%)
최종발효 전				
최종발효 후				
구운 후				
단면				

결과 (구운 후)

A는 열이 잘 미치지 않아 덜 구워졌고 부풀지도 않았다. 구움색도 없고 크러스트도 생기지 않았다. **B**는 덜 부풀었고 크러스트는 조금 진한 색. 크럼은 기공이 빽빽한 느낌이고 씹었을 때 식감이 나쁘다. **C**는 잘 부풀었고 크러스트의 구움색도 양호하다. 크럼은 기공이 세로로 잘 늘어났고, 씹는 식감도 좋다. **D**는 빵이 처졌고 바닥이 크며 위로 볼륨이 없다. 크러스트 색깔은 연하다. 씹는 식감이 나쁘고 퍼석하다.

고찰

배합량 3%(**C**)가 구웠을 때 상태가 가장 좋았다. 0%, 1%(**A**, **B**)는 발효 부족이고 5%(**D**)는 알코올 발효가 과하다. 알코올 발효가 과하면 탄산가스가 많이 발생하고 그만큼 알코올도 많이 생긴다. 그래서 반죽의 연화가 진행되어 탱탱함이 사라지고, 가스를 붙잡아 부풀 수가 없다. 또 이스트(빵효모)가 과도하게 알코올 발효하면 반죽 속 당분을 그만큼 많이 쓰기 때문에 구움색이 나오기 어렵다. 3배, 5배가 된다고 해서 단순히 팽창력도 3배, 5배가 되는 것은 아니다.

TEST
BAKING
6

인스턴트 드라이이스트의 배합량

인스턴트 드라이이스트의 배합량이
반죽의 팽창과 제품에 미치는 영향을 검증한다

사용한 이스트(빵효모)　인스턴트 드라이이스트(저당용)

비커 테스트　기본 배합·공정**(p.365)** 중에서 생이스트를 위의 이스트로 변경하고 배합량을 바꾼 네 종류
반죽으로 비교 검증했다. **C**(배합량 1.5%)를 평가 기준으로 한다.

둥근 빵 테스트　위의 네 종류 반죽으로 구운 둥근 빵으로 비교 검증했다.

비커 테스트
노란색 부분(**C**)은 평가 기준

	A (인스턴트 드라이이스트 0%)	**B** (인스턴트 드라이이스트 0.5%)	**C** (인스턴트 드라이이스트 1.5%)	**D** (인스턴트 드라이이스트 2.5%)
발효 전				
60분 후				

결과(60분 후)
A는 전혀 부풀지 않았다. **B, C, D**는 인스턴트 드라이
이스트의 배합량이 늘어날수록 믹싱 때는 반죽이 수축
하고, 발효 때는 반죽이 크게 부풀었다.

고찰
이번에 테스트한 배합량(0~2.5%)은 이스트의 양이
늘어날수록 알코올 발효에 의한 탄산가스 발생량이 많
아지고 반죽은 크게 부풀었다. 다만 배합량이 3배, 5
배가 된다고 해서 단순히 팽창력도 3배, 5배가 되는
것은 아니다. 또 인스턴트 드라이이스트에 첨가되어
있는 비타민 C가 글루텐의 연결을 강화하기 때문에 배
합량이 늘어날수록 반죽이 수축하고 굳는다.

둥근 빵 테스트

노란색 부분(**C**)은 평가 기준

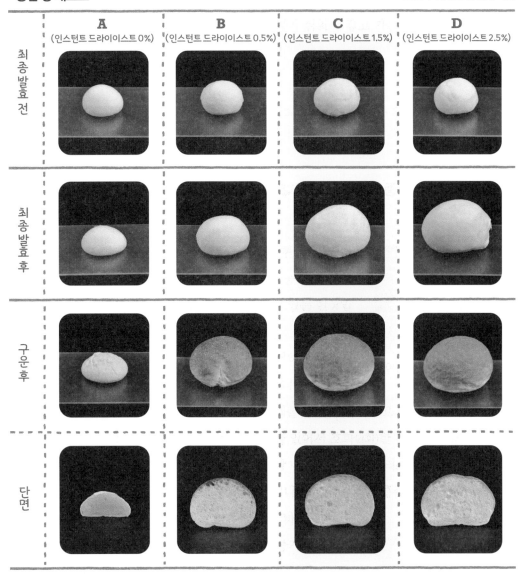

	A (인스턴트 드라이이스트 0%)	**B** (인스턴트 드라이이스트 0.5%)	**C** (인스턴트 드라이이스트 1.5%)	**D** (인스턴트 드라이이스트 2.5%)
최종발효전				
최종발효후				
구운후				
단면				

결과 (구운 후)

A는 덜 구워졌고 부풀지 않았다. 구움색도 없고 크러스트도 생기지 않았다. **B**는 덜 부풀었고 크러스트는 조금 진하다. 크럼은 기공이 빽빽한 느낌이고 씹었을 때 식감이 나쁘다. **C**는 잘 부풀었고 크러스트의 구움색도 양호하다. 크럼은 기공이 세로로 잘 늘어났고, 씹는 식감도 좋다. **D**는 잘 부풀기는 했지만 크러스트 색깔이 다소 연하다. 크럼의 기공이 거칠고 씹는 식감은 좋지만 건조하다. 깨지고 금이 가 있는 것을 볼 수 있다.

고찰

배합량 1.5%(**C**)는 발효 상태가 좋고 가장 양호하게 완성되었다. 인스턴트 드라이이스트에 첨가되어 있는 비타민 C가 글루텐의 연결을 강화하기 때문에 발효 부족으로 반죽이 끈적거릴 0.5%(**B**)나 발효 과다로 반죽이 처질 2.5%(**D**)라도 반죽이 수축하고 다 구웠을 때는 깨진 부분과 금을 볼 수 있었다. 또 2.5%에서는 과도한 알코올 발효로 반죽 속 당분이 많이 쓰였기 때문에 구움색도 잘 나오지 않았다.

이스트의 내당성

이스트의 종류 및 설탕의 배합량이
반죽의 팽창에 미치는 영향을 검증한다

사용한 이스트(빵효모)
생이스트(일반 타입) 2.5%
인스턴트 드라이이스트(저당용) 1%
인스턴트 드라이이스트(고당용) 1%

※발효력이 같도록 생이스트와 인스턴트 드라이이스트의 배합 비율을 조정

기본 배합·공정(**p.365**) 중에서 생이스트를 위의 이스트로 변경하고 각각 설탕의 배합량까지 바꿔서 총 12종류의 반죽으로 비교 검증했다. **B**(설탕 5%)를 평가 기준으로 한다.

비커 테스트 : 생이스트(일반 타입)

노란색 부분(**B**)은 평가 기준

	A (설탕 0%)	**B** (설탕 5%)	**C** (설탕 10%)	**D** (설탕 20%)
발효 전				
60분 후				

결과(60분 후)

B가 가장 많이 팽창했고, **C**, **A**, **D** 순으로 적게 팽창했다.

고찰

이번 테스트의 배합에서 생이스트의 발효력은 설탕 배합량이 5%(**B**)가 절정이고 설탕 배합량이 많을수록 떨어진다. 또 배합량이 0%(**A**)이라도 발효한다는 것을 알 수 있다. 그밖에는 설탕 배합량이 늘어날수록 글루텐이 약간 생기기 어렵고 반죽이 부드러워진 것도 팽창에 적지 않은 영향을 미쳐서 배합량 20%인 **D**가 0%인 **A**보다도 팽창이 덜 된 것으로 보인다.

비커 테스트 : 인스턴트 드라이이스트 (저당용)

노란색 부분(**B**)은 평가 기준

비커 테스트 : 인스턴트 드라이이스트 (고당용)

노란색 부분(**B**)은 평가 기준

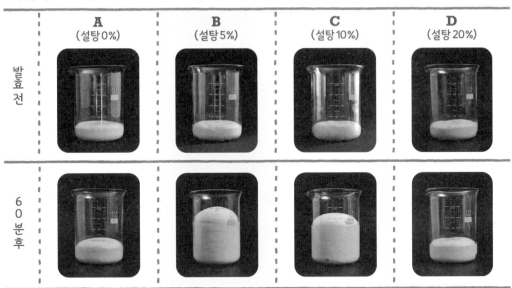

결과(60분 후)

저당용에서는 **B**가 가장 많이 팽창했고, **A**는 **B**만큼은 아니지만 그래도 잘 부풀었다. **C**, **D**는 설탕 배합량이 늘어날수록 덜 팽창했다. 고당용에서도 **B**가 제일 많이 팽창했고 **C**는 **B**만큼은 아니지만 잘 부풀었으며 나머지는 **D**, **A** 순으로 덜 팽창했다.

고찰

저당용에서는 설탕 배합량 0~5%(**A**, **B**), 고당용에서는 5~10%(**B**, **C**)에서 발효가 활발해졌다. 일반적으로 저당용은 0~10%, 고당용은 5% 이상 사용할 수 있지만 둘 다 사용 가능한 5~10% 범위에서는 이번 배합의 경우 고당용을 쓰는 쪽이 더 잘 부푼다는 것을 알 수 있다.

TEST
BAKING
8

물의 pH

{ 물의 pH가 반죽의 팽창과
제품에 미치는 영향을 검증한다 }

사용수
물 A(pH6.5)
물 B(pH7.0)
물 C(pH8.6)

비커 테스트
기본 배합·공정(**p.365**)대로 만들고, 사용한 물의 pH가 다른 세 종류 반죽으로 비교 검증했다. **B**(pH7.0)를 평가 기준으로 한다.

둥근 빵 테스트
위의 세 종류 반죽으로 구운 둥근 빵으로 비교 검증했다.

비커 테스트

노란색 부분(**B**)은 평가 기준

	A (pH6.5)	**B** (pH7.0)	**C** (pH8.6)
발효 전			
60분 후			

결과(60분 후)
차이가 거의 보이지 않지만 **B**(pH7.0)가 약간 더 많이 부풀었다.

고찰
물의 pH에 따른 차이는 발효 단계에서는 눈으로 봤을 때 거의 없다.

둥근빵 테스트

	A (pH6.5)	**B** (pH7.0)	**C** (pH8.6)
최종 발효 전			
최종 발효 후			
구운 후			
단면			

결과(구운 후)

A와 **B**는 잘 부풀었고 특별한 차이는 보이지 않았다. **C**는 조금 편평하고 볼륨이 작으며 단면을 보면 크럼의 기공이 거칠고 크게 형성되어 있다.

고찰

pH6.5(**A**)나 pH7.0(**B**)인 반죽이 잘 부푸는 이유는 빵 반죽이 pH5.0~6.5인 약산성을 유지할 때 이스트(빵효모)가 활발하게 작용하면서 글루텐이 적절하게 연화해 잘 늘어나기 때문이다. 반면 pH8.6(**C**)은 반죽의 pH가 알칼리성으로 기울어 이스트의 발효력이 약함과 동시에 필요 이상으로 글루텐이 강화되어 반죽이 잘 늘어나지 않게 된다. 그래서 완성품의 볼륨이 작다.

TEST
BAKING
9

물의 경도

{ 물의 경도가 반죽의 팽창과
제품에 미치는 영향을 검증한다 }

사용수
물 A(경도 0mg/ℓ) 물 C(경도 300mg/ℓ)
물 B(경도 50mg/ℓ) 물 D(경도 1500mg/ℓ)

비커 테스트
기본 배합·공정(**p.365**)대로 만들고, 사용한 물의 경도가 다른 네 종류 반죽으로 비교 검증했다. **B**(경도 50mg/ℓ)를 평가 기준으로 한다.

둥근 빵 테스트
위의 네 종류 반죽으로 구운 둥근 빵으로 비교 검증했다.

비커 테스트
노란색 부분(**B**)은 평가 기준

	A (경도 0mg/ℓ)	**B** (경도 50mg/ℓ)	**C** (경도 300mg/ℓ)	**D** (경도 1500mg/ℓ)
발효 전				
60분 후				

결과(60분 후)
A가 가장 많이 팽창했고 **B**, **C**, **D**는 특별히 차이가 보이지 않았다.

고찰
믹싱 때는 물의 경도가 높아질수록 반죽이 수축했다. 경도 0mg/ℓ의 물을 쓴 **A**는 글루텐의 연결이 약하고 반죽이 끈적하며 부풀어도 다시 늘어져 버린다. 여기서는 비커가 반죽을 받쳐주고 있어서 처지는 모습을 알아보기 어렵다.

둥근빵테스트

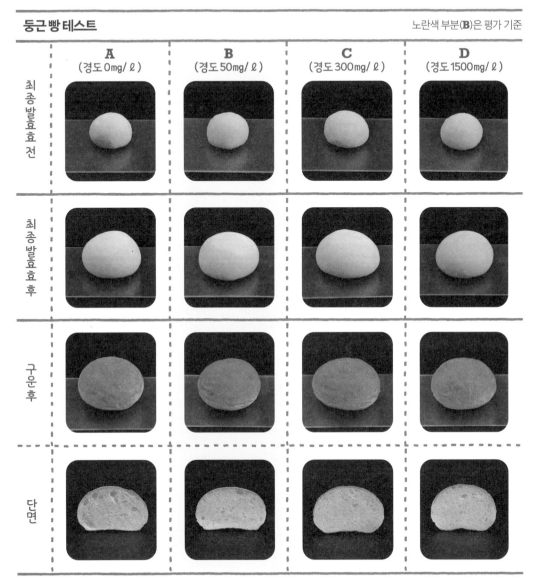

	A (경도 0mg/ℓ)	**B** (경도 50mg/ℓ)	**C** (경도 300mg/ℓ)	**D** (경도 1500mg/ℓ)
최종발효 전				
최종발효 후				
구운 후				
단면				

결과 (구운 후)

A는 단면을 보면 살짝 처진 느낌으로 구워진 것을 알 수 있다. 또 기포막이 망가져서 이어진 큰 기공이 많이 보인다. 식감이 나쁘고 끈적하다. **B**는 크럼의 기공 상태가 양호하고 씹는 느낌도 좋다. **C**는 약간 높이가 있고 기공은 조금 작지만 씹는 느낌은 좋다. **D**는 높이가 있고 볼륨은 다소 작다. 기공은 작고 크럼의 탄력이 강하며 씹는 느낌은 좋지 않다.

고찰

경도 50mg/ℓ인 **B**는 완성품의 상태가 양호하다. 그보다 경도가 낮은 **A**는 글루텐의 연결이 약해서 반죽이 끈적거리고 처진 느낌으로 완성되었다. 반대로 경도가 높은 **C**, **D**는 글루텐이 수축해서 반죽이 딱딱해지고 크럼의 기공은 작다. 하지만 이번에 테스트한 경도의 범위에서는 모두 먹기에 큰 문제가 없었다.

소금의 배합량

{ 소금의 배합량이 반죽의 팽창과
제품에 미치는 영향을 검증한다 }

사용한 소금 소금(염화나트륨 함유량 99.0%)

전란 ※반죽의 굳기를 통일하기 위해 달걀 배합량의 차이를 물의 배합량으로 조정

비커 테스트 기본 배합·공정(**p.365**) 중 소금의 배합량을 변경한 네 종류 반죽으로 비교 검증했다. **C**(배합량 2%)를 평가 기준으로 하지만, **B**(1%)도 적정 범위 내에 있다.

둥근 빵 테스트 위의 네 종류 반죽으로 구운 둥근 빵으로 비교 검증했다.

비커 테스트

노란색 부분(**C**)은 평가 기준

	A (소금 0%)	**B** (소금 1%)	**C** (소금 2%)	**D** (소금 4%)
발효 전				
60분 후				

결과(60분 후)

소금 배합량이 많아질수록 덜 부풀었다.

고찰

소금 배합량이 많을수록 이스트(빵효모)의 알코올 발효가 억제되어 탄산가스 발생량이 적어진다. 또 소금 에 의해 글루텐이 강화되어 반죽이 수축되고 탄력이 늘어난다. 한편 배합량 0%인 **A**는 글루텐의 연결이 약해 끈적이는 반죽이 되고, 원래라면 부푼 반죽이 처져야 하는데 여기서는 비커가 받쳐줘서 부풀기를 유지하고 있다.

둥근 빵 테스트

노란색 부분(**C**)은 평가 기준

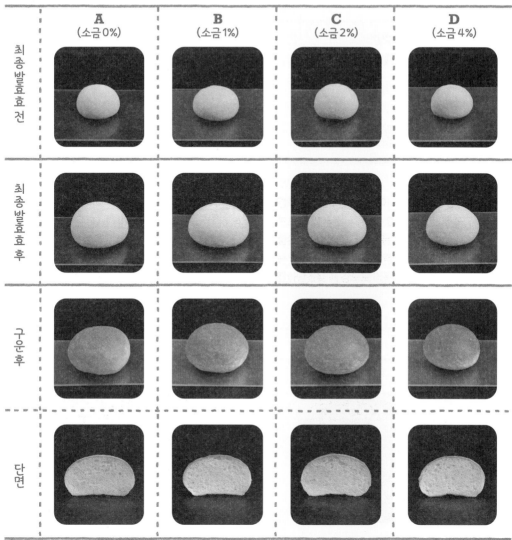

	A (소금 0%)	B (소금 1%)	C (소금 2%)	D (소금 4%)
최종발효효전				
최종발효효후				
구운후				
단면				

결과 (구운 후)

A는 구움색이 연하고 처진 느낌. 씹는 느낌은 좋지만 퍼석하고 짠맛이 없으며 풍미가 나쁘다. **B**는 큰 문제는 없다. 씹는 느낌은 좋지만 조금 퍼석하다. 조금 싱겁고 풍미는 좋다. **C**는 크럼의 상태, 탄력, 짠맛, 풍미 모두 좋다. **D**는 볼륨이 작고 구움색은 조금 진하다. 크럼의 기공은 조밀하고 탄력이 강해 씹는 느낌이 별로 좋지 않다. 짠맛이 몹시 강하고 풍미가 나쁘다.

고찰

배합량 2%인 **C**가 가장 상태가 좋고 1%인 **B**도 알맞은 범위 내에 있다. 소금은 글루텐의 구조를 조밀하게 하거나 알코올 발효를 알맞게 억제하는 작용을 한다. 그래서 소금을 배합하지 않은 **A**는 글루텐이 생기기 어려운 데다가 알코올 발효 과다로 발생한 알코올에 의해 반죽이 연화해서 처진다. 반대로 적정량을 웃도는 **D**는 반죽의 탄력이 과하게 강하다. 또 소금에 의해 알코올 발효가 억제되어 잘 부풀지 않을 뿐만 아니라 반죽 속에 당류가 남아 구움색도 진하게 나왔다.

소금의 염화나트륨 함유량

{ 소금의 염화나트륨 함유량이
반죽의 팽창과 제품에 미치는 영향을 검증한다 }

사용한 소금
소금 A(염화나트륨 함유량 71.6%)
소금 B(염화나트륨 함유량 99.0%)

비커 테스트
기본 배합·공정(**p.365**) 중 염화나트륨 함유량이 다른 소금 두 종류로 만든 반죽으로 비교
검증했다.

둥근 빵 테스트
위의 두 종류 반죽으로 구운 둥근 빵으로 비교 검증했다.

비커 테스트

	A (염화나트륨 71.6%)	**B** (염화나트륨 99.0%)
발효 전		
60분 후		

결과(60분 후)
A가 **B**보다 조금 더 부풀었지만 차이는 크지 않다.

고찰
함유량 71.6%(**A**) 쪽이 약간 더 부풀었지만 이는 소금
의 염화나트륨 함유량이 적어서 반죽의 연결이 약하고
이스트(빵효모)가 만드는 탄산가스에 의해 반죽이 밀
리기 쉬워서다.

둥근빵테스트

	A (염화나트륨 71.6%)	**B** (염화나트륨 99.0%)
최종발효 전		
최종발효 후		
구운 후		
단면		

결과 (구운 후)

단면을 보면 **A**는 약간 편평하고 기공은 조금 크다. **B**는 높이가 있고 위로 늘어났으며 크럼의 기공 상태가 양호하다.

고찰

사용한 소금의 염화나트륨 함유량이 많은 쪽이 반죽이 잘 부푸는 것은 염화나트륨에 의해 글루텐이 강화되고 탄산가스를 붙잡아 부풀 수 있기 때문이다.

TEST
BAKING
12

설탕의 배합량

설탕의 배합량이 반죽의 팽창과
제품에 미치는 영향을 검증한다

사용한 감미료 그래뉴당

비커 테스트 기본 배합·공정(**p.365**) 중 설탕의 배합량을 변경한 네 종류 반죽으로 비교 검증했다. **B**(배합량 5%)를 평가 기준으로 한다.

둥근 빵 테스트 위의 네 종류 반죽으로 구운 둥근 빵으로 비교 검증했다.

비커 테스트
노란색 부분(**B**)은 평가 기준

	A (그래뉴당 0%)	**B** (그래뉴당 5%)	**C** (그래뉴당 10%)	**D** (그래뉴당 20%)
발효 전				
60분 후				

결과(60분 후)
B가 가장 많이 팽창했고 **C**, **A**, **D** 순으로 덜 부풀었다.

고찰
이번에 테스트한 배합에서 생이스트의 발효력은 설탕 배합량이 5%인 **B**가 절정이고, 설탕 배합량이 늘어나면서 점점 약해진다. 또 설탕 배합량이 0%인 **A**도 발효한다는 사실을 알 수 있다.

둥근 빵 테스트

노란색 부분(**B**)은 평가 기준

	A (그래뉴당 0%)	**B** (그래뉴당 5%)	**C** (그래뉴당 10%)	**D** (그래뉴당 20%)
최종발효 전				
최종발효 후				
구운 후				
단면				

결과 (구운 후)

A는 볼륨이 작고 처져서 편평하다. 크럼의 기공은 조밀하고 씹는 느낌이 좋지 않다. **B**는 잘 부풀었고 크러스트의 색깔도 좋다. 크럼의 기공은 양호. 씹는 느낌이 좋고 단맛은 적은 편. **C**는 잘 부풀었고 높이가 있지만 문제 되지 않는다. 색깔은 다소 진하다. 크럼의 결도 씹는 느낌도 양호하고 적당한 단맛. **D**는 편평하고, 제대로 익혀지지 않았으며 표면에 주름이 잡혀 있다. 크럼의 기공이 조밀하고 씹는 느낌이 나쁘며 단맛이 강하다.

고찰

이번에 테스트한 배합에서는 설탕 배합량이 5%(**B**)가 제일 양호하게 구워졌고 10%(**C**)도 적정 범위 내에 있다. 20%(**D**)는 반죽 속 삼투압이 너무 높아서 이스트(빵효모)의 세포 내 수분을 빼앗겨 발효력이 떨어진다. 또 설탕 배합량이 많을수록 아미노카르보닐(메일라드) 반응과 캐러멜화 반응이 촉진되어 구움색이 나오기 쉽다.

TEST
BAKING
13

감미료의 종류

{ 감미료의 차이가 반죽의 팽창과
제품에 미치는 영향을 검증한다 }

사용한 감미료
그래뉴당   흑설탕
상백당(일본식 백설탕)   벌꿀
수수설탕

비커 테스트
기본 배합·공정(**p.365**) 중 감미료를 위에 표시된 것으로 하고 배합량을 10%로 바꾼 다섯
종류 반죽으로 비교 검증했다. **A**(그래뉴당)를 평가 기준으로 한다.

둥근 빵 테스트
위의 다섯 종류 반죽으로 구운 둥근 빵으로 비교 검증했다.

비커 테스트
노란색 부분(A)은 평가 기준

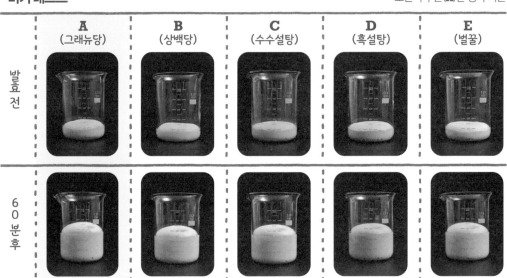

	A (그래뉴당)	**B** (상백당)	**C** (수수설탕)	**D** (흑설탕)	**E** (벌꿀)
발효 전					
60분 후					

결과(60분 후)
그리 큰 차이는 보이지 않지만 **A**가 가장 많이 팽창했
고 이어서 **C**와 **E**가, 그다음에 **B**와 **D**가 이어진다.

고찰
감미료의 종류에 따른 특징적인 차이는 발효 단계에서
는 느낄 수 없다.

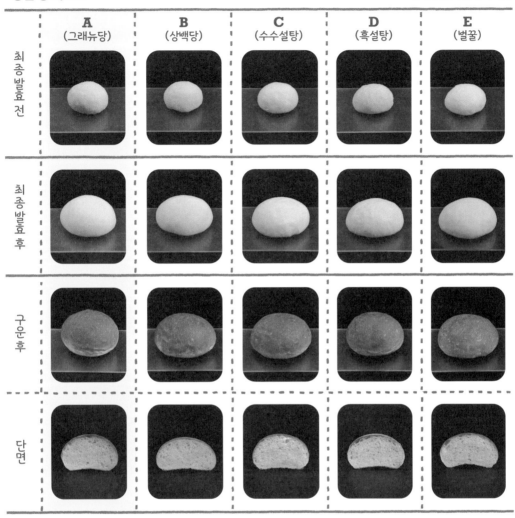

	A (그래뉴당)	**B** (상백당)	**C** (수수설탕)	**D** (흑설탕)	**E** (벌꿀)
최종발효 전					
최종발효 후					
구운 후					
단면					

결과 (구운 후)

감미료 중에서 그래뉴당(**A**)은 깔끔하고 무난하다. 상백당(**B**)은 깊은 맛이 있고 단맛이 분명히 느껴진다. 수수설탕(**C**), 흑설탕(**D**), 벌꿀(**E**)은 저마다 감미료의 풍미가 느껴진다. 모양, 식감은 **A**의 경우 부푸는 정도와 크러스트의 색깔, 크럼 상태, 씹는 느낌 전부 좋다. **B**는 약간 편평하지만 크러스트와 크럼에 문제가 없다. 촉촉하고 씹는 느낌은 다소 좋지 않다. **C**는 **A**와 거의 비슷하다. **D**는 크러스트가 조금 검고, 크럼은 다소 밀도가 높으며 씹는 느낌도 썩 좋지 않다. **E**는 색깔은 양호하나 기공이 조밀한 느낌으로 씹는 느낌이 좋지 않다.

고찰

감미료에 따라 단맛의 느낌, 깊이와 풍미가 다르며 저마다 특징이 있다. **B~E**는 성분으로 보면 모두 그래뉴당보다 전화당이 많다. 전화당은 흡습성과 보수성이 있으므로 특히 **B**, **D**, **E**는 반죽이 끈적하고 조금 퍼져서 편평하게 구워지거나 크럼이 촉촉하거나 식감이 나빠진다.

TEST
BAKING
14

유지의 종류

유지의 차이가 반죽의 팽창과
제품에 미치는 영향을 검증한다

사용한 유지　　버터
　　　　　　　　쇼트닝
　　　　　　　　샐러드유

비커 테스트　　기본 배합·공정(**p.365**) 중 유지를 왼쪽에 표시된 것으로 하고 배합량을 10%로 바꾼 세 종류 반죽으로 비교 검증했다.

둥근 빵 테스트　　위의 세 종류 반죽으로 구운 둥근 빵으로 비교 검증했다.

비커 테스트

	A (버터)	B (쇼트닝)	C (샐러드유)
발효 전			
60분 후			

결과(60분 후)
B가 제일 많이 부풀고 이어서 **C**, **A** 순이다.

고찰
쇼트닝은 빵을 부풀고, 부드러우면서 씹는 느낌이 좋게 하는 성질이 있어서 쇼트닝을 쓴 반죽(**B**)은 잘

부풀었다. 쇼트닝과 샐러드유의 성분은 지질 100%지만, 버터는 지질이 83%이고 나머지는 거의 수분이다. 버터를 배합한 반죽(**A**)이 쇼트닝이나 샐러드유 반죽(**C**)만큼 부풀지 않았던 것은 유지 자체의 배합량이 같더라도 함유된 지질의 양이 적었기 때문이라는 이유도 있다.

둥근빵테스트

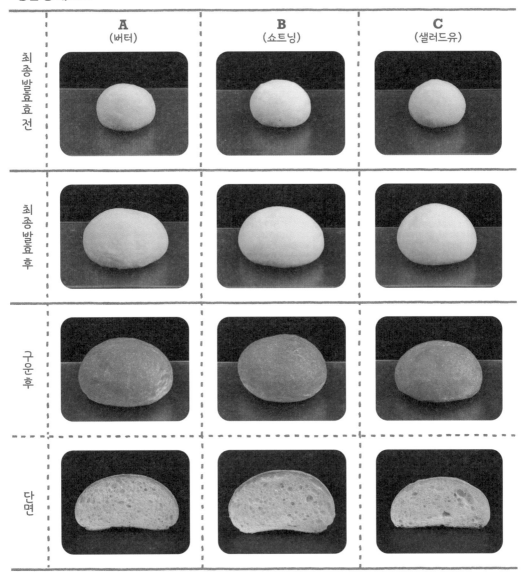

	A (버터)	B (쇼트닝)	C (샐러드유)
최종발효 전			
최종발효 후			
구운 후			
단면			

결과(구운 후)

A는 크러스트, 크럼 모두 양호하게 나왔고 촉촉하면서 부드러우며, 버터 특유의 풍미가 있다. **B**도 크러스트의 색깔과 크럼 상태 모두 좋고, 부드러움을 느낄 수 있다. 씹는 맛이 무척 좋으며 깔끔하고 맛에 특징이 없다. **C**는 **A**와 **B**에 비해 팽창이 빨리 끝나고 볼륨이 나오지 않으며 편평하다. 구움색은 다소 연하고, 기공이 불규칙하게 꽉 차 있다. 씹는 느낌이 나쁘며 기름지다.

고찰

버터(**A**)와 쇼트닝(**B**) 반죽의 상태는 둘 다 양호하다. 맛과 풍미의 면에서 버터는 좋은 향기와 깊이가 있고 쇼트닝은 맛과 향이 없으며, 샐러드유(**C**)는 기름진 느낌이 든다. 식감 면에서 버터는 부드럽고, 쇼트닝은 부드러움과 씹는 맛이 좋다는 것을 알 수 있다. 샐러드유는 액상 유지로 가소성이 없기 때문에 팽창이 잘되지 않고 볼륨감 없이 완성된다.

버터의 배합량

{ 버터의 배합량이 반죽의 팽창과
제품에 미치는 영향을 검증한다 }

사용한 유지 버터

비커 테스트 기본 배합·공정(**p.365**) 중 버터의 배합량을 변경한 네 종류 반죽으로 비교 검증했다. **B**(배합량 5%)를 평가 기준으로 한다.

둥근 빵 테스트 위의 네 종류 반죽으로 구운 둥근 빵으로 비교 검증했다.

비커 테스트
노란색 부분(**B**)은 평가 기준

	A (버터 0%)	**B** (버터 5%)	**C** (버터 10%)	**D** (버터 20%)
발효 전				
60분 후				

결과(60분 후)

B가 가장 많이 팽창했고 **C**, **D**, **A** 순으로 팽창량이 감소했다.

고찰

반죽에 버터를 넣으면 글루텐 막을 따라 퍼지고 반죽이 잘 늘어나게 되면서 팽창하기 쉬워진다. 이번에 테스트한 배합은 배합량 5%(**B**)의 볼륨이 가장 크다. 배합량이 그 이상 늘어나면 반죽이 늘어져서 볼륨이 작아진다.

둥근빵 테스트

노란색 부분(**B**)은 평가 기준

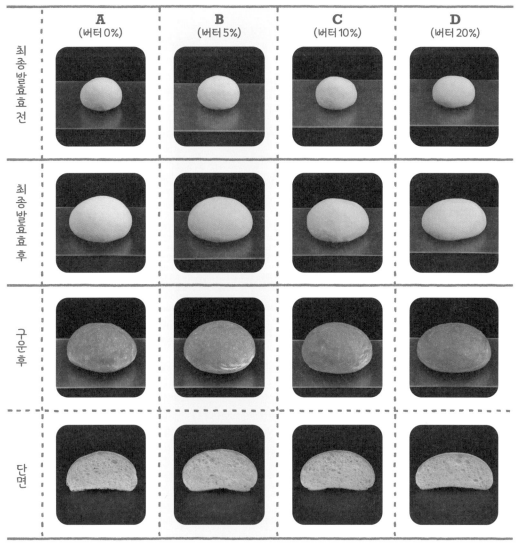

	A (버터 0%)	**B** (버터 5%)	**C** (버터 10%)	**D** (버터 20%)
최종발효 전				
최종발효 후				
구운 후				
단면				

결과 (구운 후)

A는 약간 편평하고 구움색이 얼룩덜룩하다. 크럼의 기공이 조밀하고 씹는 느낌이 좋지 않다. **B**는 가장 잘 부풀었고 크러스트의 색깔이 양호하다. 기공은 조금 거칠지만 씹는 느낌이 좋고 풍미도 좋다. **C**는 **B**보다 덜 부풀었고 색깔은 조금 진하지만 양호한 상태. 크럼은 촉촉하고 부드러우며 버터의 풍미를 확실하게 느낄 수 있다. **D**는 처지고 편평하다. 색깔이 가장 진하다. 크럼의 기공은 조밀하고 탄력과 씹는 느낌이 나쁘며 버터의 풍미가 가장 강하다.

고찰

버터를 배합하는 것은 버터 특유의 풍미를 주는 것이 가장 큰 목적이다. 또 버터를 넣으면 더 잘 부풀고 부드러워진다. 하지만 버터의 배합량이 5%(**B**)를 크게 넘어서면 반죽이 처지고 잘 부풀지 않으며 식감도 나빠진다. 그 밖에 버터의 배합량이 늘어나면 아미노카르보닐(메일라드) 반응과 캐러멜화 반응이 촉진되어 구움색이 잘 나오게 된다.

달걀의 배합량 ① (전란)

전란의 배합량이 반죽의 팽창과
제품에 미치는 영향을 검증한다

사용한 달걀 전란 ※반죽의 굳기를 통일하기 위해 달걀 배합량의 차이를 물의 배합량으로 조정

비커 테스트 기본 배합·공정(**p.365**)에 전란을 추가했다. 그리고 배합량을 변경하고 기본 공정대로 만든
세 종류 반죽으로 비교 검증했다. **A**(첨가량 0%)를 평가 기준으로 한다.

둥근 빵 테스트 위의 세 종류 반죽으로 구운 둥근 빵으로 비교 검증했다.

비커 테스트

노란색 부분(**A**)은 평가 기준

	A (전란 0%)	**B** (전란 5%)	**C** (전란 15%))
발효 전			
60분 후			

결과(60분 후)
큰 차이는 느껴지지 않는다.

고찰
전란을 넣은 반죽은 신장성(잘 늘어나는 성질)이 좋
아지고 이스트(빵효모)가 만드는 탄산가스의 포집력
도 높아지는데, 배합량이 많을수록 효과가 나오는 것
은 아니다.

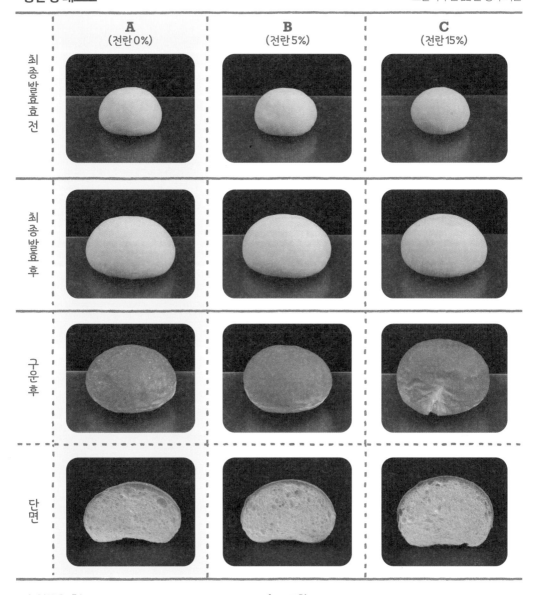

	A (전란 0%)	**B** (전란 5%)	**C** (전란 15%)
최종발효 전			
최종발효 후			
구운 후			
단면			

결과(구운 후)

A는 크러스트의 색깔이 양호하고 크럼은 약간 퍼석하지만 씹는 느낌은 좋다. **B**도 크러스트는 **A**와 동일하다. 크럼은 약간 노란빛을 띤다. 씹는 느낌이 좋고 달걀의 풍미를 조금 느낄 수 있다. **C**는 볼륨이 크고 아래쪽에 금이 간 상태로 구워졌다. 구움색은 조금 진하고, 크럼의 색깔은 노랗다. 기공은 다소 조밀한 느낌. 탄력이 강하고 씹는 느낌도 나쁘다. 달걀의 풍미를 느낄 수 있다.

고찰

달걀의 배합량이 늘어날수록 볼륨이 커진다. 이는 달걀노른자의 유화성에 의해 반죽이 잘 늘어나게 되면서 팽창하기 쉬워져서이기도 하고, 반죽이 가열로 팽창할 때 달걀흰자가 열 응고해서 조직을 고정하기 때문이기도 하다. 하지만 전란의 배합량이 늘어나면 그만큼 달걀흰자의 양도 늘어나고, 그 결과 빵이 딱딱해져서 **C**처럼 금이 가고 만다.

달걀의 배합량 ② (달걀노른자·달걀흰자)

{ 달걀노른자 또는 달걀흰자의 첨가량이
반죽의 팽창과 제품에 미치는 영향을 검증한다 }

사용한 달걀
달걀노른자
달걀흰자
※반죽의 굳기를 통일하기 위해 달걀 배합량의 차이를 물의 배합량으로 조정

비커 테스트
기본 배합·공정(**p.365**)에 달걀노른자 또는 달걀흰자를 추가했다. 그리고 배합량을 변경하고 기본 공정대로 만든 네 종류 반죽으로 비교 검증했다.

둥근 빵 테스트
위의 네 종류 반죽으로 구운 둥근 빵으로 비교 검증했다.

비커 테스트

	A (달걀노른자 5%)	**B** (달걀노른자 15%)	**C** (달걀흰자 5%)	**D** (달걀흰자 15%)
발효 전				
60분 후				

결과(60분 후)
A와 **C**는 잘 부풀었다. 그다음으로 잘 부푼 것은 **B**인데 약간 덜 봉긋하다. **D**는 잘 부풀지 않았고 별로 봉긋하지도 않다.

고찰
달걀노른자와 달걀흰자는 반죽의 연결과 신장성에 영향을 미친다. 배합량이 많으면 반죽이 끈적거리게 되지만, 믹싱해서 반죽이 잘 뭉쳐져 있다면 이스트(빵효모)가 만드는 가스를 포집한다는 사실을 알 수 있다.

둥근 빵 테스트

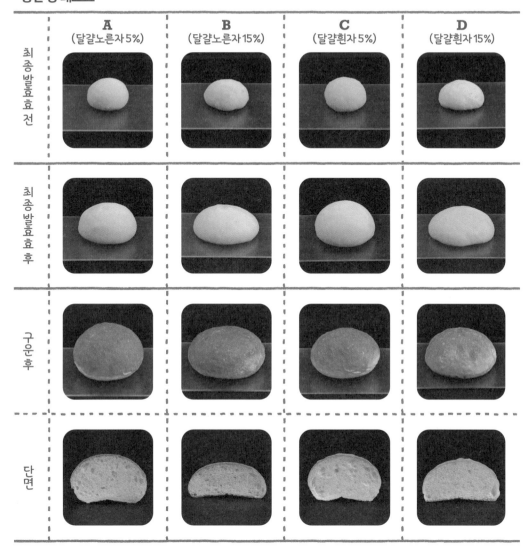

	A (달걀노른자 5%)	**B** (달걀노른자 15%)	**C** (달걀흰자 5%)	**D** (달걀흰자 15%)
최종 발효 전				
최종 발효 후				
구운 후				
단면				

결과 (구운 후)

A는 잘 부풀었고 크러스트 색깔도 양호하다. 크럼은 약간 노란 빛을 띤다. 약간 퍼석하지만 씹는 느낌이 좋은 편이고 달걀의 풍미를 느낄 수 있다. **B**는 편평하다. 크럼 색깔이 노랗고 퍼석하지만 씹는 느낌은 좋다. 달걀의 풍미를 강하게 느낄 수 있다. **C**는 높이가 있게 구워졌다. 크러스트의 구움색은 조금 연하다. 크럼은 하얀 기가 돌고 기공이 조밀하며 탄력이 있고 씹는 느낌은 좋지 않다. 달걀의 풍미가 느껴지지 않는다. **D**는 처지고 편평하며 크러스트의 색깔이 좋지 않다. 크럼이 하얗고 기공이 조밀하다. 씹는 느낌이 몹시 나쁘지만, 부드럽고 풍미는 달걀이 전혀 느껴지지 않는다.

고찰

빵에 달걀을 배합하는 주요 목적은 달걀의 풍미를 첨가하고 달걀노른자의 색깔을 살리며, 영양분을 강화하기 위해서다. 달걀노른자의 배합량이 5%인 **A**가 잘 부풀었던 것은 달걀노른자를 배합하면 유화 작용으로 반죽이 잘 늘어나고 결이 고와지는 등의 작용을 하기 때문이다. 또 달걀흰자는 가열하면 젤리처럼 굳기 때문에 구울 때 팽창하는 반죽의 뼈대를 보강한다. 하지만 달걀노른자도 흰자도 **B**와 **D**처럼 배합량이 지나치게 많으면 반죽이 처져서 잘 팽창하지 않는다.

TEST
BAKING
18

탈지분유의 배합량

{ 탈지분유의 배합량이 반죽의 팽창과
제품에 미치는 영향을 검증한다 }

사용한 유제품   탈지분유

비커 테스트   기본 배합·공정(**p.365**) 중에서 탈지분유의 배합량을 변경한 세 종류 반죽으로 비교 검증했
다. **B**(배합량 2%)를 평가 기준으로 한다.

둥근 빵 테스트   위의 세 종류 반죽으로 구운 둥근 빵으로 비교 검증했다.

비커 테스트

노란색 부분(**B**)은 평가 기준

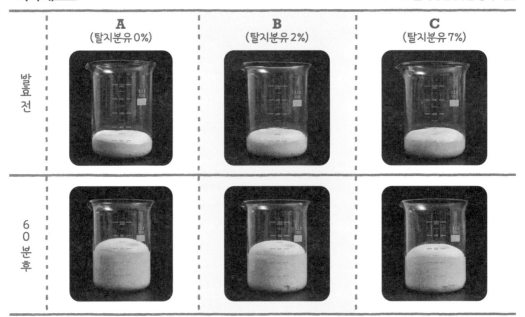

A
(탈지분유 0%)

B
(탈지분유 2%)

C
(탈지분유 7%)

발효 전

60분 후

결과(60분 후)
탈지분유의 배합량이 많을수록 반죽이 덜 팽창했다.

고찰
반죽은 발효가 진행될수록 pH가 떨어져 산성이 되고,

이스트(빵효모)가 더욱 활발하게 활동할 수 있는 pH
에 가까워진다. 하지만 빵에 탈지분유를 배합하면 완
충 작용으로 pH가 떨어지기 어려워져서 이스트의 발
효력이 떨어진다. 또 글루텐이 연화하기 어려워져서
반죽이 딱딱해지는 것도 잘 부풀지 않는 요인이다.

	A (탈지분유 0%)	**B** (탈지분유 2%)	**C** (탈지분유 7%)
최종발효 전			
최종발효 후			
구운 후			
단면			

결과(구운 후)

A는 편평하다. 구움색은 약간 연하고 퍼석거리는 식감. **B**는 좋은 상태로 구워졌다. **C**는 높이가 있고 크러스트의 색이 진하다. 크럼의 기공은 조밀하고 탄력이 강하며 우유의 풍미를 강하게 느낄 수 있다.

고찰

탈지분유의 배합량이 늘어날수록 이스트(빵효모)의 발효력이 떨어져서 반죽이 수축하고 높이는 높아진다. 또 구움색은 진해지는데 이는 탈지분유에 함유된 유당이 이스트의 알코올 발효에 쓰이지 않고 구울 때까지 반죽에 남아 아미노카르보닐(메일라드) 반응과 캐러멜화 반응을 촉진하기 때문이다. 탈지분유는 주로 풍미를 늘리고 영양분을 강화하는 목적으로 배합하는데, 구움색이 진해진다는 이점도 있다. 하지만 배합량이 많으면 완충 작용으로 제빵성이 나빠진다는 사실을 이해하고 쓰는 것이 바람직하다.

유제품의 종류

{ 유제품의 종류 차이가 반죽의 팽창과
제품에 미치는 영향을 검증한다 }

사용한 유제품 탈지분유
우유

※탈지분유와 우유에 함유된 수분 이외의 성분이 동등해지도록 환산해서, 우유에 함유된 수분은 배합하는 물의 양을 줄여서 조정

비커 테스트 기본 배합·공정(**p.365**) 중에서 유제품을 위의 것으로 하고 수분량을 조정한 두 종류 반죽으로 비교 검증했다.

둥근 빵 테스트 위의 두 종류 반죽으로 구운 둥근 빵으로 비교 검증했다.

비커 테스트

	A (탈지분유 7%)	**B** (우유 70%)
발효 전		
60분 후		

결과(60분 후)
A쪽이 아주 조금 더 팽창했다.

고찰
탈지분유는 우유에서 지방분과 수분을 대부분 제거한 것이다. 그래서 탈지분유와 우유의 수분량 차이를 조정한 이번 테스트에서는 부풀기에 그리 큰 차이가 나지 않았다.

둥근 빵 테스트

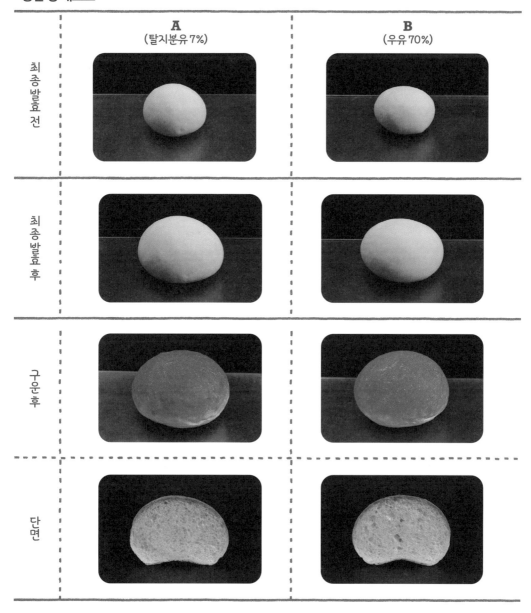

	A (탈지분유 7%)	**B** (우유 70%)
최종발효 전		
최종발효 후		
구운 후		
단면		

결과 (구운 후)

A는 잘 부풀었고 높이도 있다. 구움색은 조금 진하다. 크럼의 기공이 촘촘하고 탄력이 강하며 우유의 풍미를 느낄 수 있다. **B**는 **A**와 거의 비슷하게 부풀지만 크럼의 기공이 약간 거칠며 씹는 느낌이 좋다. **A**보다 우유의 풍미를 강하게 느낄 수 있다.

고찰

유제품을 빵에 쓰는 주요 목적은 풍미를 키우고 영양분을 주기 위해서다. 또 구울 때 아미노카르보닐(메일라드) 반응과 캐러멜화 반응이 촉진되어 빵에 구움색이 나오기 쉽다는 것도 유제품을 배합한 빵의 특징이다. 여기서는 탈지분유와 우유를 비교했는데, 우유의 풍미 강도 이외에는 완성된 빵에 큰 차이가 없다는 사실을 알 수 있다.

〈인용 문헌〉

◎현미경 사진(36, 275쪽)…나가오 세이치(長尾精一): 밀의 기능과 과학(小麦の機能と科学)/아사쿠라쇼텐/ 2014/ 101쪽

◎현미경 사진(39쪽)…나가오 세이치(長尾精一): 조리 과학 22(調理科学22)/ 1989/ 261쪽

◎표(23, 112, 123쪽)…문부과학성 과학 기술·학술 심의회 자원 조사 분과회: 일본 식품 표준 성분표 2020년판(8차 개정)/ 2020(일부 발췌)

◎표(30쪽)…일반 재단 법인 제분 진흥회(엮음): 밀·밀가루의 과학과 상품 지식(小麦·小麦粉の科学と商品知識)/ 2007/ 48 쪽(일부 발췌)

◎표(97쪽)…다카다 아키카즈(高田明和), 하시모토 진(橋本仁), 이토 히로시(伊藤汎)(감수), 공익사단법인 당업협회, 정당공업 회: 설탕 백과/ 2003/ 132, 136쪽(일부 발췌)

◎도표(133쪽)…일본 전국 음용 우유 공정 거래 협의회 자료(일부 발췌)

※현미경 사진 및 도표(본서 수록 페이지)…편저자: 인용 문헌/ 발행처/ 발행 연도/ 인용 해당 페이지 순서

〈참고 문헌〉

◎타케야 코우지(竹谷光司): 새로운 제빵기초지식/ 비앤씨월드/ 2003

◎닛신 제분 주식회사(日清製粉株式会社), 오리엔탈 효모공업 주식회사オリエンタル酵母工業株式会社), 다카라주조 주식회 사(宝酒造株式会社) 엮음 : 빵의 원점·발효와 종(パンの原点 発酵と種)/ 닛신 제분 주식회사/ 1985

◎다나카 야스오(田中康夫), 마츠모토 히로시(松本博) 엮음: 제빵 공정의 과학(製パンプロセスの科学)/ 코린/ 1991

◎다나카 야스오(田中康夫), 마츠모토 히로시(松本博) 엮음: 제빵 재료의 과학(製パン材料の科学)/ 코린/ 1992

◎레이몬드 칼벨(Raymond Calvel) 지음, 아베 가오루(安部薫) 옮김: 빵의 풍미·전승과 재발견(パンの風味─伝承と再発見)

◎다카다 아키카즈(高田明和), 하시모토 진(橋本仁), 이토 히로시(伊藤汎) 감수, 공익사단법인 당업협회, 정당공업회: 설탕 백 과/ 2003

◎마츠모토 히로시(松本博): 제빵의 과학·선인의 연구, 족적을 더듬다. 이렇게 흥미로운 연구가…(先人の研究・足跡をたどる、 こんなにも興味ある研究が···/ 2004

◎재단 법인 제분 진흥회 엮음: 밀·밀가루의 과학과 상품 지식(小麦·小麦粉の科学と商品知識)/ 2007

◎나가오 세이치(長尾精一): 밀의 기능과 과학(小麦の機能と科学)/아사쿠라쇼텐/ 2014

◎이노우에 나오히토(井上直人): 맛있는 곡물의 과학 - 쌀, 보리, 옥수수에서 소바, 잡곡까지(おいしい穀物の科学　コメ、ム ギ、トウモロコシからソバ、雑穀まで)/ 코단샤/ 2014

※편저자: 참고 문헌, 발행처, 발행 연도 순

〈자료 제공 및 협력〉

◎오리엔탈 효모공업 주식회사(オリエンタル酵母工業株式会社)
　현미경 사진(64쪽), 그림(60, 61, 217쪽)

◎유키지루시 메그밀크 주식회사(雪印メグミルク株式会社)
　도표(137쪽)

◎일본 니더 주식회사(日本ニーダー株式会社)
　사진(16, 216쪽)

◎주식회사 J-오일밀즈(株式会社J-オイルミルズ)

◎캐나다 퀘벡 메이플 생산자 협회(Federation of Quebec Maple Syrup Producers)

Index
찾아보기

ㅅ

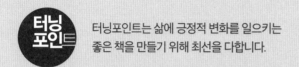

츠지제과전문학교 교수들이 알려주는
기본 반죽과 재료에 대한 Q&A 231

베이킹은 과학이다

나카야마 히로노리, 기무라 마키코 지음 | 328쪽 | 23,000원

"책에서 알려주는 대로 만들었는데 왜 안 되지?"를 해결해 주는 베이킹 교과서

"베이킹은 과학이다 - 제빵편"이 제빵에 관련된 주제를 다루고 있다면 이 책은 제과에 관련된 주제를 주로 다루고 있다. 베이킹에서 중요한 점은 재료를 배합해 반죽을 만드는 순간에나 반죽을 오븐에 넣어 굽는 동안에나 늘 반죽의 변화를 제대로 '관찰하는 것'이다. 그리고 왜 이런 순서로 재료를 섞는지, 왜 하필 이때 반죽을 따뜻하게 하는지 등 늘 '왜 이렇게 하는 거지?'라는 의문을 품어야 한다. <베이킹은 과학이다>는 그러한 의문을 Q&A 형식을 빌어 과학적으로 설명하고 있기 때문에 실패의 이유를 알 수 있게끔 해준다. 이 책을 통해 실패의 이유를 정확히 알 수 있기 때문에 같은 실수를 반복하지 않도록 길잡이 역할을 해주고 있다.

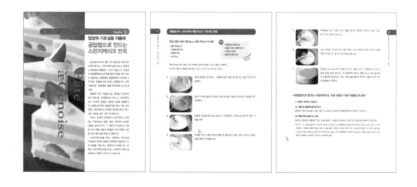

맛있는 빵 만들기의 과학적 원리에 대한
Q&A 131

제빵의 과학

요시노 세이이치 지음 | 244쪽 | 16,000원

과학에 자신 없는 사람에게 전하는 빵의 비법, 제빵의 과학

이 책은 제빵 이론 안내서로 '기초 과학에 약한' 독자들을 위해 다양한 화학 반응을 일러스트로 쉽게 이미지화해서 누구나 부담 없이 읽을 수 있도록 구성되어 있다. 매일 빵을 만들어 파는 사람이나 홈베이킹을 즐기는 사람들은 모두 "어떻게 해서 빵 반죽이 완성되는가?", "빵 반죽은 왜 부풀어 오르는가?", "빵에서 나는 고소한 냄새는 어떻게 생기는 걸까?"와 같은 소박한 의문에 대해 자기 나름대로 답을 찾기 위해서 노력해야 한다. 그래서 이 책은 자신이 만드는 빵에 대한 신념을 뒷받침해 줄 과학적 이론을 확립할 수 있게 도움을 주고 있다.

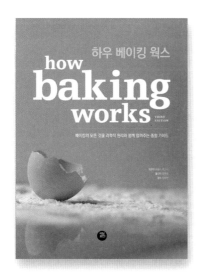

베이킹의 모든 것을 과학적 원리와 함께
알려주는 종합 가이드

하우 베이킹 웍스

파울라 피고니 지음 | 520쪽 | 32,000원

이 책은 식품 과학자의 눈으로 보는 베이킹의 과정과 절차를 설명하고 있다. 베이킹에서 일어나는 화학 반응, 필수 재료 및 기술과 방법을 설명하고 빵, 페이스트리 등의 모든 것에 대한 복잡한 과학적인 이론을 쉽게 설명하고 있다. 또한 건강과 웰빙을 위한 베이킹에 대한 새로운 장이 추가되어 다양한 제품에서의 통곡물 사용, 알레르기 없는 제품, 염분, 설탕, 지방 감량에 대한 자세한 정보를 제공한다.

감미료, 지방, 우유 및 팽창제 등의 주요 재료와 각 성분이 베이킹 제품에 미치는 영향에 대해 소개하고 있으며 다양한 재료의 기능을 생생하게 볼 수 있는 실습 및 실험 그리고 현장에서의 베이킹과 관련된 과학을 보여주는 사진과 일러스트가 수록되어 있다.

과학 한 꼬집 넣어 만드는 레시피 100

맛있는 글루텐
프리 홈베이킹

카타리나 체르멜리 지음 | 416쪽 | 29,000원

화학 박사이며 셰프인 저자의 과학적 지식과 열정이 더해져 전혀 새로운 글루텐 프리 베이킹 레시피들을 만들어 냈다. 무조건 따라하기 식의 단순한 레시피 배열이 아닌 글루텐 프리 베이킹에서 꼭 알고 있어야 하는 왜와 어떻게를 즉, 과학적 원리를 레시피와 곁들여 글루텐 없이도 맛있는 빵과 과자를 만드는 방법을 설명한다.

이 책에는 글루텐 프리 베이킹의 기본이 되는 필수적이고 핵심적인 100개의 레시피들과 그 레시피들을 약간 변형해서 색다른 맛을 볼 수 있는 변형 레시피들을 소개한다. 각 장의 시작 부분에 맛있는 글루텐 프리 베이킹을 위해 기본적으로 알고 있어야 하는 글루텐을 대체하는 재료들과 조리 과정에 대한 과학적인 원리들을 쉽게 설명한다. 각각의 레시피에서는 과정 중간 중간 어떤 과학적인 원리들이 적용되어 있고 그로 인해 어떤 결과가 발생하는지를 설명한다.

후쿠오카 팽 스톡(pain stock)의

장시간 발효 빵

히라야마 데쓰오 지음 | 352쪽 | 26,000원

2010년 후쿠오카의 한적한 주택가에서 시작해 지금은 유명 빵집이 된 팽 스톡의 독창적이고 맛있는 빵들의 레시피를 담고 있다. 팽 스톡의 대표 빵인 장시간 발효시켜 만드는 호밀빵과 명란 프랑스빵부터 팽 스톡에서 판매하고 있는 모든 빵들의 레시피들을 자세하게 소개하고 있다. 재료 준비부터 반죽, 펀치, 발효, 분할, 굽기 등의 공정 과정까지 상세하게 설명하고 있어 팽 스톡의 빵들을 누구나 쉽게 따라 만들 수 있다. 팽 스톡의 공방에서 사용하는 도구들과 빵 만들 때 필요한 기본적인 테크닉들인 반죽, 성형, 펀치, 분할 방법들에 대한 저자만의 노하우도 알려준다.

미스터비니,

과자의 기본을 다루다

김재호 지음 | 248쪽 | 18,000원

홈베이커들 사이에서 '마카오 안 부러운 에그타르트 레시피'로 유명한 미스터비니의 첫 제과 책. 클래스에서 이론을 중시하기로 알려진 미스터비니가 제과의 기본에 대해 꼼꼼하고 상세하게 알려준다.
파트 1에서는 과자를 구성하는 기본 재료부터 기본 도구, 기본 상식, 작업 전 준비를 상세히 소개하여 제과에 대한 전반적인 지식을 쌓도록 도와준다. 파트 2에서는 10가지의 기본 과자 레시피와 5가지의 크림 레시피를 공개한다. 파트 3에서는 과자에서 재료들이 맡고 있는 각각의 역할에 대해 파악하고, 스스로 활용법을 터득할 수 있도록 친절하게 가이드를 준다.

츠지제과전문학교 교수에게
제대로 배우는 제빵의 기본

기초부터
이해하는 제빵 기술

요시노 세이이치 지음 | 272쪽 | 18,000원

행복한 냄새와 식감의 비밀

빵의 과학

요시노 세이이치 지음 | 264쪽 | 14,800원

일본 파티스리 35곳의
프티 가토 기술과 아이디어

프티 가토 레시피

cafe-sweets 편집부 지음 | 258쪽 | 20,000원

모니크 아뜰리에

마카롱 클래스

김동희 지음 | 292쪽 | 20,000원

동영상으로 쉽게 배우는

더 맛있는
과자반죽의 비밀

무라요시 마사유키 지음 | 128쪽 | 15,000원

밀가루·달걀·버터 없이 만드는
디저트 55

서툰 사람도
쉽게 만드는 과자

시라사키 히로코 지음 | 128쪽 | 13,000원

맛있는 바게트는 어떻게 만들어지는가?

바게트의 기술

아사히야 편집부 지음 | 164쪽 | 23,000원

맛있는 크루아상은
어떻게 만들어지는가?

크루아상의 기술

아사히야 편집부 지음 | 172쪽 | 23,000원

터닝포인트 출판사의 유튜브 채널
유튜브에서 '터닝포인트 출판사'를 검색하면 터닝포인트 출판사의 유튜브
채널(www.youtube.com/user/diytp)을 만날 수 있습니다.
터닝포인트 출판사 인스타그램(@turningpoint_publishing_haru)
www.instagram.com/turningpoint_publishing_har